Variantenfließfertigung

Schriften zur Quantitativen Betriebswirtschaftslehre

Band 1: Martin Kühn
Flexibilität in logistischen Systemen
1989. 240 Seiten. DM 65,-
ISBN 3-7908-0450-9

Band 2: Christoph Schneeweiß/
Volkmar Söhner
Kapazitätsplanung bei moderner Fließfertigung
1991. 126 Seiten. DM 65,-
ISBN 3-7908-0576-9

Band 3: Lothar Lillich
Nutzwertverfahren
1992. 208 Seiten. DM 68,-
ISBN 3-7908-0580-7

Band 4: Heinz Häfner
Ein Warteschlangenansatz zur integrierten Produktionsplanung
1992. 244 Seiten. DM 79,-
ISBN 3-7908-0579-3

Band 5: Christoph Schneeweiß (Hrsg.)
Kapazitätsorientiertes Arbeitszeitmanagement
1992. 315 Seiten. DM 78,-
ISBN 3-7908-0650-1

Band 6: Jürgen Faißt
Hierarchische Planung unter Einsatz Neuronaler Netze
1993. 264 Seiten. DM 85,-
ISBN 3-7908-0685-4

Maria Decker

Variantenfließfertigung

Mit 62 Abbildungen

Physica-Verlag
Ein Unternehmen
des Springer-Verlags

Reihenherausgeber
Prof. Dr. Christoph Schneeweiß, Universität Mannheim

Autor
Dr. Maria Decker
Universität Mannheim
Lehrstuhl für Allgemeine Betriebswirtschaftslehre
und Unternehmensforschung
Schloß
D-6800 Mannheim

CIP-Titelaufnahme der Deutschen Bibliothek
Decker, Maria:
Variantenfließfertigung / Maria Decker. - Heidelberg :
Physica-Verl., 1993
(Schriften zur quantitativen Betriebswirtschaftslehre; Bd. 7)
ISBN 978-3-7908-0688-5 ISBN 978-3-642-52401-1 (eBook)
DOI 10.1007/978-3-642-52401-1
NE: GT

7120/7130-543210 - Gedruckt auf säurefreiem Papier

Geleitwort

Heutige taktgebundene Fließfertigung ist ausschließlich Variantenfertigung. Nicht mehr das legendäre Fordsche Model T ist gefragt, sondern die kundenindividuell angepaßte Variante. Stellte sich früher lediglich das Problem der richtigen Austaktung der Bänder, so sind heute produktionsbegleitend kapazitätsglättende Maßnahmen erforderlich. Zu ihnen gehört der richtige 'Auftragsmix' der täglich über das Band zu leitenden Aufträge sowie die Reihenfolge, nach der man diese Aufträge auf den einzelnen Bandstationen bearbeitet. Darüber hinaus kann die Kapazitätsglättung solcher "mixed model lines" durch die Verwendung variabel einsetzbaren Personals (sogen. Springer und Floater) und die Einrichtung von Puffern bewerkstelligt werden.

Die vorliegende Abhandlung gibt eine umfassende Darstellung der Variantenfließfertigung, die sich immer deutlicher als ein eigenes Anwendungs- und Forschungsgebiet herausschält. Ein besonderes Gewicht liegt hierbei auf den notwendigen Maßnahmen zum Kapazitätsabgleich, die in einen hierarchischen Kontext gestellt werden. So erfordert die Kapazitätsabstimmung

- auf der taktischen (Layout-)Ebene die Einrichtung von Stationen, Puffern und Springerpotentialen,
- auf der mittelfristig operativen Ebene die variantengerechte Austaktung der Bänder und
- auf der kurzfristig operativen Ebene die Reihenfolgebildung sowie den gezielten Einsatz von bandinternen und externen Springern.

Die Komplexität dieses Planungsproblems wird deutlich, wenn man bedenkt, daß alle diese Maßnahmen nicht unabhängig sind und beispielsweise die Lage und Dimensionierung der Puffer einen nicht zu vernachlässigenden Einfluß auf die Auftragsreihenfolge hat. Ganz allgemein handelt es sich um komplexe Allokationsprobleme, bei denen über die Zeit hinweg den einzelnen Bandstationen taktgebundene Kapazität in der Weise zugewiesen werden muß, daß sie den Kapazitätsbedarf unterschiedlicher Aufträge zu erfüllen in der Lage sind.

Die vorliegende Abhandlung richtet sich nicht nur an den Produktionswissenschaftler. Die richtige Plazierung und Dimensionierung von Puffern, die geschickte Wahl der Auftragsreihenfolge und der effizienteste Einsatz von Springern ist eine zentrale Aufgabe der Arbeitswirtschaft in den Unternehmen. Sie mit dieser durch die Praxis angeregten Untersuchung zu unterstützen, ist ein zentrales Anliegen der vorliegenden Abhandlung

Mannheim, im Januar 1993 | Prof. Dr. CH. Schneeweiß

Hiermit möchte ich mich bei all denen bedanken, ohne deren Hilfe das vorliegende Buch nicht hätte entstehen können. Insbesondere gilt dies für Herrn Prof. Dr. Chr. Schneeweiß und Herrn Dr. J. Vaterrodt, meine akademischen Lehrer, sowie für die Firmen John Deere Werke Mannheim, Adam Opel AG und Mercedes Benz AG, deren Mitarbeiter mir wertvolle Zeit und viele notwendige Informationen freundlicherweise zur Verfügung stellten.

Maria Decker

Inhaltsverzeichnis

Einleitung

Die Produktionsbedingungen im letzten Jahrzehnt sind in vielen Bereichen durch den Versuch gekennzeichnet, hohe Lagerbestände und die damit verbundenen Probleme möglichst zu vermeiden. Dies erreicht man zum einen dadurch, daß die Durchlaufzeiten gesenkt und näher am geplanten Auslieferungstermin produziert wird (JIT-Gedanke), zum anderen soll eine streng auftragsgebundene Produktion sicherstellen, daß nur solche Güter gefertigt werden, deren Absatz bereits gewährleistet ist.

Eng mit dieser Zielsetzung verbunden ist der Kundenwunsch nach einer möglichst hohen Variantenvielfalt. Der Kunde will kein beliebiges Standardteil ordern, sondern möchte ein auf seine speziellen Bedürfnisse zugeschnittenes Produkt. Unternehmen, die diesen Trend rechtzeitig erkannten, sicherten sich nicht unerhebliche Marktvorteile. Diese Problematik läßt sich insbesondere anhand der Fahrzeugindustrie vor Augen führen: bei über 1000 Fahrzeugen, die in einem deutschen Großunternehmen der Automobilindustrie täglich das Band verlassen, finden sich kaum zwei völlig identische Wagen. Unter solchen Bedingungen würde eine nicht auftragsgebundene Fertigung selbst bei Verwendung sehr detaillierter Absatzprognosen dazu führen, daß "falsche" Varianten produziert würden, die entweder die Lagerbestände erhöhen oder aufwendige Umbauarbeiten verursachen.

Die unterschiedlichen Ausstattungsmerkmale haben jedoch gravierende Auswirkungen auf den Produktionsprozeß. Nicht nur erhöht sich die Unsicherheit in der Planungsphase, weil nicht bekannt ist, welche Produktvarianten tatsächlich nachgefragt werden, sondern es variieren auch die Bearbeitungszeiten der einzelnen Aufträge (so bedeutet es beispielsweise für die Getriebemontage einen erheblichen Unterschied, ob ein zu fertigender Traktor 3 oder 6 Zylinder besitzt). Da die verschiedenen Varianten jedoch in der Regel um die gleichen Fertigungseinheiten konkurrieren, ergibt sich ein erhöhter Koordinationsaufwand in der Ablaufplanung und Produktionssteuerung, um Über- bzw. Unterbelastung der Fertigung zu vermeiden. Diese Ungleichmäßigkeiten in der Kapazitätsauslastung führen zu erhöhten Kosten (z.B. für Springer, die bei Überlast eingesetzt werden müssen) oder senken den Ausstoß, wenn Leerzeiten auftreten. Da insgesamt von einem hohen Kapazitätsbedarf auszugehen ist, kommt also der Frage nach einer geglätteten Kapazitätsnutzung entscheidende Bedeutung zu. Man wird sehen, daß diese vor allem im Rahmen der Reihenfolgeplanung kurzfristig festgelegt wird, so daß der kurzfristige Glättungsaspekt im Mittelpunkt der Untersuchungen steht. Durch langfristige Maßnahmen kann diese kurzfristige Planungsaufgabe jedoch unterstützt werden. Daher wird eine Reihe flankierender Instrumente auf unterschiedlichen Planungsstufen analysiert, die eine verbesserte Kapazitätsnutzung bewirken. Letztlich stellt dabei der Ausgleich von Kapazitätsangebot und -nachfrage auf allen Planungsebenen das anzustrebende Ziel dar.

Die Charakteristika der Variantenfertigung zeigen sich hauptsächlich im Montagebereich. Vorgelagerte Produktionsstufen können sich häufig noch auf Standardteile beschränken, die erst in der Endmontage zu unterschiedlichen Produkten kombiniert werden. Dort findet man in der Regel Fließbänder, die einen hohen Ausstoß ermöglichen sollen. Da jedoch gerade bei getakteten Bändern ungleichmäßige Bearbeitungszeiten zu Problemen führen, soll auch diskutiert werden, ob durch alternative Fertigungsstrukturen, wie beispielsweise gruppentechnologische Maßnahmen, Verbesserungen erzielt werden können. Diese würden eventuell auch aus arbeitspsychologischer Sicht Vorteile bewirken (z.B. erhöhte Motivation durch Reduktion der Arbeitsteilung und Erweiterung der dispositiven Aufgaben im Fertigungsbereich). Zunächst soll jedoch der Aufbau der vorliegenden Abhandlung skizziert werden.

Im folgenden Kapitel wird der Begriff der Variantenfertigung und die damit verbundene Problematik näher erläutert. Es wird dargestellt, bei welchen Fertigungstypen und auf welchen Planungsstufen sich die behandelte Fragestellung insbesondere auswirkt. Einige Fallstudien sollen die praktische Bedeutung der Thematik unterstreichen. Das Kapitel endet mit einem Vergleich der Variantenfertigung mit anderen Produktionsstrukturen.

Nach diesem einführenden Kapitel folgt eine detaillierte Diskussion der durch die Variantenfertigung induzierten Aufgabenstellungen auf unterschiedlichen Planungsstufen. Hierbei muß – wie oben bereits ausgeführt – die Frage der Kapazitätsnutzung im Vordergrund stehen. Kapitel 2 behandelt mit dem Bandabgleich zunächst die mittelfristige Ebene. Die folgenden 4 Kapitel sind der kurzfristigen operativen Planung gewidmet. Es werden Maßnahmen analysiert, die eine Anpassung der Kapazitätsnachfrage (Kapitel 3 und 4) – hierunter fällt insbesondere die Reihenfolgeplanung – oder des Kapazitätsangebotes (Kapitel 5 und 6) erlauben. Umfassende Simulationsuntersuchungen unterstützen dabei die Diskussion.

Kapitel 7 führt die Ergebnisse der vorangegangenen Kapitel aufnehmend zu einem Vergleich der vorgestellten Instrumente und ihrer Einordnung in einen hierarchischen Planungsansatz. In Kapitel 8 werden schließlich die wichtigsten Aspekte der Arbeit noch einmal kurz zusammengefaßt und ein Ausblick auf weiterführende Fragestellungen gegeben.

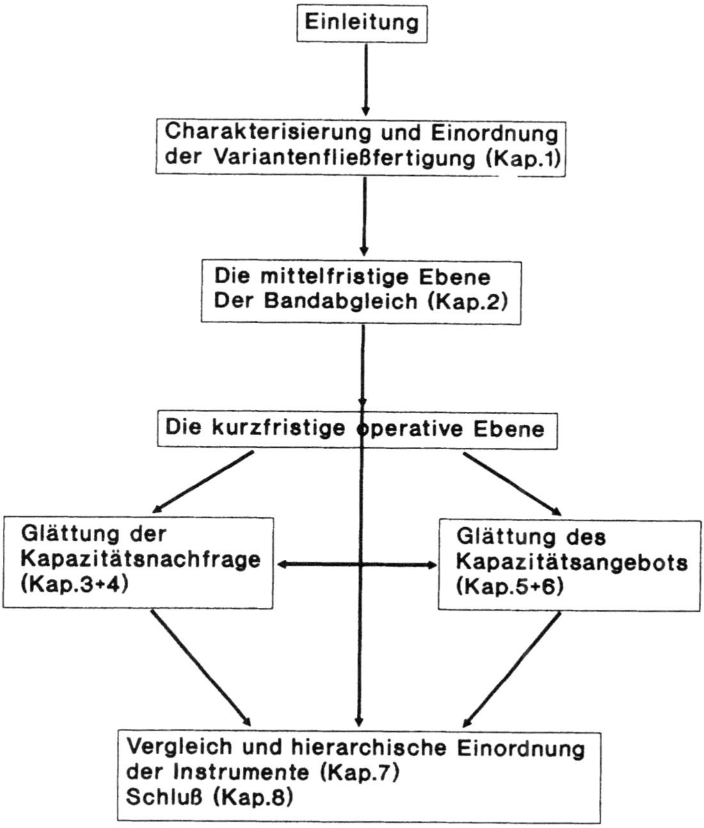

Abb. 0.1: Aufbau der Arbeit

1. Charakterisierung der Variantenfertigung

In diesem Kapitel soll – motiviert durch einige Fallbeispiele aus der industriellen Praxis – eine allgemeine Darstellung der Variantenfließfertigung erfolgen. Es werden die wichtigsten Fragestellungen und die damit verbundenen Planungsanforderungen bzw. die zu ihrer Lösung notwendigen Instrumente herausgearbeitet. Ein Vergleich mit anderen verwandten Fertigungssystemen beschließt das Kapitel.

1.1. Fallbeispiele aus der industriellen Praxis

1.1.1. Die Traktorenfertigung in den John-Deere-Werken Mannheim

In den John-Deere-Werken Mannheim (JDWM) werden pro Tag fast 200 Getriebe und rund 150 Traktoren mittlerer Größe (38-114 PS) hergestellt.[1] Letztere lassen sich durch die Kombination verschiedener Merkmale klassifizieren. Für die Höhe der Bearbeitungszeiten signifikante Eigenschaften sind z.B. die Zylinderzahl (3/4/6-Zylinder), der Kabinentyp (es werden zwei Grundtypen unterschieden, außerdem kann ein Traktor auch ohne Kabine ausgeliefert werden), das Vorhandensein eines mechanischen Frontantriebs oder verstärkter Hubkraft. Einige dieser Merkmale weisen gewisse Zusammenhänge auf, so besitzt z.B. ein Traktor mit großer Zylinderanzahl mit höherer Wahrscheinlichkeit auch eine Kabine als ein kleiner Traktor.

Die Traktoren haben alle die gleiche Maschinenfolge zu durchlaufen, allerdings können vor einzelnen Stationen Zwischenläger mit begrenzter Kapazität vorhanden sein, die ein Ändern der Auftragsfolge ermöglichen. An diesen Puffern lassen sich in der Regel nicht mehr als 5-10 Aufträge gleichzeitig aussteuern. Häufig sind Puffer an solchen Stationen angesiedelt, die eine Qualitätsprüfung vornehmen, um dort Aufträge zur Nachbearbeitung vom Band nehmen und anschließend wieder einschleusen zu können.

---

[1] vgl. hierzu auch Decker[1989]

Pro Traktor und Station steht für die Fertigung idealerweise ein Takt zur Verfügung. In dieser Zeit durchläuft ein Traktor an einem Band den Bereich der entsprechenden Station. Reicht ein Takt für die zu erledigenden Arbeitsgänge bei zeitintensiven Varianten nicht aus, werden diese im Bereich der Folgestation ausgeführt. Treten mehrere Varianten mit hohen Bearbeitungszeiten hintereinander auf, entfernt sich hierdurch das Bandpersonal u.U. immer weiter von den Grenzen der eigenen Station. Da dies zu Komplikationen führt, sollten Bereichsüberschreitungen nur in beschränktem Umfang auftreten.

Diese Anforderung wird im wesentlichen über die Planung der Auftragsreihenfolge (etwa 2-3 Tage vor Beginn der eigentlichen Fertigung) realisiert. Zusätzlich können Springer (d.h. Mitarbeiter, welche ein größeres Spektrum an Arbeitsgängen beherrschen und daher flexibel einsetzbar sind) beispielsweise aus der Teilefertigung[2] abgezogen werden, um Überlastungen an Stationen abzubauen. Kurzfristig hilft auch das Personal benachbarter Stationen bei Engpässen aus.

Bei der Auftragsfreigabe achtet man darauf, daß die Zusammensetzung der Tagesprogramme im Zeitablauf im wesentlichen konstant bleibt (die Aufträge liegen etwa 4 Wochen vorher konkret vor). Aus dem Tagesprogramm kann abgeleitet werden, mit welcher Häufigkeit Aufträge mit gewissen Merkmalen auftreten. Die Merkmalsausprägungen sollten über die spätere Auftragsreihenfolge gleichmäßig verteilt sein, um gravierende Überlastungen zu vermeiden, die sich durch eine Häufung bestimmter Ausprägungen ergeben. Besitzen also 50% der Aufträge eine Kabine, so wird die Reihenfolge nach Möglichkeit so gebildet, daß jeder zweite Traktor eine Kabine erhält. Sind etwa 33% 6-Zylinder vorhanden, so sollte zusätzlich jeder dritte Auftrag in der Reihenfolge ein Traktor mit dieser Ausprägung sein. Hierbei darf jedoch die bereits vorgenommene Verteilung der Kabinen nicht wieder verletzt werden. Daher ist es häufig schwierig, eine solche ideale Verteilung für alle Merkmale simultan zu gewährleisten. Man erstellt aus diesem Grund eine Prioritätenliste, welche die Merkmale nach ihrem Einfluß auf die Bearbeitungszeiten ordnet. Solche mit großen Auswirkungen erhalten dabei eine hohe Priorität.

Zusätzlich wird zur Vereinfachung der Reihenfolgebildung das Tagesprogramm in mehrere weitgehend gleichartige Teilmengen – Pakete – zerlegt, die getrennt eingeplant werden. Die Auftragsmenge A-B-C-A-B-B-A-B-

---

[2] Über Zeitverträge kann auch zusätzliches Personal von außerhalb der Unternehmung mittel- bis kurzfristig hinzugezogen werden.

A-C-A-A läßt sich beispielsweise in zwei Pakete der Art A-A-A-B-B-C unterteilen. Es genügt dann, nur für eines dieser Pakete explizit eine Auftragsreihenfolge zu bilden. Wegen der Vielzahl der unterschiedlichen Aufträge kann eine solche Aufteilung jedoch nur für die Hauptmerkmale geschehen.

Problematisch wird dieses Verfahren, wenn aufgrund von Fehlteilen oder Qualitätsmängeln ein Traktor ausgesteuert und somit die geplante Reihenfolge zerstört wird. In diesem Fall versuchen die Meister, durch Umstellungen nach "Daumenregeln" (z.B. "nicht mehr als drei 6-Zylinder hintereinander") den Fertigungsablauf wieder zu glätten.

1.1.2. Die PKW-Fertigung bei der Adam-Opel-AG in Rüsselsheim

Die Adam-Opel-AG in Rüsselsheim produziert pro Tag etwa 1400 Personenkraftwagen verschiedener Modelltypen mit unterschiedlichster Ausstattung. Hierfür stehen zwei Linien mit einem Ausstoß von je einem Fahrzeug pro Minute zur Verfügung. Insgesamt beträgt die Fertigungsdauer eines PKW ca. 36 Arbeitsstunden, rund 3500 Fahrzeuge befinden sich damit ständig auf dem Band.

Die Ablaufplanung kann bereits auf konkrete Händleraufträge zugreifen, d.h. zum Zeitpunkt ihrer Herstellung sind die Fahrzeuge schon verkauft. Dies hat zur Konsequenz, daß bezüglich der gewünschten Ausstattungsmerkmale in dieser Planungsphase keine Unsicherheit mehr besteht.

Die Fahrzeuge haben im wesentlichen die folgenden vier Bereiche zu durchlaufen. Im Gerippebau orientiert sich die Reihenfolge an der Grobverteilung der Modelltypen, während in der anschließenden Lackiererei Farbpulks mit je ca. 70 PKW gebildet werden. Bei der Fertigmontage spielen Kriterien wie Klimaanlage oder Schiebedach ja/nein eine wichtige Rolle. Dagegen ist für eine günstige Reihenfolge in der Endmontage z.B. das Getriebe (Automatik?, Allrad?) ein entscheidendes Merkmal. Das bedeutet, daß jede Stufe eine speziell auf sie abgestimmte Fahrzeugreihenfolge benötigt. Zwischen den einzelnen Bereichen sind Pufferstapel angelegt, die 50-200 Fahrzeuge aufnehmen können. Diese Puffer haben die Aufgabe, die Reihenfolgebildung für den nächsten Produktionsabschnitt zu ermöglichen, außerdem können hier Fahrzeuge kurzfristig zurückgehalten werden, bei deren Fertigung Fehlteile aufgetreten sind.

Die einzuplanenden Fahrzeuge werden mit einem Vorlauf von etwa drei

Wochen in Wochenpaketen zusammengefaßt, welche dann 10 Tage vor ihrer Fertigung in Tagespakete aufgeteilt werden. Hierbei versucht man, eine möglichst gleichmäßige Verteilung der Merkmale zu erreichen. Zusätzlich legen Restriktionstabellen Obergrenzen für bestimmte Ausstattungsmerkmale fest (z.B. nicht mehr als 50 Klimaanlagen pro Tag). Droht bei der Planung eine Verletzung dieser Nebenbedingungen, so müssen Fahrzeuge in andere Wochen verschoben werden oder man fertigt an bestimmten Tagen (unter Hinzunahme von zusätzlichem Personal, etc.) eine größere Anzahl dieser kritischen Varianten. Außerdem wird das Ziel verfolgt, den tatsächlichen Fertigstellungstermin mit dem gewünschten Auslieferungsdatum zusammenfallen zu lassen, weil Verspätungen Unzufriendenheit beim Kunden erzeugen würden. Eine zu frühe Fertigung kann dagegen bedeuten, daß dadurch Kapazität für dringendere Aufträge gebunden wird. Weiterhin muß in diesem Fall auch sichergestellt sein, daß die Materialwirtschaft in der Lage ist, die benötigten Bauteile rechtzeitig zu liefern.

Die festgelegten Tagespakete werden den Lieferanten mitgeteilt, um diesen entsprechend den Just-in-Time-Prinzipien eine termingenaue Anlieferung der benötigten Teile an das Band zu ermöglichen.

Zwei Tage vor Beginn der Produktion wird die exakte Auftragsreihenfolge festgelegt. Auch hier versucht man wie bei John Deere, eine möglichst gleichmäßige Verteilung der Kriterien über das Tagespaket zu erzielen, um somit eine gleichmäßige Kapazitätsauslastung sicherzustellen. Den Farbpulks für die Lackiererei wird dabei jedoch eine leichte Priorität eingeräumt, weil dort gravierende Umrüstvorgänge anfallen. Allerdings dürfen hierdurch nicht andere Restriktionen (z.B. höchstens zweimal den Modelltyp "Calibra" hintereinander) verletzt werden. Bei Störungen ist ein nachträgliches Ändern der Reihenfolge begrenzt durchführbar. Hierbei kann lediglich das Auftragsvolumen von drei Tagen (was dem Bestand in der Fertigung entspricht) in die neue Anordnung einbezogen werden, da sonst Schwierigkeiten mit vorgelagerten Produktionsstufen und den Lieferanten resultieren würden. Insgesamt sollten solche Änderungen jedoch möglichst vermieden werden, da sie eine zu große Unruhe im Fertigungsablauf erzeugen.

Die zur Verfügung stehende Personalkapazität läßt sich durch Umsetzungen innerhalb eines Bereiches oder durch die Ausnutzung eines zusätzlichen Springerpools variieren. Allerdings sind solche Maßnahmen nicht immer bei der Belegschaft gerne gesehen.

Die Arbeitsgänge sind weitgehend festgelegt und auf den einzelnen Arbeitsplatz bezogen. Kurzfristige Änderungen dieser Zuordnung sind kaum realisierbar. Auch das Hineinarbeiten in den Folgebereich (vgl. den John-Deere-Fall) ist nur sehr begrenzt möglich. Schlechte Reihenfolgen würden daher zu gravierenden Störungen im Fertigungsablauf führen.

1.1.3. Die Motorenfertigung bei der Mercedes-Benz-AG in Mannheim

Die Mercedes-Benz-AG fertigt in Mannheim Motoren der Baureihen 300, 400 und 600, die hauptsächlich in Busse und Kleintransporter eingehen. Die folgenden Ausführungen beschäftigen sich exemplarisch mit dem 400er Band.

Die Baureihe BR 400 teilt sich in V-Motoren mit 6, 8 und 10 Zylindern auf. Die Zylinderzahl bestimmt wesentlich den Arbeitsinhalt eines Motors. So benötigt ein 6-Zylinder Motor ca. 132 Minuten, ein 8-Zylinder 147 Min. und ein 10-Zylinder bereits 160 Min. Der 8-Zylinder Motor wird mit Abstand am häufigsten gefertigt. Sein Anteil an der Produktion beträgt etwa 70%, wohingegen der 6-Zylinder nur ca. 28% und der 10-Zylinder nicht mehr als 2% ausmacht. Aufgrund tariflicher Vereinbarungen liegt der Bandtaktung ein 8-Zylinder Motor zugrunde, so daß im Durchschnitt etwas mehr Zeit zur Verfügung steht, als tatsächlich für die Erledigung der Arbeitsinhalte einer Station benötigt wird. Neben der Zylinderzahl bestimmen noch eine Vielzahl weiterer Merkmale die Ausstattung eines Motors, so daß insgesamt etwa 1500 Varianten möglich sind.

Die Produktion ist in zwei Schichten aufgeteilt. Pro Schicht fertigen rund 45 Mitarbeiter am Band etwa 133 Motoren. Für Erholungspausen und persönliche Verteilzeiten des Personals werden Springer eingesetzt. Dabei beträgt das Verhältnis zwischen diesen und den normalen Bandmitarbeitern 1 zu 13. Eine Einplanung von Springern zum Abbau kurzfristiger Arbeitsspitzen erfolgt nicht.

Die zu fertigenden Aufträge liegen etwa 10 Tage vor dem geplanten Ablieferungstermin fest vor. Die Dringlichkeit einzelner Motoren kann sich allerdings noch verschieben. Die Aufträge werden dann auf einzelne Produktionstage verteilt, wobei die Zusammensetzung der Tagesprogramme möglichst konstant bleiben soll, sofern das unter dem Gesichtspunkt der Termineinhaltung geschehen kann. Bei sehr speziellen seltenen Varianten oder Neuentwicklungen müssen Sonderaktionen (z.B. Samstagschichten) am Band eingeleitet werden, die jedoch erhöhte Anforderungen an die Materiallogistik stellen.

Die Arbeitswirtschaft legt die Reihenfolge der Grundmotoren (6/8/10-Zylinder) fest, während die genaue Auftragsfolge pro Schicht von der Produktionssteuerung ermittelt wird. Von dieser Reihenfolge kann z.B. bei Fehlteilen abgewichen werden. Die Reihenfolgebildung erfolgt aufgrund heuristischer Regeln, beispielsweise muß auf einen 10-Zylinder ein 6-Zylinder folgen. Hierbei ist jedoch zu beachten, daß an einigen Stationen mehrere Personen die gleichen Arbeitsgänge verrichten. Ist eine solche Station z.B. mit 4 parallelen Arbeitsplätzen ausgestattet, so treffen dort jeweils 4 Motoren gebündelt ein, werden auf die einzelnen Mitarbeiter verteilt und verlassen die Station wieder gemeinsam. (Solange auf den letzten Motor gewartet wird, können die übrigen Mitarbeiter jedoch schon mit der Arbeit an dem nächsten Motorenpaket begonnen haben.) Es reicht also aus, wenn erst der vierte Motor nach dem 10-Zylinder ein 6-Zylinder ist, damit ein Ausgleich erfolgen kann.[3]

Grundsätzlich werden die einzelnen Ausstattungsvarianten gleichmäßig über die Reihenfolge verteilt. Nur bei einigen wenigen Merkmalen schickt man die betroffenen Motoren direkt hintereinander über das Band, weil es sich hierbei z.B. um Sonderausstattungen handelt, für die spezielles Personal benötigt wird, das dann für den entsprechenden Zeitraum konzentriert eingesetzt wird.

Eine Umstellung der Reihenfolge ist am Band nicht möglich, da keine Puffer vorhanden sind. Der Einbau von Fehlteilen und Nacharbeiten aufgrund mangelnder Qualität erfolgen an gesonderten Arbeitsplätzen.

Der zeitliche Spielraum ist an den einzelnen Stationen zur Fertigung der dort getakteten Arbeitsgänge sehr gering. Die Ausgleichszeit liegt insgesamt im Bereich von 1-2 Minuten. Allerdings ergibt sich ein geringer zusätzlicher Zeitpuffer dadurch, daß wie oben bereits erwähnt ein 8-Zylinder Motor getaktet wird, der über dem Durchschnitt der zu fertigenden Aufträge liegt. Nur bei 10-Zylinder Motoren ergibt sich eine kurzfristige Taktüberschreitung. Insgesamt ist von einer hohen Auslastung des Bandes auszugehen, welche die Bedeutung einer sorgfältigen Reihenfolgeplanung unterstreicht.

1.2. Begriffs- und Problemdefinition

In allen Fallbeispielen wurde deutlich, daß das Problem darin besteht,

---

[3] vgl. auch Abschnitt 1.7.2

viele Aufträge mit unterschiedlichen Spezifikationen simultan[4] zu fertigen. Diese Aufträge werden im folgenden häufig auch als **Varianten** bezeichnet.

Die Literatur nennt Varianten solche Erzeugnisse, die eine nach gewissen Kriterien zu beurteilende Ähnlichkeit besitzen.[5] Es sind hierbei beliebig viele Ausdifferenzierungen möglich, z.B. nach geometrischen oder technologischen Gesichtspunkten. Man kann weiterhin unterscheiden in die standardmäßig angebotenen Varianten eines Produktes und darüber hinausgehende Sonderanfertigungen aufgrund von Kundenwünschen (beispielsweise eine Lackierung in einer speziellen Farbe). Weiterhin lassen sich auch solche Produkte als Varianten bezeichnen, deren Herstellung ähnliche Bearbeitungsschritte erfordert, was meist eine gleichartige Bauweise voraussetzt. Eine Klassifizierung nach dem Bearbeitungsfluß führt bereits zu gruppentechnologischen Fragestellungen, wie sie im Abschnitt 1.7 ausführlicher diskutiert werden.

Kennzeichnend ist jedoch stets – man vergleiche die Fallbeispiele –, daß Erzeugnisse mit unterschiedlichen Bearbeitungszeiten an den gleichen Arbeitsstationen zu fertigen sind. Die Aufgabe des Planers besteht nun darin, den Produktionsablauf so einzurichten, daß bestimmte Zielkriterien[6] möglichst gut erfüllt werden. Insbesondere ist darauf zu achten, daß es nicht zu Fertigungsengpässen oder -stillständen kommt. Im folgenden sollen daher alle Produkte, die um die gleichen Fertigungseinheiten konkurrieren, als Varianten bezeichnet werden, wenn sie unterschiedliche Bearbeitungszeiten aufweisen.

Treffen nun vor einer Arbeitsstation mehrere bearbeitungsintensive Varianten aufeinander, so entsteht dort ein Stau und nachfolgende Maschinen

---

[4] In der englischsprachigen Literatur wird in diesem Zusammenhang der Begriff "mixed-model-lines" verwandt. Demgegenüber faßt man bei "multi-model-lines" unterschiedliche Varianten zu Losen zusammen, die dann sequentiell abgearbeitet werden. (Buxey/Slack/Wild[1973])

[5] vgl. Zimmermann[1988], S.1ff. Eine interessante Definition geben auch Yano/-Rachamadugu[1991], indem sie Varianten über das Vorhandensein bzw. die Abwesenheit bestimmter Produktmerkmale bestimmen (z.B. hat ein Auto einen rechten Außenspiegel oder nicht). Diese Vorgehensweise wird jedoch problematisch, wenn Kriterien mit mehreren Ausprägungen wie beispielsweise die Farbe eines Autos betrachtet werden. Yano/Rachamadugu berücksichtigen diesen Fall durch zusätzliche Bedingungen (vgl. S.581).

[6] vgl. Kapitel 3

werden eventuell "ausgehungert". Die Abbildungen 1.1 und 1.2 sollen diese Problematik verdeutlichen. Dort sind 6 Aufträge zu fertigen, von denen drei an der ersten Station hohe Fertigungszeiten aufweisen und an der zweiten Station kurze Dauern (Variante 1). Die übrigen drei Aufträge verhalten sich genau umgekehrt (Variante 2). Legt man die Situation in Abb. 1.1 zugrunde, so bildet zunächst die erste Maschine einen Engpaß, weil sich dort die "großen" Varianten stauen. Bei der Folgemaschine sind jedoch Leerzeiten zu verzeichnen, da diese auf die Aufträge warten muß. Im weiteren Verlauf wird diese Station dann zum Engpaß, weil durch die drei an dieser Stelle bearbeitungsintensiven Varianten ein Stau entsteht. Demgegenüber ist die Fertigungssituation in Abb. 1.2 wesentlich ausgeglichener, allerdings muß hier eventuell nach jedem Auftrag umgerüstet werden.

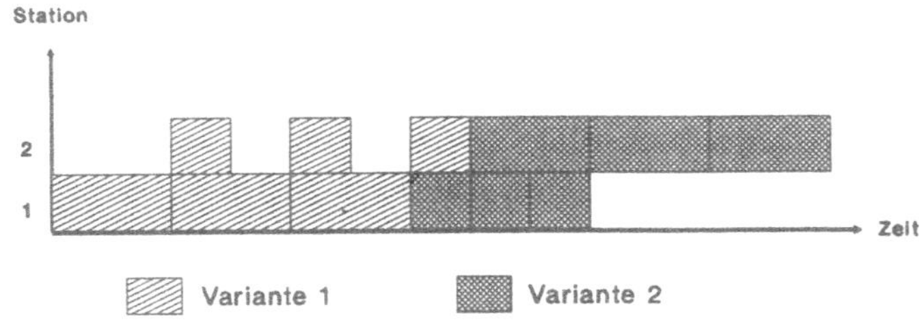

Abb. 1.1: Variantenfertigung, Situation 1

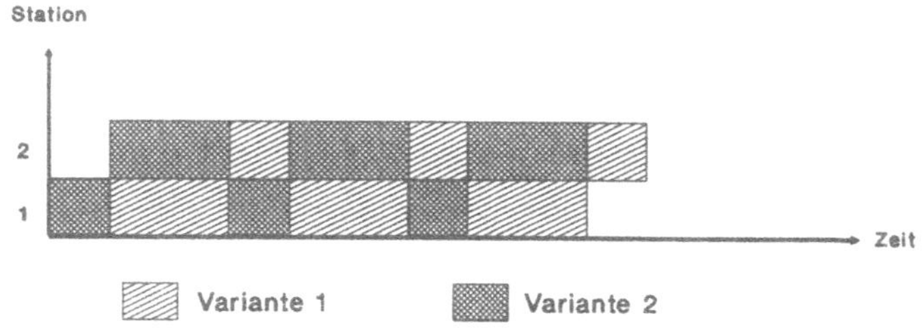

Abb. 1.2: Variantenfertigung, Situation 2

Die zu fertigenden Produkteinheiten sollen im folgenden auch als (Fertigungs-)**Aufträge** bezeichnet werden. In den obigen Fallbeispielen würde etwa die Fertigung genau eines PKW oder eines Traktors als ein Auftrag behandelt werden – auch wenn der zugrundeliegende Kundenauftrag beispielsweise über mehrere Fahrzeuge lautet. Jeder Auftrag läßt sich durch einen Vektor von Bearbeitungszeiten an den relevanten Arbeitsstationen darstellen. Varianten entstehen durch Variation dieser Zeiten bei gleichzeitig unveränderten Stationen, die zu durchlaufen sind. Bei der Variantenfließfertigung kann davon ausgegangen werden, daß nahezu jeder

Auftrag eine unterschiedliche Variante repräsentiert. Eine Zusammenfassung gleichartiger Varianten zu Losen, um z.B. Rüstvorgänge (die bei der Variantenfertigung jedoch ohnehin kaum anfallen) zu sparen, ist daher meistens nicht vorteilhaft.

Die Fertigung erfolgt an Maschinen (Betriebsmittel), denen Bedienpersonal und Werkzeuge für die Bearbeitung zugeordnet sind. Die hauptsächlich für dispositive Tätigkeiten benötigten Mitarbeiter sollen in diese Betrachtung nicht miteinbezogen werden. Eine **Station** wird durch "geeignete" Zusammenfassung von Maschinen sowie zugehörigem Personal und Werkzeug gebildet. Hierdurch soll die Planung vereinfacht werden, indem weniger Elemente betrachtet werden müssen. Demnach kann eine Station sowohl aus nur einem einzigen Arbeitsplatz bestehen, als auch einen kompletten Betrieb umfassen. Allerdings ist darauf zu achten, daß durch diese Aggregation keine wesentlichen Zieleinbußen gegenüber einer getrennten Betrachtungsweise entstehen. Dabei sind in einem Planungsschritt durchaus unterschiedliche Stationsgrößen gleichzeitig denkbar. Beispielsweise wird man teure Engpaßmaschinen bei der Reihenfolgeplanung häufig als eigenständige Stationen auffassen, um diese gezielt auslasten zu können, während alle übrigen Maschinen unter Umständen zu einer einzigen Station zusammengefaßt werden.

In den obigen Beispielen durchlaufen sämtliche Aufträge weitgehend die gleiche Stationenfolge. Es handelt sich um Fließfertigung, weil die Stationen entsprechend dem Bearbeitungsfluß angeordnet sind. Eine solche Fertigungsstruktur erlaubt eine Massenproduktion bei hoher Auslastung (und damit geringen Stückkosten), da die zu fertigende Produktfamilie sich kaum verändert (es werden beispielsweise "nur" PKW produziert und nicht Traktoren, Busse und PKW gemischt) – im Gegensatz zu den einzelnen Produkten – und sich deswegen der Einsatz von speziell auf diese Familie zugeschnittenen Maschinen und Werkzeugen lohnt.

Die bisherigen Ausführungen lassen bereits deutlich werden, daß bei der Variantenfließfertigung die Kapazitätsnutzung eine zentrale Fragestellung bildet. Der Kapazitätsbedarf wird durch die Aufträge repräsentiert und variiert in seiner Höhe sowohl von Variante zu Variante als auch innerhalb einer Variante von Station zu Station. Tabelle 1.1 verdeutlicht diesen Sachverhalt:

Station / Variante	1	2
A	10	14
B	8	2
C	6	12
D	16	12

Tab. 1.1: Bearbeitungszeiten von vier Varianten an zwei Stationen

Dort ist an jeder der beiden Stationen eine durchschnittliche Belastung von 10 Einheiten festzustellen. Allerdings ist die Varianz der Bearbeitungszeiten bezogen auf die Stationen wie auch innerhalb der einzelnen Aufträge beträchtlich. Es sind also Anpassungsmaßnahmen vorzunehmen, um Probleme bei der Fertigung zu vermeiden. Hierbei kann einerseits die Kapazitätsnachfrage geglättet werden und andererseits das Kapazitätsangebot durch Erhöhung oder Flexibilisierung an die Bedarfssituation angeglichen werden.

Da es sich bei der Variantenfließfertigung im wesentlichen um eine kundenauftragsorientierte Fertigung handelt,[7] kann der aktuelle Kapazitätsbedarf vor allem in der Endmontage (die vorgelagerten Fertigungsstufen können eher auf standardisierte Bauteile zurückgreifen) erst kurzfristig exakt bestimmt werden. Es sind daher Mechanismen vorzuhalten, die erstens garantieren, daß genügend Kapazität zur Verfügung steht, und die zweitens deren flexible Handhabung ermöglichen. Das betrifft auch die Personalkapazität, da insbesondere im Montagebereich trotz zunehmender Automatisierung nach wie vor ein hoher Anteil manueller Tätigkeiten zu verzeichnen ist, wobei sich diese jedoch in Richtung logistischer Arbeiten verlagern.

Auf der langfristigen Ebene müssen Layoutentscheidungen getroffen werden. Typische Fragestellungen sind diesbezüglich z.B., ob unterschiedliche Bänder für die Hauptvarianten eingerichtet werden sollen (vgl. die Mercedes-Benz-Studie, dort sind die Bänder nach Motorenbaureihen aufgeteilt), ob der Einsatz flexibler Fertigungssysteme oder die Aufteilung in Fertigungszellen sinnvoll ist, etc. Die Maßnahmen, die eine Verteilung der Varianten auf unterschiedliche Fertigungseinrichtungen ermöglichen, dienen hauptsächlich einer Glättung der Kapazitätsnachfrage, indem die Varianz der Bearbeitungszeiten je Band o.ä. verringert wird. Im obigen Beispiel könnte also für die zeitintensiven Varianten A und D ein Band mit einer Taktzeit von 13 Zeiteinheiten und für B und C ein Band mit einem Takt von 7 ZE eingerichtet werden.

---

7 vgl. die Spezifikation der Fahrzeugindustrie bei Boehncke[1987], S.56

Das Kapazitätsangebot kann erhöht werden, indem ein Springerpool durch eine entsprechende Einstellungspolitik oder Ausbildungsmaßnahmen vorgehalten wird. Der Begriff "Springer" bezeichnet dabei solche Mitarbeiter, die bereit und dazu fähig sind, an unterschiedlichen Stationen eingesetzt zu werden. Die Größe und Zusammensetzung dieses Pools ist ebenfalls eine Entscheidung, die der lang- bis mittelfristigen Ebene zugerechnet werden muß.

Ein guter Bandabgleich ist eine wesentliche Voraussetzung für eine ausgeglichene Kapazitätsnutzung, da durch die Austaktung die Differenzen der Arbeitsinhalte an den einzelnen Stationen verringert werden. Dadurch kann sich die kurzfristige Ebene auf die Glättung der Bearbeitungszeiten über die Auftragsreihenfolge konzentrieren. Der Bandabgleich spielt somit eine wichtige Rolle bei der mittelfristigen Kapazitätsglättung.

Auf der kurzfristigen operativen Ebene ist insbesondere die Reihenfolgeplanung als Maßnahme zur Glättung der Kapazitätsnachfrage zu erwähnen. Dies konnte man sich bereits anhand der Abbildungen 1.1 und 1.2 klarmachen. Da im allgemeinen von einer hohen Kapazitätsauslastung auszugehen ist, steht hier die gleichmäßige Nutzung der vorhandenen Kapazität im Vordergrund, da Überlastungen an einer Station zu Wartezeiten an nachgelagerten und Blockierungen an vorangehenden Stationen und damit einer reduzierten Kapazitätsnutzung führen würden. Besteht die Möglichkeit, an Pufferplätzen Reihenfolgen umzustellen, kann die Kapazitätsnachfrage weiter optimiert werden. Der Nutzung von Puffern kommt somit unter diesem Gesichtspunkt eine große Bedeutung zu.

Die Nutzung des auf höherer Ebene eingerichteten Springerpotentials bewirkt auf der kurzfristigen Ebene eine Erhöhung der zur Verfügung stehenden Kapazität. Hierbei kann unterschieden werden zwischen externen Springern, die aus anderen Fertigungsbereichen oder von außerhalb der Unternehmung requiriert werden, und lokalen Springern, d.h. Personen, die an benachbarten Stationen aushelfen können. Letztere Maßnahme läßt sich auch als ein Verschieben von Arbeitsgängen auf Nachbarstationen und damit als ein kurzfristiger, lokaler Bandabgleich interpretieren. Damit ist dieses Instrument auch als eine Maßnahme zur Glättung des Kapazitätsangebotes anzusehen.

Die einzelnen Instrumente[8] sind – mit Ausnahme derjenigen auf der strategischen Ebene – in den folgenden Abschnitten noch einmal näher erläutert. Abbildung 1.3 zeigt zusammenfassend ihre hierarchische Anordnung.

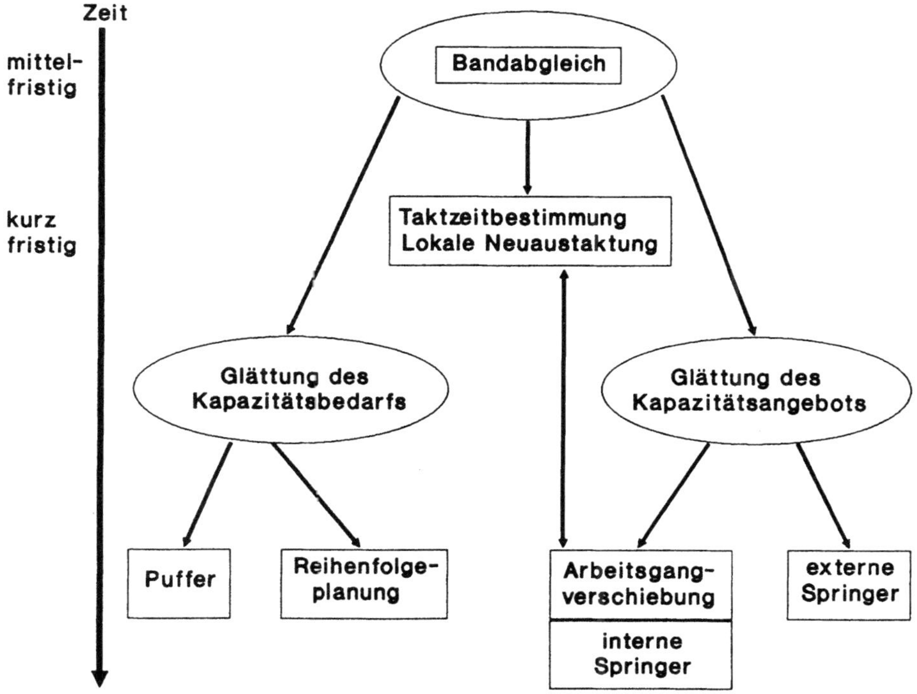

Abb. 1.3: Problemkreise der Variantenfließfertigung

Bei der Reihenfolgegenerierung wird die Kapazitätsnachfrage explizit für jeden Zeitpunkt durch die Auftragsfolge festgelegt. Wurden durch eine mangelhafte Ausgestaltung der oben beschriebenen Instrumente Potentiale bezüglich der Kapazitätsanpassung verschenkt, so kann auch die Rei-

8 In einem kurzen Übersichtsartikel spielen die oben genannten Maßnahmen bei Funk[1989] ebenfalls eine wichtige Rolle für die Ablaufplanung bei Fließfertigung. Auch Berr/Schmidt[1990] beschreiben ein rechnergestütztes Planungssystem, das zumindest einen Teil der obigen Fragestellungen unterstützen soll, allerdings ohne auf die verwendeten Lösungsverfahren detailliert einzugehen. Eine Überblick über diese Problemkreise geben Buxey/Slack/Wild[1973]. Der Zusammenhang zwischen den einzelnen Maßnahmen wird jedoch nicht deutlich sichtbar.

henfolgeplanung nicht mehr eine ausgeglichene Kapazitätsnutzung garantieren. Daher werden sämtliche Instrumente später unter dem Aspekt betrachtet, inwiefern sie zu einer Verbesserung des in Kapitel 3 zu entwickelnden Zielkriteriums bei der Reihenfolgeplanung beitragen. Die einzelnen Maßnahmen lassen sich somit auch als Aufbau von Flexibilitätspotentialen (Pufferplatz, Springer, etc.) begreifen, die bei der Reihenfolgebildung genutzt werden.

1.3. Die mittelfristige Ebene – Der Bandabgleich

Der Bandabgleich, d.h. die Zuordnung von Arbeitsgängen zu Stationen, wird in der Regel auf einer mittelfristigen Planungsstufe vorgenommen und kann kurzfristig nur durch Personalumsetzungen geändert werden. Diese werden in Abschnitt 1.5 näher zu diskutieren sein.

Bei der Variantenfließfertigung stellt sich damit das Problem, daß auf der mittelfristigen Planungsebene die Aufträge mit ihren Ausprägungen, die später tatsächlich zu fertigen sind, erstens noch nicht bekannt sind und zweitens die Zusammensetzung des Tages- oder Schichtprogramms variieren kann. Die Auftragszusammensetzung sollte zwar insofern homogen sein, daß die wesentlichen Merkmale in jedem Tagesprogramm mit dem gleichen Anteil vertreten sind, doch kann ihre Zuordnung zu konkreten Aufträgen unterschiedlich sein. (Beispielsweise können an einem Tag 4 PKW mit der Spezifikation (Schiebedach, Automatikgetriebe) und weitere 4 PKW des Typs (konventionelles Dach, Schaltgetriebe) gefertigt werden, während am Folgetag jeweils 2 PKW der Spezifikationen (Schiebedach, Automatikgetriebe), (Schiebedach, Schaltgetriebe), (konventionelles Dach, Automatikgetriebe) und (konventionelles Dach, Schaltgetriebe) zu produzieren sind. Die Verteilung der Merkmale Dachkonstruktion und Getriebeart ist konstant, trotzdem unterscheidet sich die Auftragszusammensetzung.) Deshalb erfolgt auf dieser Stufe zunächst nur eine grobe Austaktung des Bandes.

Die Abbildung 1.4 macht deutlich, daß der Bandabgleich auf der mittel- bis kurzfristigen Planungsebene eng mit den Aufgabenstellungen der benachbarten Stufen verknüpft ist. So erhält er seine Vorgaben von der taktischen Ebene, welche die Layoutfragen im Hinblick auf die Stationsanzahl und -länge zu klären hat. Hierzu ist zunächst bei der Einrichtung des Bandes die Stationslänge festzulegen, d.h. die Zeit, welche pro Station bei einer gegebenen Personalausstattung (viele in der Literatur übliche Verfahren gehen hierbei von einer normierten Besetzung jeder Station mit genau einem Mitarbeiter aus) zur Verfügung steht. Daraus läßt sich gleichzeitig die Stationsanzahl berechnen, da Stationslänge x Stationsanzahl die insgesamt benötigte Bearbeitungszeit für einen Auftrag ergeben.[9] Eine Schwierigkeit besteht nun darin, daß diese Gesamtbearbeitungszeit von Variante zu Variante schwankt. Die durchschnittliche Bearbeitungszeit anzusetzen, wäre problematisch, da diese von einer gegebenen Auftragszusammensetzung abhinge. Lösungsansätze zu diesem und den folgenden Problemen werden in Kapitel 2 diskutiert.

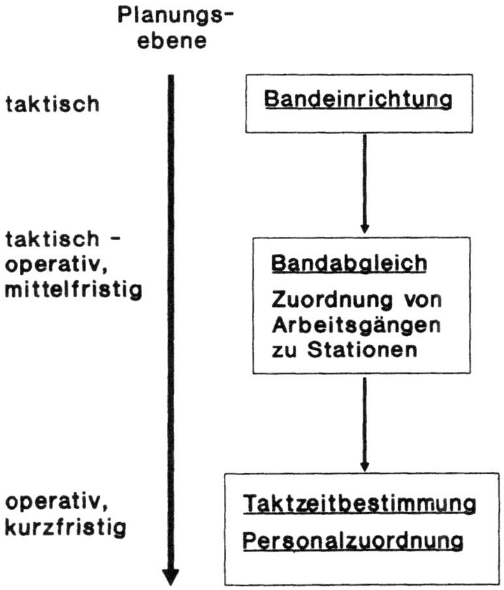

Abb. 1.4: Hierarchische Einbettung des Bandabgleichs

Im Rahmen des eigentlichen Bandabgleichs sind die einzelnen Arbeitsgänge den Stationen zuzuordnen.[10] Hierbei muß überlegt werden, ob dies für alle Varianten simultan geschehen kann oder ob es günstiger ist, jede Variante einzeln auszutakten. Bei letzterem ist darauf zu achten, daß Arbeitsgänge, welche von verschiedenen Varianten belegt werden, möglichst auf der gleichen Station ausgeführt werden. Da die benötigte Zeit für einen Arbeitsgang je nach zugrundeliegender Variante differieren kann und damit der Zeitbedarf insgesamt von der aktuellen Auftragszusammensetzung

---

[9] Selbstverständlich kann man auch so vorgehen, daß zunächst die Stationsanzahl festgelegt wird und daraus die notwendige Stationslänge berechnet wird.

[10] Möglicherweise sind einzelne Arbeitsgänge aufgrund bestimmter Maschinen- oder Werkzeuganforderungen schon festgelegt. Dies verändert die zentrale Problemstellung jedoch nicht.

abhängt, ist eine gemeinsame Austaktung jedoch auch problematisch. Bei sehr flexiblen Bändern kann u.U. auch die Stationsdefinition erst in der operativen Planungsphase erfolgen, so daß die Bandeinrichtung und der -abgleich simultan durchführbar sind.

Ist zum Zeitpunkt der kurzfristigen Planung eine bestimmte Auftragszusammensetzung gegeben, so läßt sich daraus die benötigte Personalkapazität berechnen. Wurde beispielsweise bei der Bandeinrichtung die Länge einer Station (d.h. ihre Kapazität) mit 4 Zeiteinheiten bei einer Ausstattung mit 2 Personen festgelegt und ergibt sich nun ein durchschnittlicher Kapazitätsbedarf von 6 Zeiteinheiten je Auftrag, dann muß dieser Station ein dritter Mitarbeiter zugewiesen werden. Sollen die Aufträge nach einem fixen Taktintervall aufgelegt werden, so läßt sich dieses auch erst bei gegebener Auftragszusammensetzung bestimmen.

1.4. Die kurzfristige operative Ebene – Verfahren zur Glättung der Kapazitätsnachfrage

1.4.1. Die Reihenfolgeplanung

In allen Fallbeispielen wird die Bedeutung der Reihenfolgeplanung betont. Dabei stellt die Verteilung relevanter Ausstattungsmerkmale das entscheidende Kriterium bei der Reihenfolgebildung dar. Ziel ist es stets, eine gleichmäßige Kapazitätsauslastung zu gewährleisten. Über die Berücksichtigung bestimmter Merkmale[11] versucht man, die hierdurch hervorgerufenen Unterschiede in den Bearbeitungszeiten auszugleichen. Wenn ein 6-Zylinder-Traktor an einer Arbeitsstation eine hohe Fertigungszeit aufweist und ein 3-Zylinder-Traktor eine niedrige, dann vermeidet man durch das Mischen beider Typen kurzfristige Überlastungen dieser Station. Die Betrachtung dieser Ausstattungsmerkmale stellt also ein Ersatzkriterium für den impliziten Einbezug der konkreten Bearbeitungszeiten dar. Diese Vorgehensweise wird in der Praxis gerne gewählt, da sie einerseits rechentechnisch einfacher handhabbar ist und andererseits kleinere Unterschiede in den Zeiten sowie Unsicherheiten bezüglich deren exakter Höhe bei der Planung nicht berücksichtigt werden müssen.[12]

---

11 vgl. auch die Vorgehensweise von Yano/Rachamadugu[1991], die Varianten als Bündel von 0/1-Merkmalen betrachten.

12 Vgl. Boehncke[1987], der bei der Reihenfolgeplanung ebenfalls eine Gleichverteilung der wichtigsten Merkmale anstrebt.

Diese Verfahrensart wird jedoch dann problematisch, wenn sich der Zeitbedarf anhand der Merkmale nicht mehr hinreichend genau erfassen läßt, weil z.B. neue Kriterien (Ausstattungsvarianten) nicht einbezogen werden. Außerdem ist es schwierig, falls mehrere Merkmale beachtet werden müssen, Prioritäten festzulegen. (Soll man beispielsweise eher die Fahrzeuge mit Schiebedach gleichmäßig auf die Reihenfolge verteilen oder diejenigen mit Klimaanlage?) Daher geht das später vorzustellende Modell von einer expliziten Berücksichtigung der tatsächlichen oder geschätzten Bearbeitungszeiten aus.

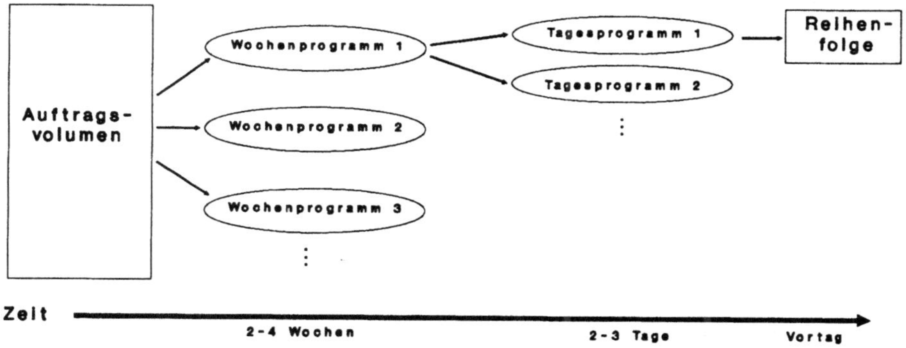

Abb. 1.5: Bestimmung der Auftragszusammensetzung

Voraussetzung für die Reihenfolgeplanung ist die Bestimmung der Auftragszusammensetzung. Abbildung 1.5 zeigt die in der Praxis übliche Vorgehensweise. Ausgehend von dem gesamten Auftragsbestand legt man einige Wochen vor der geplanten Fertigung die Wochenprogramme fest, indem die Aufträge möglichst gleichmäßig auf die einzelnen Wochenpakete verteilt werden. Liegen also beispielsweise 4 Varianten des Typs A vor (oder 4 Aufträge mit Merkmalsausprägung A) und soll für 2 Wochen geplant werden, so müssen idealerweise pro Woche 2 A-Aufträge gefertigt werden. Zusätzlich lassen sich bei der Wochenplanung Fertigstellungstermine berücksichtigen. Das Wochenprogramm dient der Vorfertigung und den Lieferanten als Planungsgrundlage.

Analog werden bei der Tagesprogrammplanung die Wochenpakete in wiederum homogene Tagespakete zerlegt. Hierbei können Informationen bezüglich Fehlteilen (die betroffenen Aufträge müssen zurückgestellt werden) oder des aktuellen Personalstandes (bei hoher Abwesenheitsrate wird der Anteil “kleiner” Aufträge im Tagesprogramm erhöht)[13] eingehen.

Die aktuelle Reihenfolge wird zumeist erst am Vortag gebildet. Auch hierbei kann sich die Zusammensetzung des Auftragspakets noch einmal geringfügig ändern, wenn zusätzlich Eilaufträge eingeschleust werden müssen oder Aufträge aufgrund fehlender Teile nicht gefertigt werden können.

Die Kapazitätsglättung und damit die spätere Reihenfolgeplanung wird also unterstützt, indem auf Tages- und Wochenbasis versucht wird, jeweils möglichst homogene Auftragspakete zu bilden. Wären an einem Tag zu viele zeitintensive Varianten zu fertigen, würde dies zu Überlastungen führen, während dann an anderen Tagen Leerzeiten unvermeidlich wären. Von einer gleichmäßigen Tages- bzw. Wochenbelastung sollte daher nur bei differierender Personalkapazität abgewichen werden. Insgesamt stellt diese Vorgehensweise zur Bestimmung der Auftragszusammensetzung also auch eine Maßnahme zur Glättung der Kapazitätsbelastung dar.

Das 3. Kapitel ist einer ausführlicheren Behandlung der Reihenfolgeplanung gewidmet.

1.4.2. Die Pufferplanung

Den Einfluß von Puffern auf die Reihenfolgeplanung und damit die Kapazitätsnutzung verdeutlicht Abbildung 1.6. Dort sind die Bearbeitungszeiten mehrerer Aufträge an 15 Stationen abgetragen. An den ersten Stationen variieren diese Zeiten nur schwach hinsichtlich eines Auftrages, während nach Station 5 ein deutlicher Strukturbruch zu konstatieren ist. Aufträge, die vorher hohe Bearbeitungszeiten aufwiesen, sind nun (bezogen auf die jeweilige Station) eher kleine oder mittlere Aufträge und umgekehrt. Nach Station 10 findet ein zweiter Strukturbruch statt. Solche Brüche im Bearbeitungszeitverhalten lassen sich dadurch erklären, daß an unterschiedlichen Stationen verschiedene Merkmalsausprägungen wirksam werden. So kann beispielsweise an den ersten 5 Stationen das Getriebe eines Fahrzeugs die Bearbeitungszeit bestimmen, während an den nächsten Stationen die Dachkonstruktion (Schiebedach/Cabrio/geschlossenes Dach) als verantwortliches Merkmal zeichnet.

---

[13] Diese Information kann, falls vorhanden, natürlich auch schon bei der Wochenprogrammplanung berücksichtigt werden.

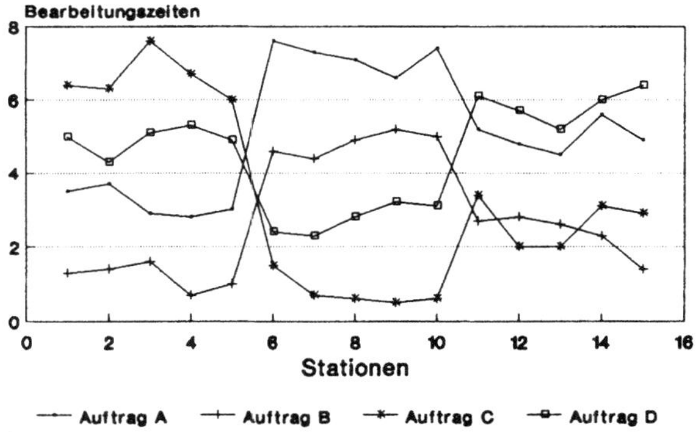

Abb. 1.6: Aufträge mit Strukturbrüchen

Eine Reihenfolge, die an den ersten fünf Stationen zu guten Zielwerten führt, wird für die Folgestationen sicherlich nicht optimal sein. Es wäre daher sinnvoll, wenn an dieser Stelle ein Puffer eingerichtet wäre, der das Umstellen der Aufträge erlaubt. Puffer werden also in dieser Arbeit nur im Hinblick auf ihren Beitrag zur Verbesserung der Kapazitätsnutzung und damit der Reihenfolgeplanung betrachtet. Die häufig in der Literatur diskutierten Zielsetzungen, wie z.B. die Verhinderung von "Blocking"-Effekten aufgrund von variierenden Bearbeitungszeiten oder Maschinenstillständen,[14] werden hier bewußt ausgeklammert. (Bereits oben wurde ausgeführt, daß das Blockieren von Stationen zu einer ungleichmäßigen Kapazitätsauslastung und damit reduzierten Kapazitätsnutzung führt und im Zielkriterium der Reihenfolgeplanung zu bestrafen ist.)

Unter **Puffer** soll also im folgenden jede Einrichung verstanden werden, die das Ändern einer gegebenen Auftragsreihenfolge gestattet. Hierbei kann es sich einfach um einen Freiraum zwischen zwei Produktionsbereichen handeln, der als Ausweichplatz beim Ein- und Aussteuern der Aufträge genutzt wird, bis hin zu hochtechnisierten Stapelpuffern mit komplexen Steuerungsmechanismen. Die Art des Puffers hat selbstverständlich Einfluß auf die mit dem Puffer verbundenen Kosten. Hierbei muß sowohl der von dem Puffer belegte Platz berücksichtigt werden, als auch die Kosten für die Einrichtung des Puffers, für Bedienpersonal, usw. Diese Kosten müssen der bewerteten Zielverbesserung gegenübergestellt werden, die bei einer Pufferplazierung eintritt.

[14] vgl. hierzu auch Kapitel 4.1

Ein Puffer bewirkt bezüglich der Reihenfolgeplanung und ihres Zielkriteriums stets eine Verbesserung, denn wählt man vor und nach dem Puffer die gleiche Auftragsreihenfolge, d.h. der Puffer wird überhaupt nicht genutzt, so ist der gleiche Zielwert wie bei einem Band ohne Puffer erreichbar. Somit kann sich die optimale Lösung durch Gebrauch des Puffers nur verbessern. Würde jede Station für sich optimal ausgelastet, d.h. ein Puffer zwischen je zwei Stationen plaziert, so wären die jeweils besten Reihenfolgen bildbar. Die damit notwendigen Umstellungen in der Auftragsfolge würden allerdings zu Wartezeiten im Puffer und damit zu insgesamt höheren Durchlaufzeiten führen. Außerdem würden die Kosten für die Einrichtung der Puffer mit der Anzahl der Puffer ansteigen. Es muß also eine Abwägung zwischen dem Nutzen einer geglätteten Kapazitätsnachfrage und den Pufferkosten stattfinden. In Kapitel 4 wird die Pufferproblematik ausführlicher behandelt.

1.5. Die kurzfristige operative Ebene – Verfahren zur Glättung des Kapazitätsangebots

1.5.1. Arbeitsgangverschiebung – Lokale Springer

Die Wirkung von **Arbeitsgangverschiebungen** verdeutlicht Abbildung 1.7. Dort werden 3 Aufträge A, B und C auf 2 Stationen gefertigt. Auftrag B benötigt an der ersten Station mehr als einen Takt und verursacht dadurch eine Bereichsüberschreitung, die in einer weiteren Überlastung bei C resultiert, da dieser Auftrag verspätet anfängt. Dagegen hat die zweite Station vor der Fertigung von B eine kurze Leerzeit. Könnte nun der "überhängende" Arbeitsinhalt von B an der ersten Station auf die zweite transferiert werden, so würde die ausgeglichene Situation im dritten Teil der Abbildung erreicht. Der Vorgang kann jedoch auch so interpretiert werden, daß Mitarbeiter der zweiten Station an der ersten aushelfen. Dadurch verkürzt sich die Bearbeitungszeit bei Auftrag B, während die benötigte Zeit für A wächst, da jetzt weniger Kapazität an Station 2 zur Verfügung steht. Dies wird jedoch durch die nachfolgende Leerzeit aufgefangen. Dabei muß dieses **kurzfristige Springen** nicht auf die örtlich benachbarte Station beschränkt bleiben, sondern es ist auch ein Aushelfen zwischen weiter entfernt liegenden Stationen denkbar – insbesondere wenn deren Arbeitsinhalte sich in ihrer Struktur und ihrem Werkzeugbedarf ähnlich sind (z.B. in beiden Fällen Schweißarbeiten). Allerdings ist die generelle Anzahl der Stationen, mit denen ein Austausch stattfinden kann und die im folgenden als "Nachbarstationen" bezeichnet werden sollen, aufgrund der Personalqualifikation begrenzt.

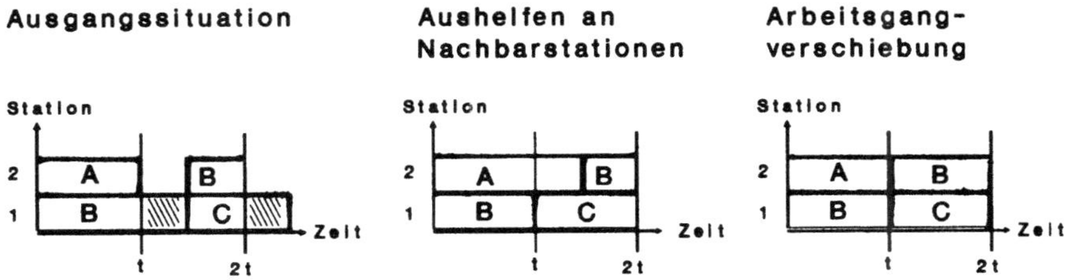

Abb. 1.7: Aushelfen an Nachbarstationen – Arbeitsgangverschiebungen

Beide Ansätze führen – abgesehen von der leichten Verschiebung im zweiten Fall – zu analogen Ergebnissen und können daher als ein einziges Instrument betrachtet werden. (Es besitzen auch beide Fälle die gleiche notwendige Voraussetzung: entsprechend qualifiziertes Personal, das die Arbeitsgänge von Nachbarstationen miterledigen kann.) Im folgenden wird in der Regel von Arbeitsgangverschiebungen gesprochen, um Verwechslungen mit dem externen Springereinsatz, der im nächsten Abschnitt dargestellt wird, zu vermeiden.

Die Verschiebung von Arbeitsgängen kann auch als ein nachträglicher, lokaler Bandabgleich verstanden werden. Dieser ist häufig notwendig, da der eigentliche Bandabgleich auf der mittelfristigen Ebene nur unter allgemeinerer Informationslage (vgl. Abschnitt 1.3) erfolgen kann. Bei Vorlage einer konkreten Auftragsmenge sind daher immer noch gravierende Unterschiede in der Stationsbelastung (zumindest während bestimmter Zeitintervalle) möglich, die mit diesem kurzfristigen Instrument, das in Kapitel 5 detaillierter erläutert wird, geglättet werden sollen.

1.5.2. Springereinsatz – Externe Springer

Externe Springer stellen ein hoch qualifiziertes und flexibles Personalreservoir dar, welches bei Bedarf von außerhalb der Unternehmung oder aus anderen Fertigungsbereichen hinzugezogen werden kann. Sie werden entweder bestimmten Arbeitsstationen für einen festgelegten Zeitraum zugeordnet oder sie begleiten bearbeitungszeitintensive Aufträge über das Band oder einen Teil desselben hinweg. An dem jeweiligen Einsatzort sinken die Bearbeitungszeiten durch diese Kapazitätserhöhung. Damit können Überlastungen vermieden werden. Dagegen bewirken lokale Springer eine Glättung des Kapazitätsangebotes, indem sie Leerzeiten abbauen.

Der Unterschied zwischen externen und lokalen Springern besteht somit in der Art und Weise der Kapazitätsglättung sowie in der größeren Einsatzfähigkeit der externen Springer. Diese sind an allen oder zumindest vielen Stationen einplanbar, dafür ist ihr Einsatzzeitraum länger, während lokale Springer nur kurzfristig an den Nachbarstationen aushelfen. Es empfiehlt sich also, beide Instrumente getrennt zu behandeln.

Eine weitergehende Betrachtung der Nutzung externer Springer erfolgt in Kapitel 6. Nicht diskutiert wird der Springereinsatz aufgrund von personalbezogenen Kapazitätsschwankungen, wie sie z.B. durch Krankheit oder persönliche Verteilzeiten bewirkt werden, da hier übergeordnete Zielvorstellungen (Personalentwicklung insgesamt, Arbeitszeitgestaltung) Bedeutung erlangen, die im Rahmen dieser Arbeit nicht berücksichtigt werden können. Die Frage schwankender Personalkapazität spielt nur insofern eine Rolle, als dadurch die kurzfristige Taktzeitbestimmung (vgl. Kapitel 2) beeinflußt wird.

1.6. Algorithmische Vorgehensweise

Die oben charakterisierten Instrumente (Puffer, externe und lokale Springer) werden alle im Hinblick darauf betrachtet, inwieweit sie zu einer gleichmäßigen Nutzung der Kapazität beitragen. Damit besteht ein enger Zusammenhang zur Reihenfolgeplanung, bei der für eine gegebene Auftragsmenge die Kapazitätsnachfrage explizit festgelegt wird. Zur Planung und Analyse der Instrumente sind daher grundsätzlich zwei Vorgehensweisen denkbar:

a) Es kann für eine gegebene Auftragsmenge eine Reihenfolge gebildet werden, diese wird ausgewertet, d.h. man berechnet beispielsweise die sich daraus ergebende Kapazitätsbelastung, und schließlich plant man den Einsatz der übrigen Instrumente anhand der Ergebnisse. Diese Vorgehensweise soll im folgenden mit **Rf/Anf** abgekürzt werden.

b) Auf die Güte der Reihenfolgeplanung nehmen im wesentlichen die Schwankungen in den Bearbeitungszeiten Einfluß. Daher kann schon aufgrund der Struktur der Bearbeitungszeiten die Ausgestaltung der Instrumente festgelegt werden. Die Bildung einer Auftragsreihenfolge erfolgt dann erst am Schluß (**Rf/Ende**) auf Grundlage der bereits eingeplanten Instrumente.

Die zweite Vorgehensweise hat den Vorteil, daß sie unabhängig von der Reihenfolgeplanung genutzt werden kann. Sie erlaubt somit die organisatorische Trennung der Reihenfolgebildung von der Planung der übrigen

Instrumente. Beispielsweise könnte die Reihenfolge erst am Band von einem zuständigen Meister bei Vorlage aller Informationen (Fehlteile, Werkzeugverfügbarkeit, etc.) festgelegt werden. Auf der anderen Seite muß bei dieser Alternative jedoch darauf geachtet werden, daß man nicht zuviele Potentiale einplant, weil die kapazitätsglättende Wirkung der Reihenfolge nicht direkt berücksichtigt wird.[15] Beide Ansätze sind in dem folgenden Schaubild noch einmal graphisch dargestellt.

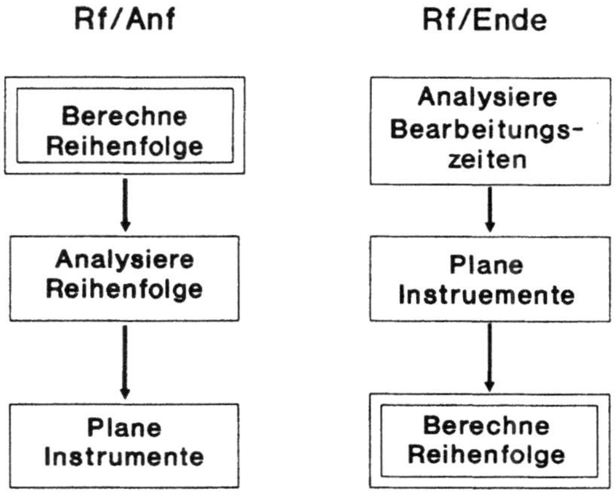

Abb. 1.8: Einsatz und Analyse der kapazitätsglättenden Instrumente

Für den externen Springereinsatz bedeutet dies z.B., daß bei Rf/Anf zunächst eine Reihenfolge ohne Berücksichtigung von Springern gebildet wird. Dann berechnet man, welche Kapazitätsbelastung daraus für bestimmte Zeiträume an den einzelnen Stationen resultiert. Die Stationen mit der höchsten Auslastung bekommen für die entsprechenden Zeitintervalle Springer, also zusätzliche Kapazität zugewiesen. Dadurch sinken dort die Bearbeitungszeiten, Aufträge beenden ihre Bearbeitung früher und das Belastungsprofil insgesamt verändert sich. Die neue Belastungssituation wird bestimmt und man nimmt erneute Zuweisungen von Springern vor, bis alle Springer über den gesamten Planungszeitraum hinweg eingesetzt sind. Die Vorgehensweise kann also auch als stationsorientiert charakterisiert werden.

Eine erneute Reihenfolgebildung im Anschluß oder iterativ während der

---

[15] Indirekt findet sie über die Analyse der Bearbeitungszeiten Beachtung.

Springereinplanung hat sich dabei als nicht vorteilhaft erwiesen,[16] weil sich dadurch das Belastungsgebirge an den Stationen, auf dem die Springerzuweisung beruht, wieder ändert, d.h. die Effekte der Springereinplanung werden zunichte gemacht. Auch eine Annäherung an eine "optimale Kapazitätsauslastung" konnte bei einer iterativen Vorgehensweise nicht beobachtet werden, vielmehr war nach einer wiederholten Reihenfolgeplanung auch eine komplette Neueinplanung des Springereinsatzes notwendig. Es findet daher keine Simultanplanung statt.

Gegenüber der stationsbezogenen Betrachtungsweise bei Rf/Anf ist Rf/-Ende auftragsorientiert. Es werden – wiederum im Beispiel der externen Springer – den Aufträgen, die in der Summe die höchsten Bearbeitungszeiten aufweisen, Springer zugeordnet, wodurch sich die Fertigungszeiten verkürzen. (Man nimmt dabei an, daß die Springer die Aufträge über das Band oder einen Teil desselben hinweg begleiten.) Auf der Basis dieser neuen Bearbeitungszeiten wird dann eine Auftragsreihenfolge generiert.

Analog werden die lokalen Springer bei der stationsorientierten Vorgehensweise aufgrund des Belastungsprofils, das sich aus der Reihenfolgebildung ergibt, eingesetzt. Eine Station mit kurzfristig hohem Arbeitsinhalt bekommt für die entsprechende Zeitdauer Mitarbeiter von weniger belasteten Nachbarstationen zugewiesen. Genauso wie bei den externen Springern sinken die Bearbeitungszeiten an der Station, deren Kapazität erhöht wurde. Dagegen steigt jedoch im Fall der lokalen Springer die Belastung an derjenigen Arbeitsstation, der Kapazität durch das Aushelfen entzogen wurde, während bei der Nutzung externer Springer nur die bereits geschilderte Kapazitätserhöhung stattfindet.

Bei der auftragsorientierten Einplanung lokaler Springer erfolgt ebenfalls ein kurzfristiges Verschieben von Kapazität von weniger belasteten Stationen zu überlasteten Arbeitsstationen. Allerdings ist dort das Verschiebekriterium nicht das Belastungsprofil der Stationen nach der Reihenfolgeplanung, sondern die Belastungssituation, welche durch einen einzelnen Auftrag hervorgerufen wird. Mit anderen Worten, es wird für jeden Auftrag getrennt entschieden, ob bei seiner Abarbeitung ein lokales Aushelfen zwischen Stationen, bzw. ein Verschieben von Arbeitsgängen, nötig sein wird oder nicht.

Die fallbezogene Ausgestaltung dieser beiden prinzipiell möglichen Ansätze wird in den entsprechenden Kapiteln detailliert vorgestellt. Eine Kom-

---

[16] vgl. Kapitel 6

bination ist teilweise (insbesondere bei der Einplanung externer Springer) vorstellbar. Die damit verbundene Problematik wird vor allem in Kapitel 6 angesprochen.

1.7. Vergleich der Variantenfließfertigung mit anderen Fertigungssystemen

In diesem Abschnitt soll zunächst eine Abgrenzung zwischen flexiblen Fertigungssystemen und der Variantenfließfertigung erfolgen. Anschließend werden noch einige Fertigungsstrukturen kurz erläutert, die ebenfalls bei der Variantenfertigung Verwendung finden.

1.7.1. Flexible Fertigungssysteme

Flexible Fertigungssysteme (FFS) werden seit Anfang der 70er Jahre in ständig wachsendem Maße eingerichtet. Kusiak[1986] datiert den ersten Einsatz eines flexiblen Fertigungssystems auf das Jahr 1968 in England. Sie bestehen zunächst aus numerisch gesteuerten Bearbeitungszentren (NC/CNC/DNC-Maschinen), die eine weitgehende Komplettbearbeitung der zu fertigenden Produkte erlauben. Zusätzlich integriert sind ein automatisierter Werkzeugwechsel, Werkstückspeicher und -handhabung.[17] Unterschiedliche Aufträge können in beliebiger Reihenfolge bearbeitet werden, da nennenswerte Umrüstvorgänge[18] entfallen, wenn die Werkstücke der gleichen Bearbeitungsfamilie angehören.[19] Man spricht in diesem Zusammenhang auch von flexiblen Fertigungszellen (FFZ). Durch die Verbindung mehrerer solcher Fertigungseinrichtungen – in sich ergänzender oder ersetzender Weise – über ein gemeinsames automatisiertes Transportsystem, entsteht das eigentliche FFS.[20] FFS sind in der Lage, zumindest die Systemsteuerung selbständig zu gewährleisten, d.h. sie übernehmen auch dispositive Aufgaben wie die Einplanung, Verwaltung und Überwachung der sich gerade in der Fertigung befindlichen Aufträge. Ist der Materialfluß gerichtet und erfolgt eine taktge-

---

[17] Zäpfel[1989], S.183

[18] vgl. etwa Buzacott/Yao[1986], S.891 oder Schneeweiß[1992b]

[19] Letzteres wird häufig durch gruppentechnologische Ansätze sichergestellt (Burbidge[1975 und 1989]).

[20] Zäpfel[1989], S.184f

bundene Werkstückweitergabe, so liegt eine Flexible Transferstraße vor (Browne/Dubois/Rathmill/Sethi/Stecke[1984] und Scheer[1987], S.53). Diese weist die größte Ähnlichkeit mit der oben diskutierten Variantenfließfertigung auf. (FFS implizieren dagegen eine Job-Shop-Umgebung.) Die folgenden Ausführungen beziehen sich ganz allgemein auf alle vorgestellten flexiblen Fertigungseinrichtungen (FFE).

Die Flexibilität solcher FFE zeigt sich darin, daß sie durch entsprechende Werkzeugzuordnung und Wahl der passenden NC-Programme on-line auf unterschiedliche Arbeitsgänge umgerüstet werden können.[21] Die Zuordnung von Werkzeugen zu Maschinen ist daher eine wichtige Planungsaufgabe bei solchen Systemen. Die zu fertigenden Werkstücke werden auf mit Halterungen versehene Paletten geladen. Der dabei mögliche Teilemix innerhalb einer Palette ist abhängig von der Werkzeugausstattung der Bearbeitungsmaschinen, den Paletten- und Halterungstypen und den Arbeitsgangspezifikationen der Werkstücke. (Sehr unterschiedliche Spezifikationen würden ein häufiges Umladen der Paletten nach sich ziehen, was die Durchlaufzeit erhöht.) Nach der Freigabe der zu fertigenden Werkstücke erfolgt on-line im Rahmen der Systemsteuerung die Festlegung ihrer Maschinenfolge ("routing") und eine Bestimmung der Einlastungspriorität vor den einzelnen Bearbeitungszentren ("dispatching"). Der letzte Punkt impliziert bereits, daß sich i.a. vor jeder FFZ ein Puffer befindet, in dem die Reihenfolge der zu bearbeitenden Teile geändert werden kann.

Formal kann daher die Variantenfließfertigung als eine sehr spezielle Form flexibler Fertigungssysteme aufgefaßt werden, da auch sie in der Lage ist, unterschiedliche Produkte (Varianten) simultan zu fertigen, Puffer zwischen Arbeitsstationen ein Ändern der Auftragsreihenfolge erlauben können und eine (begrenzte) Flexibilisierung der Arbeitsgangzuordnung durch die Möglichkeit, Arbeitsgänge zu verschieben, bzw. durch kurzfristigen lokalen Springereinsatz gegeben ist. Die Besonderheit besteht jedoch zum einen in dem deutlich geringeren Automatisierungsgrad[22] und zum andern in der seriellen Struktur und insbesondere der Taktgebundenheit der Variantenfließfertigung, die bei den FFE i.a. nicht gegeben ist. Insofern hat vor allem die Frage nach dem Abgleich von Kapazitätsnachfrage und -angebot innerhalb von FFE nicht die Bedeutung, die ihr bei der Variantenfließfertigung zukommt. Bei FFE reicht es i.d.R. aus, eine ag-

---

21 vgl. Schneeweiß[1992b], Abschnitt 7.5.3

22 Es ist allerdings ein zunehmender Robotereinsatz an Fließbändern zu konstatieren.

gregierte Kapazitätsbetrachtung[23] im Rahmen der Werkzeugzuordnung und der Palettenbeladung vorzunehmen. Unausgeglichene Belastungssituationen können in der Steuerungsphase durch alternative Maschinenfolgen oder ein Abändern der Einsteuerungsprioritäten aufgefangen werden. Diese Möglichkeiten sind bei der Variantenfließfertigung nur eingeschränkt vorhanden (Puffer vor ausgewählten Maschinen erlauben ein begrenztes Umstellen), daher muß hier bis hinunter auf die Ebene eines Taktes, bzw. eines Auftrages die Kapazitätsauslastung geglättet werden. Dagegen finden bei den FFE auf dieser Ebene andere Problemstellungen, wie z.B. die Einhaltung von Fertigstellungsterminen, verstärkt Beachtung.

Die unterschiedlichen Spezifikationen der Fertigungssysteme drücken sich auch in ihren verschiedenartigen Einsatzbereichen aus. Flexible Fertigungssysteme werden hauptsächlich bei der Teilefertigung genutzt, dagegen ist die Variantenfließfertigung typisch für den Montagebereich.

1.7.2. Sonstige Fertigungsstrukturen bei Variantenfertigung

Speziell die Reihenfolgeplanung wird durch Einrichtung von Parallelarbeitsplätzen erleichtert (vgl. das Mercedes-Benz-Beispiel). Hierbei treffen mehrere Aufträge in der Regel gleichzeitig an einer Station ein. Sie werden dort entsprechend der aktuellen Belastungssituation auf die einzelnen Arbeitsplätze verteilt und schließlich wieder gebündelt an die Folgestation weitergereicht. Die Weitergabe erfolgt i.d.R. erst, wenn der letzte Auftrag eines solchen Paketes fertig bearbeitet ist. Die übrigen Arbeitsplätze können zu diesem Zeitpunkt jedoch schon mit der Bearbeitung des Folgepaketes begonnen haben.

Eine weitere Möglichkeit, die Komplexität der Variantenfließfertigung zu verringern, besteht in der Auslagerung bestimmter Bearbeitungsschritte. Im Fahrzeugbau findet man beispielsweise den Fall, daß Türen zwischenzeitlich demontiert, bestimmte Arbeitsgänge an ihnen außerhalb des Hauptbandes ausgeführt und sie schließlich wieder mit dem ursprünglichen Fahrzeug verbunden werden. Falls gerade solche Teile für die Variantenvielfalt und d.h. für die unterschiedlichen Bearbeitungszeiten verantwortlich sind, kann durch ihre Auslagerung die Kapazitätsnutzung am Hauptband wesentlich geglättet werden.

Überlegungen (welche vor allem im Hinblick auf die steigende Motiva-

---

23 Häufig genügt eine Gegenüberstellung des aggregierten Kapazitätsangebots und der entsprechenden Nachfrage für ein Schicht- oder Tagesprogramm.

tion der Mitarbeiter bei einer Reduktion der Arbeitsteilung stattfanden), die Variantenfließfertigung durch eine nach dem Baustellenprinzip organisierte konventionelle Fertigung zu ersetzen, d.h. jeweils ein Auftrag wird an einer Stelle komplett produziert, haben sich als nicht praktikabel erwiesen, da hierbei kaum überwindbare logistische Schwierigkeiten entstehen. Bei einem Ausstoß von mehreren hundert bis tausend Aufträgen pro Tag wäre die Materialanlieferung oder -bereitstellung an den Fertigungseinheiten bei einer solchen Vorgehensweise zu komplex. Insbesondere bei Kleinteilen, wie z.B. Scheinwerfern im Fahrzeugbau, müßte das entsprechende Sortiment an jeder "Baustelle" vorhanden sein, wenn nicht die Mitarbeiter für jedes benötigte Teil zu einem zentralen Lager laufen sollen.

Allerdings zielt die Einrichtung von Gruppenarbeitsplätzen, bei denen eine Gruppe für die Erledigung einer bestimmten Anzahl von Arbeitsgängen zuständig ist, wobei die Aufteilung der Arbeit innerhalb der Gruppe dezentral durch die betroffenen Mitarbeiter geregelt wird, in die gleiche Richtung. Doch müssen auch hier Abstimmungen bezüglich der Abarbeitung und der Weitergabe der Aufträge an die nächste Gruppe getroffen werden, damit nicht Leerzeiten bei Folgegruppen entstehen. D.h., es ist zumindest eine grobe Reihenfolgebildung vorzunehmen. Außerdem kann die Bestimmung der Pufferplätze, also der Stellen, an denen die bisherige Reihenfolge geändert werden sollte, auch als Festlegung der Grenzen des Arbeitsbereichs einer Gruppe interpretiert werden (alle Stationen zwischen zwei Puffern bilden eine Gruppe). Ein Puffer wird notwendig, wenn sich die Bearbeitungsstrukturen wesentlich ändern. Dies sind jedoch gleichzeitig die Stellen, an denen eine neue Gruppe eingerichtet werden sollte, da sonst die Arbeitsinhalte zu heterogen werden. Insofern treten auch bei dieser Fertigungsstruktur ähnliche Fragestellungen wie bei der Variantenfließfertigung auf.

2. Der Bandabgleich

2.1. Darstellung des Problems

Jedes zu fertigende Produkt besteht aus einer Vielzahl von Arbeitsgängen, die an bestimmten Stationen auszuführen sind. Die Zuordnung solcher Arbeitsinhalte zu den einzelnen Stationen ist Gegenstand dieses Kapitels. Die hier getroffenen Entscheidungen sollten mittelfristig stabil bleiben, da ein häufiger Wechsel der Zuordnungen auch Werkzeug- und Personalwechsel an den Stationen nach sich zieht, was zu erhöhter Unruhe und Störungen im Fertigungsablauf führt.

Variante / Arbeitsgang	1	2	3
1	2	4	0
2	0	5	2
3	4	6	2
4	3	1	3
5	1	1	4
6	0	4	1
7	2	3	0
8	4	2	0
9	5	0	2
10	1	2	2
$\sum$	22	28	16

Tab. 2.1: Bearbeitungszeiten für 3 Varianten, 10 Arbeitsgänge, Beispiel

Im folgenden mögen K Arbeitsgänge einzuplanen sein, wobei der Zeitbedarf eines solchen Arbeitsganges je nach Produktvariante unterschiedlich ausfallen kann. Tabelle 2.1 gibt ein Beispiel für die Bearbeitungszeiten von 10 Arbeitsgängen bei 3 Varianten. Eine Bearbeitungszeit von 0 Einheiten bedeutet, daß dieser Arbeitsgang für die entsprechende Variante nicht ausgeführt werden muß (Wegfall einer Ausstattungsoption wie z.B. rechter Außenspiegel). Aus der Summenzeile kann der kummulierte Arbeitsinhalt jeder Variante entnommen werden. Bei den Bearbeitungszeiten wird zunächst angenommen, daß an jeder Station jeweils eine Person (bzw. eine konstante Anzahl von Mitarbeitern) zur Verfügung steht. Das

Problem der Zuordnung einer unterschiedlichen Zahl von Personen zu den einzelnen Arbeitsstationen wird in Abschnitt 2.5 diskutiert.

Es soll nun mit q_{ik} die Bearbeitungszeit des k-ten Arbeitsganges an der i-ten Variante bezeichnet werden ($i \in \{1, ..., n\}$, $k \in \{1, ..., K\}$). Im Beispiel wäre also etwa $q_{11} = 2$ und $q_{21} = 4$, d.h. der erste Arbeitsgang würde bei Variante 1 nur 2 Zeiteinheiten benötigen, bei der zweiten Variante jedoch 4 ZE. Es wird angenommen, daß die Bearbeitungszeiten der Arbeitsgänge nicht nach der zugeordneten Station differieren. Sollte dies der Fall sein (z.B. aufgrund unterschiedlicher Werkzeugausstattung oder Personalqualifikation), muß das später folgende Modell entsprechend ergänzt werden.[1] Weiterhin sei

$$(2.1) \qquad q_i = \sum_{k=1}^{K} q_{ik}, \quad i \in \{1, ..., n\},$$

der gesamte Arbeitsinhalt der Variante i.

Wie bereits in Kapitel 1 erläutert wurde, besteht der erste (auf der taktischen Planungsebene vorgelagerte) Schritt darin, die Stationenzahl, bzw. ihre Länge festzulegen. Insbesondere wenn hierdurch die Einrichtung des Bandes an sich betroffen ist (Aufstellung von Maschinen, etc.), sind diese Entscheidungen bereits von der langfristigen Planungsstufe aufgrund der technologischen Gegebenheiten zu treffen. Andernfalls müssen diese Parameter analog dem Ein-Produkt-Fall im Rahmen eines entsprechenden Verfahrens vorgegeben oder bestimmt werden. Ist die Nachfrage nach den einzelnen Varianten konstant, d.h. werden in jeder Schicht D_i Einheiten von Variante i ($i \in \{1, ..., n\}$) produziert, so ergibt sich die insgesamt zu produzierende Anzahl von Aufträgen als:

$$(2.2) \qquad D = \sum_{i=1}^{n} D_i.$$

Damit kann bei beispielsweise vorausgesetzter Stationenzahl m die mittlere Stationslänge T durch

$$(2.3) \qquad T = \frac{1}{m \cdot D} \sum_{i=1}^{n} D_i \cdot q_i$$

[1] vgl. auch Kapitel 5

berechnet werden. Man beachte, daß die so definierte Stationslänge in Zeiteinheiten gemessen wird. Sie repräsentiert also die Zeit, die ein Auftrag an einer Station verbringt. Die physikalische Länge ist dagegen für die vorliegende Aufgabenstellung unerheblich.

In der Regel ist die Nachfrage nach den einzelnen Varianten jedoch von Schicht zu Schicht schwankend und kann daher nur kurzfristig bestimmt werden. Bei der Bandeinrichtung muß man folglich ohne diese Information auskommen. Im Verfahren von Link (Abschnitt 2.3) wird dieses Problem so gelöst, daß die Stationenzahl vorgegeben und für jede einzelne Variante eine spezifische Stationslänge berechnet wird. Kurzfristig, wenn die Zusammensetzung des Schichtprogramms bekannt ist, wird das daraus resultierende Auflageintervall ermittelt, also die Zeit, die einem Auftrag zur Fertigung an einer Station zur Verfügung steht. Entsprechende Personalzuweisungen zu den Stationen müssen dann sicherstellen, daß diese Zeitdauer ausreicht.

Der eigentliche Bandabgleich, die explizite Zuordnung der Arbeitsgänge zu den Stationen, soll in den folgenden Abschnitten diskutiert werden.

2.2. Bisherige Lösungsverfahren

2.2.1. Bestimmung eines Mischtaktes

Eine vor allem in der Praxis häufig gewählte Vorgehensweise ist die Bestimmung einer "mittleren Variante".[2] Sind die Nachfrageraten D_i bekannt, so kann für jeden Arbeitsgang k die durchschnittliche Dauer

$$a_k = \frac{1}{D} \sum_{i=1}^{n} D_i \cdot q_{ik}, \quad k \in \{1, ..., K\} \tag{2.4}$$

bestimmt werden. Die Vielzahl von Varianten wird so auf ein "Mischprodukt" komprimiert, das dann nach einem beliebigen Ein-Produkt-Verfahren ausgetaktet werden kann.[3]

---

[2] Die zweite häufig in der Praxis anzutreffende Methode, die Austaktung der größten Variante, was zu hohen Leerzeiten bei weniger zeitintensiven Varianten führt, wird wegen der offensichtlichen Nachteile nicht weiter diskutiert.

[3] Übersichten über solche Methoden bieten z.B. Baybars[1986] für exakte Verfahren und Talbot/Patterson/Gehrlein[1986] für Heuristiken, sowie Zäpfel[1989b], vgl. dort insbesondere S.202.

Ist die Nachfrage nicht bekannt oder nicht konstant, so kann eventuell mit Vergangenheitsdaten eine Prognose gebildet werden, mit deren Hilfe sich eine durchschnittliche Variante berechnen läßt. Diese Vorgehensweise ist problematisch, da dann im Einzelfall die tatsächliche Variantenverteilung von der der Planung zugrundeliegenden Mischung doch erheblich abweichen kann. Damit würde sich für die einzelnen Arbeitsstationen ein ganz anderes Belastungsprofil ergeben, als geplant war. Überlastungen und Leerzeiten wären die logische (und unerwünschte) Folge.

2.2.2. Einzelaustaktung

Den Nachteil der im vorangegangenen Abschnitt beschriebenen Vorgehensweise, die Abhängigkeit von einer konkreten Auftragszusammensetzung, vermeidet die Einzelaustaktung der Varianten. Hierbei wird für jede einzelne Variante getrennt ein Bandabgleich wie im Ein-Produkt-Fall durchgeführt. Jede Station wird so für jeweils eine Variante mit den (annähernd) gleichen Arbeitsinhalten belastet. Im obigen Beispiel (Tab. 2.1) könnte bei 4 Stationen die folgende Arbeitsgangzuordnung getroffen werden:[4]

	Variante 1		Variante 2		Variante 3	
Station	Arbeitsgänge	Bearb.-zeit	Arbeits.-gänge	Bearb.-zeit	Arbeitsgänge	Bearb.-zeit
1	1,2,4	5	1,2	9	1,2,3	4
2	3,5	5	3,4	7	4,6	4
3	6,7,8	6	5,6	5	5	4
4	9,10	6	7,8,9,10	7	7,8,9,10	4

Tab. 2.2: Arbeitsgangzuordnung bei Einzelaustaktung, Beispiel

Man sieht, daß vor allem bei den Varianten 1 und 3 die Stationsbelastung sehr gleichmäßig ist. Wie man sich leicht klarmachen kann, resultiert daraus bei jeder beliebigen Auftragszusammensetzung wiederum eine gleichmäßige gesamte Belastung je Station, da diese sich aus der Summe der Belastungen durch die einzelnen Aufträge ergibt.

Ein gravierender Nachteil dieser Vorgehensweise besteht jedoch darin, daß der gleiche Arbeitsgang für unterschiedliche Varianten verschiedenen Sta-

[4] Der Austaktung liegen die weiter unten angegebenen Vorranggraphen in Abb. 2.1 zugrunde.

tionen zugewiesen werden kann. Nach Tab. 2.2 wird z.B. der Arbeitsgang 4 für die Variante 1 auf der ersten Station ausgeführt und für die Varianten 2 und 3 auf der zweiten. Dies bedingt nicht nur, daß eventuell Werkzeuge und Eingangsmaterialien mehrfach vorgehalten werden müssen. Auch die Personalqualifikation ist hiervon betroffen, da entweder die Mitarbeiter je nach Variante die Station zu wechseln haben, um dort "ihre" Arbeitsgänge zu erledigen, oder sie müssen alle auf einer Station vorkommenden Arbeitsgänge beherrschen (im Beispiel sind das etwa für Station 2 die Arbeitsgänge 3-6). Die Vorteile der Arbeitsteilung, wie z.B. Lerneffekte durch eine hohe Wiederholrate, werden hierdurch eingeschränkt.

2.2.3. Das Verfahren von Thomopoulos

Thomopoulos[1970] versucht mit seinem Verfahren, den obigen Nachteil der Einzelaustaktung zu umgehen und trotzdem eine gleichmäßige Verteilung der Belastung pro Station für jede Variante zu erreichen. Ausgeglichene Bearbeitungszeiten erleichtern auch die spätere Reihenfolgeplanung, wie Kapitel 5 zeigen wird, da in diesem Fall das Band für jeden Auftrag, also zu jedem Zeitpunkt ausbalanciert ist, während beispielsweise die Bildung einer mittleren Variante (Abschnitt 2.2.1) nur sicherstellt, daß die aufsummierte Belastung an allen Stationen gleich hoch ist.

Bei jeder Variante treten technologisch bedingte Vorrangbeziehungen in den Arbeitsgängen auf. Die Abbildung 2.1 stellt im oberen Teil solche Restriktionen für die 3 Varianten aus dem Beispiel (Tab. 2.1) graphisch dar. Beispielsweise muß bei Variante 2 der Arbeitsgang 1 durchgeführt sein, bevor mit 2 oder 3 begonnen werden kann. Sind diese Vorranggraphen widerspruchsfrei, d.h. tritt nicht der Fall auf, daß bei einer Variante Arbeitsgang k vor l erledigt werden muß und bei einer anderen l Vorgänger von k ist,[5] so können die Graphen für die einzelnen Varianten in einen kombinierten Vorranggraphen überführt werden.

Wird bei einer Austaktung der kombinierte Vorranggraph, der alle Varianten enthält, verwendet, so ist gewährleistet, daß gleiche Arbeitsgänge

---

5 Widersprüchliche Vorrangbeziehungen sind technologisch unwahrscheinlich, da Varianten i.d.R. entweder durch Wegfall von Optionen oder durch quantitative Unterschiede im Zeitbedarf entstehen, wovon jedoch die Vorrangsfolgen nicht berührt werden. Tritt der Fall inkonsistenter Vorrangbeziehungen dennoch auf, so muß darauf geachtet werden, daß die betroffenen Arbeitsgänge auf einer Station zu liegen kommen, oder man läßt zu, daß Arbeitsgänge für unterschiedliche Varianten auch auf unterschiedlichen Stationen gefertigt werden können.

für alle Varianten auf derselben Station ausgeführt werden, da in diesem Fall die Zuordnung der Arbeitsgänge zu Stationen anhand der aggregierten "kombinierten" Variante vorgenommen wird und man erst bei der Beurteilung der getätigten Zuordnung wieder das Zeitverhalten der Einzelvarianten betrachtet.

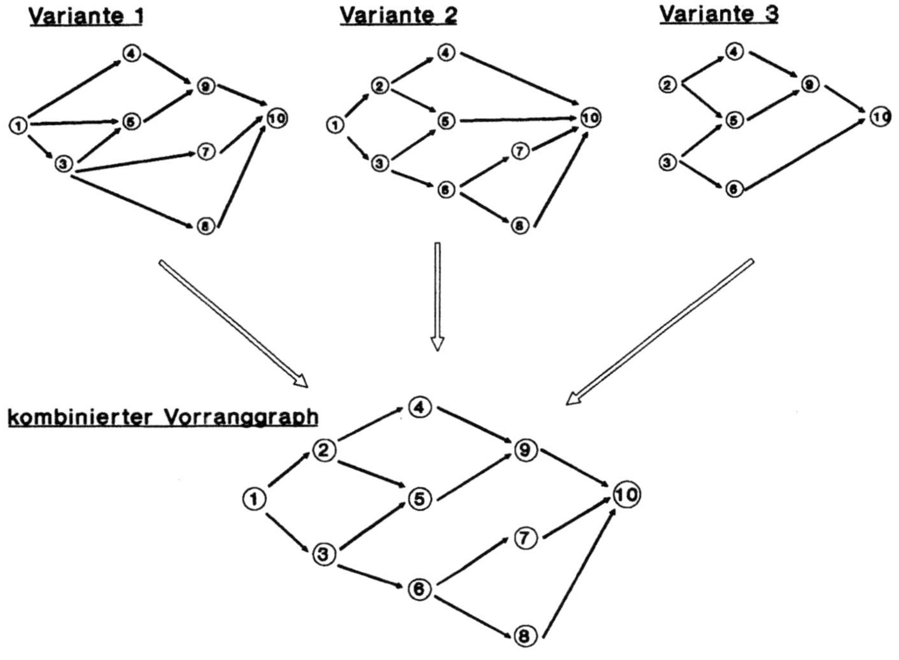

Abb. 2.1: Bildung eines kombinierten Vorranggraphen, Beispiel

Thomopoulos geht für die explizite Zuordnung der Arbeitsgänge von einer gegebenen Auftragsmenge aus. In einem ersten Ansatz bestimmt er die Belastung t_j der einzelnen Stationen j durch die Restriktion:

$$(2.5) \qquad D \cdot \sum_{j=1}^{m} t_j = \sum_{k=1}^{K} \sum_{i=1}^{n} D_i \cdot q_{ik},$$

die sicherstellt, daß die Summe der Stationsbelastungen gleich dem gesamten Arbeitsinhalt der Schicht ist, und durch die Zielfunktion:

$$(2.6) \qquad \sum_{j=1}^{m} (t - t_j) \quad \longrightarrow \quad \text{Min.},$$

wobei $t \geq t_j$ ist. Durch diese Zielfunktion wird die Leerzeit an den Stationen minimiert. Ist nicht von einer festen Stationsobergrenze t auszugehen, sondern von einem Intervall $[t^-, t^+]$, in dem die t_j liegen müssen,[6] so kann (2.6) ersetzt werden durch:

$$(2.7) \qquad t^- \leq t_j \leq t^+, \quad j \in \{1, ..., m\} \qquad \text{und}$$

$$(2.8) \qquad \sum_{j=1}^{m} |T - t_j| \quad \longrightarrow \quad \text{Min.}$$

Damit ist sichergestellt, daß die tatsächliche Stationsgröße im zulässigen Intervall liegt, und die Abweichung der einzelnen Stationsbelastungen von dem mittleren Arbeitsinhalt T, der in (2.3) definiert ist, minimiert wird. Zusätzlich sind die Vorrangbeziehungen, wie sie sich aus dem kombinierten Vorranggraphen ergeben, als Restriktionen zu berücksichtigen.

Die Lösung dieses Optimierungsproblems entspricht der Bildung eines Mischtaktes in Abschnitt 2.2.1. Thomopoulos erkannte, daß damit die Arbeitsinhalte, die für eine bestimmte Variante den einzelnen Stationen zugewiesen wurden, sehr unterschiedlich sein konnten. Er versuchte also, das obige Problem (2.5-8) so zu modifizieren, daß auch innerhalb der Varianten die Bearbeitungszeiten je Station geglättet werden. Hierzu benötigt man zunächst für jede Variante i die mittlere Bearbeitungsdauer $\overline{q}_i$ pro Station:

$$(2.9) \qquad \overline{q}_i = \frac{q_i}{m}, \quad i \in \{1, ..., n\}.$$

Außerdem muß die Bearbeitungszeit p_{ij} von Variante i an Station j berechnet werden. Es seien der Station j die Menge K_j von Arbeitsgängen ($K_j \subset \{1, ..., K\}$) zugeordnet. Dann ergibt sich p_{ij} als:

$$(2.10) \qquad p_{ij} = \sum_{k \in K_j} q_{ik}, \quad i \in \{1, ..., n\}, j \in \{1, ..., m\}.$$

Thomopoulos minimiert für alle Varianten und alle Stationen die Abweichung der tatsächlichen Stationsbelastung p_{ij} der Variante i von dem idealen Wert $\overline{q}_i$. Diese Abweichungen werden zusätzlich mit der Nachfragerate der Variante gewichtet:

$$(2.11) \qquad \sum_{i=1}^{n} \sum_{j=1}^{m} D_i \cdot |p_{ij} - \overline{q}_i| \quad \longrightarrow \quad \text{Min.}$$

---

6 Die Werte von t^- und t^+ sind sorgfältig zu überlegen. Ist die Intervallbreite sehr klein gewählt, so findet man u.U. keine zulässige Lösung. Wenn das Intervall jedoch zu groß ist, kann die Stationsauslastung sehr ungleichmäßig sein.

Dieses Optimierungsproblem wird heuristisch gelöst, indem zunächst für die erste Station alle Kombinationen von Arbeitsgängen bestimmt werden, die dort gemeinsam ausgeführt werden können, ohne den Vorranggraphen zu verletzen und ohne die Stationslänge $[t^-, t^+]$ zu unter- bzw. zu überschreiten. Für jede dieser Kombinationen wird dann berechnet, mit welchem Wert Δ_1 sie die Zielfunktion belastet:

$$\Delta_1 = \sum_{i=1}^{n} D_i \cdot |p_{i1} - \overline{q}_i|. \tag{2.12}$$

Die Kombination mit dem geringsten Δ_1-Wert wird für die erste Station ausgewählt. Im obigen Beispiel (Tab. 2.1 und Abb. 2.1) würden sich bei Nachfrageraten von $D_1 = 100$, $D_2 = 60$ und $D_3 = 40$, sowie einer Stationslänge von [3,7] die folgenden Kombinationen anbieten:

	Variante 1		Variante 2		Variante 3		
Kombination	p_{11}	$\overline{q}_1$	p_{21}	$\overline{q}_2$	p_{31}	$\overline{q}_3$	Δ_1
1,2	2	5,5	9	7	2	4	550
1,2,4	5	5,5	10	7	5	4	270
1,3	6	5,5	10	7	2	4	310

Tab. 2.3: Beispiel zum Thomopoulos-Algorithmus

Da sich bei der Kombination 1,2,4 der geringste Δ_1-Wert einstellt, würden die Arbeitsgänge 1, 2 und 4 der ersten Station zugeordnet. Anschließend versucht man in analoger Weise mit den übrigen Arbeitsgängen eine "optimale" Kombination für die zweite Station zu finden, so lange bis alle Stationen eingeplant sind. Natürlich steigen mit der Anzahl der Arbeitsgänge die Kombinationsmöglichkeiten und damit der Rechenaufwand des Verfahrens.

Da Thomopoulos eine einmal getroffene Zuordnung zu einer Station nicht mehr verändert, ist das Verfahren myopisch und damit i.a. suboptimal. Link umgeht (vgl. Abschnitt 2.2.5) durch einen exakten Branch-und-Bound-Algorithmus diesen Nachteil und hebt auch die Abhängigkeit von einer konkreten Auftragszusammensetzung auf. Zuvor sollen jedoch noch einige andere Ansätze aus der Literatur dargestellt werden.

2.2.4. Sonstige Ansätze in der Literatur

Macaskill[1972] bildet analog dem ersten Ansatz von Thomopoulos einer mittleren Variante, die unter Berücksichtigung des kombinierten Vorranggraphen ausgetaktet wird. Um die benötigte Rechenzeit zu senken, werden nicht nur einzelne Arbeitsgänge, sondern auch Gruppen von Arbeitsgängen den Stationen zugeordnet. Bei letzterem ist jedoch das Splitten einer Gruppe zwischen einer Station und ihrer Nachfolgerstation erlaubt. Macaskill untersucht zwei heuristische Zuordnungsverfahren: die Auswahl der Arbeitsgänge nach Positionsgewichten und nach dem größten Arbeitsinhalt. Die Vorgehensweise ist letztlich unter die Bestimmung eines Mischtaktes in Abschnitt 2.2.1 zu subsummieren.

Dar-El/Cother[1975] führen Aufgaben des Bandabgleichs, die Minimierung der Stationslänge bei geschlossenen Stationen (d.h. bei solchen, deren Grenzen nicht überschritten werden dürfen), bzw. der Bandlänge bei offenen Stationen, im Rahmen der Reihenfolgeplanung durch. Dabei gehen sie davon aus, daß die Arbeitsinhalte bereits auf alle Stationen gleichmäßig verteilt sind und die Aufträge nach äquidistanten Zeitabschnitten aufgelegt werden. Die Autoren untersuchen 5 Einflußfaktoren auf die Band- und Stationslänge: die Anzahl der Varianten, deren Produktionsraten, die Anzahl der Stationen, die Varianz der Bearbeitungszeiten und die Varianz der durchschnittlichen Bearbeitungszeiten je Variante. Sie stellen fest, daß vor allem die beiden letzten Faktoren sowie die Variantenzahl die größten Auswirkungen zeigen.

Weiterhin untersuchen eine Reihe von Autoren Bänder mit stochastischen Bearbeitungszeiten. Diese Problemstellung kann leicht auf den Fall der Variantenfertigung übertragen werden.[7] Moodie/Young[1965] minimieren mit einer Heuristik die Leerzeit, indem in einer ersten Phase die Arbeitsgänge unter Berücksichtigung des Vorranggraphen nach ihrer Größe zugeordnet werden (zeitintensivere Arbeitsgänge haben also Priorität) und anschließend Arbeitsgänge von Stationen mit hohen Belastungen auf niedrigere Stationen transferiert werden. Die Stochastik wird berücksichtigt, indem die Belastung der Stationen mit den Arbeitsgängen durch einen additiven Term, der die Varianz der Bearbeitungszeiten enthält, korrigiert wird.

Kottas/Lau[1981] nehmen bei ihrer Heuristik an, daß Arbeitsinhalte, die über die Taktzeit hinausgehen, zunächst unerledigt bleiben und außerhalb des Bandes beendet werden müssen. Sie minimieren den Erwartungswert der Summe aus den Kosten für unvollständige Bearbeitung sowie

---

[7] Ob die Schwankungen in den Fertigungszeiten von unterschiedlichen Produktspezifikationen oder von einer variierenden Arbeitsgeschwindigkeit des Personals bewirkt werden, ist unerheblich.

den Personalkosten.[8] Da die Kosten für Nacharbeit für die einzelnen Arbeitsgänge unterschiedlich sind, diskutieren die Autoren auch die Reihenfolge, in der die Arbeitsgänge innerhalb einer Station ausgeführt werden sollten. Auch Carter/Silverman[1984] und Silverman/Carter[1986] minimieren die Kosten, die entstehen, wenn die Bearbeitungszeiten die Taktzeit überschreiten.

Demgegenüber benutzt Carraway[1989] ein exaktes Verfahren zur Minimierung der Stationenzahl, indem er bei normalverteilten Bearbeitungszeiten einen DP-Ansatz wählt. Generell stellt sich jedoch bei allen Verfahren mit stochastischen Bearbeitungszeiten das Problem, daß damit nicht innerhalb einer Variante die Fertigungszeiten ausgeglichen werden können, sondern nur die Gesamtbelastungen der Stationen. Eine Lösung bietet erst der nun folgende Ansatz.

2.3. Das Verfahren von Link

Bereits bei der Darstellung des Verfahrens von Thomopoulos wurde deutlich, daß das Problem der Einzelaustaktung, die Zuordnung eines Arbeitsganges für verschiedene Varianten auf unterschiedliche Stationen, sich lösen läßt, indem ein gemeinsamer Vorranggraph benutzt wird. Während nun Thomopoulos versuchte, mit Hilfe einer konkreten Auftragsmenge eine Zuordnung derart zu treffen, daß einerseits vorgegebene Stationsgrenzen nicht verletzt werden und sich andererseits für jede Variante geglättete Bearbeitungszeiten einstellen, legt Link[1992] für jede Variante eine spezifische Stationsbreite fest und minimiert mit einem Branch-und-Bound-Algorithmus die maximale Abweichung der Bearbeitungszeit einer Variante an einer Station von dem Idealwert.

Dieser Idealwert ist die mittlere Bearbeitungszeit pro Station $\overline{q}_i$, die in der Formel (2.9) bereits definiert wurde. Link gibt nun einen Startbound B vor, um den die Belastung einer Station i mit Arbeitsgängen der Variante um $\overline{q}_i$ schwanken darf, d.h.:

(2.12) $$\overline{q}_i - B \leq p_{ij} \leq \overline{q}_i + B, \quad i \in \{1, ..., n\}, j \in \{1, ..., m\}.$$

Das Intervall $L_i = [\overline{q}_i - B, \overline{q}_i + B]$ repräsentiert also die Stationslänge für die Variante i. Im Beispiel (Tabelle 2.1 und Abbildung 2.1, 4 Stationen) erhält man für $B = 4$: $L_1 = [5,5 - 4; 5,5 + 4] = [1,5; 9,5]$, $L_2 = [3; 11]$ und $L_3 = [0; 8]$.

---

[8] Der Anteil nicht erledigter Arbeitsinhalte sinkt mit einer Verlängerung der Taktzeit, die jedoch zu höheren Personalkosten führt, da der Ausstoß geringer wird.

Analog Thomopoulos bestimmt Link dann (unter Berücksichtigung des kombinierten Vorranggraphen) alle möglichen Kombinationen von Arbeitsgängen, die der ersten Station zugeordnet werden können, ohne daß die variantenspezifischen Bearbeitungszeiten p_{i1} das Intervall L_i verlassen. Für jede Kombination wird die maximale Abweichung A_{max} von dem jeweiligen Idealwert und die kummulierte Abweichung über alle Varianten A_{kum} berechnet:

$$(2.13) \qquad A_{max} = \max_{i=1..n} \{|p_{i1} - \overline{q}_i|\} \quad \text{und}$$

$$(2.14) \qquad A_{kum} = \sum_{i=1}^{n} |p_{i1} - \overline{q}_i|.$$

Die Arbeitsgangkombination mit dem geringsten A_{max}-Wert wird zunächst der ersten Station zugewiesen, bei gleichem A_{max} entscheidet der niedrigere Wert von A_{kum}. Die folgende Tabelle gibt die entsprechenden Ergebnisse für die Daten aus dem Beispiel Tab. 2.1 und Abb. 2.1 unter Beachtung von $B = 4$ an:

	Variante 1		Variante 2		Variante 3			
Kombination	p_{11}	$\overline{q}_1$	p_{21}	$\overline{q}_2$	p_{31}	$\overline{q}_3$	A_{max}	A_{kum}
1	2	5,5	4	7	0	4	4	10,5
1,2	2	5,5	9	7	2	4	3,5	7,5
1,2,4	5	5,5	10	7	5	4	**3**	**4,5**
1,3	6	5,5	10	7	2	4	3	5,5

Tab. 2.4: Arbeitsgangkombinationen an der ersten Station, Beispiel

Ordnet man der ersten Station die Arbeitsgänge 1, 2 und 4 zu, so stellt sich dabei eine maximale Abweichung vom Idealwert bei der zweiten Variante mit $A_{max} = 10 - 7 = 3$ Einheiten ein. Der gleiche Wert wird bei Arbeitsgangkombination 1,3 erreicht, bei den kummulierten Abweichungen ist diese Zuordnung jedoch schlechter, so daß der Kombination 1,2,4 der Vorzug gegeben wird. (Die beiden anderen Kombinationen liefern bereits bei A_{max} höhere Werte.) Damit ist die erste Station vorläufig eingeplant und man geht nun in analoger Weise für die zweite Station vor. Aus den restlichen Arbeitsgängen ergeben sich unter Berücksichtigung des Vorranggraphen die folgenden Kombinationen:

	Variante 1		Variante 2		Variante 3			
Kombination	p_{12}	$\overline{q}_1$	p_{22}	$\overline{q}_2$	p_{32}	$\overline{q}_3$	A_{max}	A_{kum}
3	4	5,5	6	7	2	4	2	4,5
3,5	5	5,5	7	7	6	4	**2**	**2,5**
3,6	4	5,5	10	7	3	4	3	5,5

Tab. 2.5: Arbeitsgangkombinationen an der zweiten Station, Beispiel

Der zweiten Station werden die Arbeitsgänge 3 und 5 zugewiesen. Die Daten für die dritte und vierte Station liefern die Tabellen 2.6 und 2.7. Man beachte, daß für die letzte Station nur noch eine Arbeitsgangkombination in Frage kommt, nämlich alle bisher noch nicht zugeordneten Arbeitsgänge. Ist diese Kombination unzulässig, d.h. werden die durch L_i definierten Stationsgrenzen verletzt, so ist im vorgelagerten Schritt die nächstbeste Kombination zu wählen, bis eine zulässige Lösung erzielt wird. Ist eine solche Lösung nicht möglich, muß der Startbound B verändert werden.

	Variante 1		Variante 2		Variante 3			
Kombination	p_{13}	$\overline{q}_1$	p_{23}	$\overline{q}_2$	p_{33}	$\overline{q}_3$	A_{max}	A_{kum}
6,7	2	5,5	7	7	1	4	3,5	6,5
6,8	4	5,5	6	7	1	4	3	5,5
6,7,8	6	5,5	9	7	1	4	3	5,5
6,9	5	5,5	4	7	3	4	3	4,5
6,7,9	7	5,5	7	7	3	4	**1,5**	**2,5**
6,8,9	9	5,5	6	7	3	4	3,5	5,5

Tab. 2.6: Arbeitsgangkombinationen an der dritten Station, Beispiel

	Variante 1		Variante 2		Variante 3			
Kombination	p_{14}	$\overline{q}_1$	p_{24}	$\overline{q}_2$	p_{34}	$\overline{q}_3$	A_{max}	A_{kum}
8,10	5	5,5	4	7	2	4	**3**	**5,5**

Tab. 2.7: Arbeitsgangkombinationen an der vierten Station, Beispiel

Hat man eine zulässige Lösung gefunden, so wird die maximale Abweichung Δ über alle Stationen und Varianten von der jeweiligen Idealbelastung berechnet:

(2.15) $$\Delta = \max_{i=1..n} \max_{j=1..m} \{|p_{ij} - \overline{q}_i|\}.$$

Im Beispiel stellt sich $\Delta = 3$ an den Stationen 1 und 4 jeweils bei Variante 2 ein. Dieser Δ-Wert kann nun als neuer Bound B aufgefaßt werden. Alle Kombinationen an den einzelnen Stationen mit einem höheren A_{max}-Wert können aus der weiteren Betrachtung ausgeschlossen werden, da sie nur zu einer schlechteren maximalen Abweichung führen können.

Anschließend wird versucht, die Lösung durch Suche bei den übrig gebliebenen Kombinationen (die den Verzweigungen in einem Lösungsbaum entsprechen) weiter zu verbessern. Ist Δ erstmalig bei Station j aufgetreten, so muß zu Station $j-1$ (= Stufe $j-1$) zurückgegangen werden. Eine Suche bei den Stationen $j..m$ hätte keinen Sinn, da dann das ursprüngliche Δ bei Station j (oder ein noch schlechterer Wert) auf jeden Fall realisiert würde, es also in (2.15) zu keiner Verbesserung käme. An Station $j-1$ wird dann die zweitbeste Kombination eingeplant, und man berechnet analog der oben geschilderten Vorgehensweise die sich daraus ergebenden Arbeitsgangkombinationen für die nachfolgenden Stationen.[9] Ist eine neue Ausgangslösung mit niedrigerem Δ gefunden (u.U. nach mehrfachem Zurückgehen zu Vorgängerstationen, wenn sich bei Auswertung bestimmter Kombinationen unzulässige Lösungen ergaben), so wird dieses als neuer Bound gesetzt, usw., bis entweder alle Kombinationen bearbeitet wurden oder ein Δ-Wert von 0 Einheiten eintritt, d.h. die ideale Lösung liegt vor.

Im obigen Beispiel wird jedoch $\Delta = 3$ bereits an der ersten Station realisiert, ein Zurückgehen an eine Station 0 ist unmöglich, somit lautet die optimale Lösung:

		Variante 1		Variante 2		Variante 3	
Station	Arbeitsgänge	p_{1j}	$\bar{q}_1$	p_{2j}	$\bar{q}_2$	p_{3j}	$\bar{q}_3$
1	1,2,4	5	5,5	10	7	5	4
2	3,5	5	5,5	7	7	6	4
3	6,7,9	7	5,5	7	7	3	4
4	8,10	5	5,5	4	7	2	4

Tab. 2.8: Optimale Lösung, Beispiel

Tabelle 2.8 gibt auch die Bearbeitungszeiten je Variante an den einzelnen Stationen an. Vor allem für die erste und dritte Variante werden gleichmäßige Werte erzielt, nur die Variante 2 weist stärkere Schwankungen auf. Allerdings war auch bei der Einzelaustaktung (vgl. Tab. 2.2) dies

---

9 Hierbei müssen jedoch die neuen Stationsgrenzen, die sich durch den verbesserten Bound Δ ergeben, beachtet werden!

die Variante mit der größten Bearbeitungszeitvarianz. Insgesamt liegt nun eine Austaktung vor, die für jede beliebige Auftragsmenge eine weitgehend balancierte Stationsbelastung verspricht.

Es soll nun noch anhand der konkreten Auftragsmenge aus dem Thomopoulos-Beispiel ($D_1 = 100$, $D_2 = 60$ und $D_3 = 40$) das Auflageintervall, also der Takt bestimmt werden. Mit den angegebenen Daten erhält man ein Gesamtarbeitsvolumen von 4520 Einheiten (über alle Varianten wird die Fertigungszeit je Variante multipliziert mit ihrer Produktionsmenge aufsummiert). Division durch die Anzahl der Stationen multipliziert mit der Anzahl der Aufträge, also 4520/(4·200) ergibt einen durchschnittlichen Takt von 5,65 Zeiteinheiten. Bestimmt man jedoch die durchschnittliche Belastung beispielsweise der ersten Station, so erhält man einen Wert von $\frac{(100\cdot5+60\cdot10+40\cdot5)}{200} = 6,5$ ZE. Analog berechnet man bei der zweiten Station 5,8 ZE sowie 6,2 und 4,1 ZE bei der dritten und vierten Station.

Durch entsprechende Personalzuweisungen muß nun sichergestellt werden, daß sich an allen Stationen die gleiche Belastung je Mitarbeiter einstellt, damit keine Leerzeiten oder Überlastungen auftreten. Werden also beispielsweise s Arbeitskräfte benötigt, um den Takt von 5,65 ZE zu realisieren, so benötigt die erste Station $\frac{6,5}{5,65} \cdot s = 1,15 \cdot s$ Mitarbeiter, während an der letzten Station $\frac{4,1}{5,65} \cdot s = 0,73 \cdot s$ Personen ausreichen.

Sollen dagegen alle Stationen mit der gleichen Personenzahl (z.B. nur einem Mitarbeiter) bemannt werden, so ist bei Wahl des durchschnittlichen Taktes von 5,65 ZE mit Überlastungen an einzelnen Stationen zu rechnen, die durch Aushelfen der Mitarbeiter von weniger belasteten Stationen abgebaut werden müssen, während bei Wahl des maximalen Taktes von 6,5 ZE sich an den Stationen 2-4 Leerzeiten einstellen würden.

Bei Wahl des mittleren Taktes von 5,65 ZE benötigt man $m \cdot s$ Mitarbeiter, bei einem Takt von 6,5 ZE sind es entsprechend $1,15 \cdot s \cdot m$ Personen. Sind diese nicht verfügbar oder besteht ein darüber hinausgehendes Angebot an Arbeitskräften, so muß der Takt (also die Aufenthaltsdauer eines Auftrags an einer Station) verlangsamt oder beschleunigt werden. Dies bedeutet jedoch im ersten Fall, der Taktverlängerung, daß entweder weniger Aufträge als geplant fertiggestellt werden oder Überstunden angesetzt werden müssen. Im zweiten Fall können mehr Aufträge produziert oder sonstige Arbeiten (Wartung und Pflege von Maschinen, etc.) erledigt werden. Da beide Maßnahmen unerwünscht sind, ist sorgfältig zu überlegen, welcher Takt in einem mittelfristigen Planungszeitraum durchschnittlich realisiert werden soll, um daraus die benötigte Größe des Personalpools (unter Berücksichtung von Krankheitsstand, Fehlzeiten, etc.) ableiten zu können. Die Frage der Personalzuordnung zu den einzelnen Stationen wird in Abschnitt 2.5 noch einmal aufgegriffen.

2.4. Zusammenfassende Bewertung der Verfahren

Die bisherigen Ausführungen haben gezeigt, daß (neben der Minimierung der Leerzeit) vor allem drei Kriterien bei der Beurteilung eines Verfahrens zum Bandabgleich eine wesentliche Rolle spielen:

1. Es ist darauf zu achten, daß identische Arbeitsgänge für unterschiedliche Varianten nicht auf verschiedenen Stationen ausgeführt werden. Eine Verletzung dieser Bedingung führt zu erhöhtem Werkzeug- und Materialbedarf (beispielsweise müssen Fahrzeuglampen an zwei Stationen bereitstehen, wenn sie für Fahrzeuge des Typs A an Station 1 und für solche des Typs B an Station 43 eingebaut werden sollen). Außerdem bedingt eine differierende Zuordnung einen erhöhten Steuerungs- und Informationsbedarf, da geklärt sein muß, wann welcher Arbeitsgang wo zu erledigen ist. Eine eindeutige Zuordnung ist organisatorisch einfacher zu handhaben und weniger fehleranfällig.

2. Der Bandabgleich ist – vor allem, um eine gewisse Kontinuität im Fertigungsablauf zu gewährleisten und nicht täglich Stationen umrüsten und Mitarbeiter neu zuteilen zu müssen – unabhängig von einer konkreten Auftragsmenge durchzuführen, da er über einen längeren Zeitraum Gültigkeit behalten sollte. Die abzuarbeitende Auftragsmenge kann sich jedoch von Schichtprogramm zu Schichtprogramm ändern, so daß die Basis für den einmal erfolgten Bandabgleich nicht mehr gegeben ist.

3. Innerhalb einer Variante sollten die Bearbeitungszeiten je Station möglichst gleichmäßig sein, da dies zu einem glatteren Produktionsablauf führt. Hiervon profitiert, wie die Kapitel 3 und 5 zeigen werden, insbesondere die Reihenfolgeplanung.

Die Abbildung 2.2 zeigt, inwieweit die vorgestellten Verfahren die Kriterien erfüllen. Die Einzelaustaktung führt zwar zu einer gleichmäßigen Verteilung der Bearbeitungszeiten je Variante und ist auch von einer konkreten Auftragsmenge unabhängig, sie kann jedoch das erste Kriterium nach einer eindeutigen Zuordnung von Arbeitsgängen zu Stationen nicht gewährleisten. Dies ist bei der Bestimmung eines Mischtaktes erfüllt, allerdings werden hier die beiden anderen Bedingungen verletzt. Thomopoulos gelang es zwischen beiden Vorgehensweisen einen gewissen Kompromiß zu finden, doch er greift noch auf eine konkrete Auftragsmenge zu. Außerdem ist sein Verfahren suboptimal, da er nur eine Vorwärtsrechnung durchführt und kein Zurückgehen in der Lösung vorsieht. Beide Schwächen merzt Link aus, so daß bei ihm im Rahmen eines exakten Branch-und-Bound-Verfahrens alle Kriterien erfüllt sind. Dieser Vorgehensweise ist also deutlich der Vorzug zu geben.

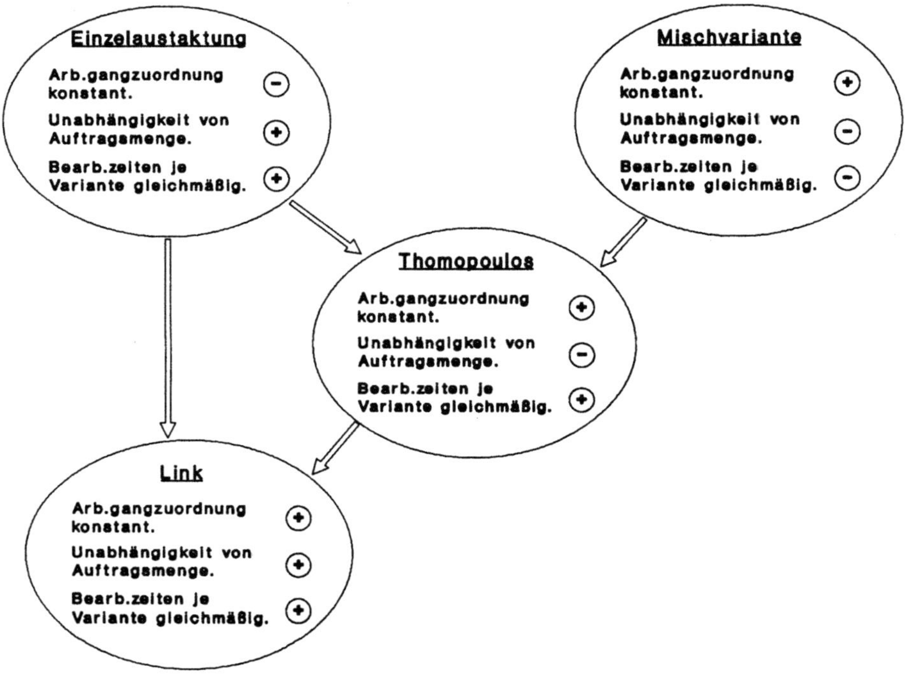

Abb. 2.2: Vergleich der Verfahren

Allerdings steigt der Aufwand des Verfahrens von Link mit der Anzahl der auszutaktenden Varianten. Ist diese sehr groß, so muß u.U. doch anhand einer durchschnittlichen Verteilung der Bearbeitungszeiten (eventuell auch unter Berücksichtigung der Varianz der Zeiten) ein Mischauftrag gebildet werden, der dann ausgetaktet wird.

2.5. Personalzuordnung

Bei der obigen Diskussion wurde stets davon ausgegangen, daß die Personalkapazität an den Arbeitsstationen gleich hoch ist, so daß eine Zuordnung eines Arbeitsganges auf unterschiedliche Stationen nicht differierende Bearbeitungszeiten aufgrund einer unterschiedlichen Kapazitätsausstattung nach sich zieht. Es muß nun die Frage gestellt werden, ob die Zuweisung von Arbeitskräften im Rahmen des Bandabgleichs miterledigt werden sollte und ob es dabei sinnvoll ist, die Stationen in unterschiedlicher Höhe zu besetze und wie dies eventuell zu geschehen hat.

Fuchs[1989] stellte ein Verfahren für die Lösung einer solchen Fragestellung in einem konkreten Praxisfall vor. Für eine gegebene Zuordnung der Arbeitskräfte zu den Stationen wird ein Bandabgleich unter Verwendung eines Mischtaktes ausgeführt. Die Personalzuordnung kann anschließend manuell oder automatisch sukzessive verändert werden, wobei dann jedesmal ein neuer Bandabgleich durchzurechnen ist, bis man eine zufriedenstellende Lösung erreicht hat.

Eine ähnliche Vorgehensweise bietet sich auch bei dem Verfahren von Link an. Die Bearbeitungszeiten waren dort als auf die Arbeitsleistung einer Person skaliert angenommen. Werden nun einer Station beispielsweise zwei Mitarbeiter zugewiesen, so kann dort der doppelte Arbeitsinhalt erledigt werden. Es soll im folgenden unterstellt werden, daß dieser lineare Zusammenhang zwischen Personalkapazität und Arbeitsleistung auch bei höher besetzten Stationen Gültigkeit behält.[10] Sind also insgesamt AK Arbeitskräfte zu verteilen und repräsentiert a_j ($j \in \{1, ..., m\}$) die Anzahl der Personen an Station j, so muß gelten:

$$\sum_{j=1}^{m} a_j \leq AK \tag{2.16}$$

und (2.12) verändert sich zu:

$$a_j \cdot (\overline{q}_i - B) \leq p_{ij} \leq a_j \cdot (\overline{q}_i + B), \quad i \in \{1, ..., m\},\ j \in \{1, ..., m\}, \tag{2.17}$$

wobei sinnvollerweise $\overline{q}_i = \frac{q_i}{AK}$ gesetzt wird, d.h. $\overline{q}_i$ stellt den mittleren variantenspezifischen Arbeitsinhalt pro Arbeitskraft (und nicht mehr pro Station dar). Der Arbeitsinhalt einer Station j muß dann in dem a_j-fachen der ursprünglichen Stationsgrenzen liegen. Selbstverständlich ist dies auch bei der Berechnung der Abweichungen A_{max} und A_{kum} von dem idealerweise zugeordneten Arbeitsinhalt zu berücksichtigen. Hierbei

---

[10] Daß dem in der Praxis natürlich Grenzen gesetzt sind, steht außer Frage. Allerdings kann diesem Problem durch die Einführung von Obergrenzen für die Arbeitskräftezuordnung je Station, beziehungsweise durch eine entsprechende nichtlineare Umformulierung von (2.17) begegnet werden.

muß in den entsprechenden Definitionen (2.13-15) $\overline{q}_i$ durch $a_j \cdot \overline{q}_i$ ersetzt werden.

Es kann dann ein Bandabgleich nach dem Verfahren von Link unter Beachtung einer gegebenen Personalzuordnung durchgeführt werden. Variationen dieser Arbeitskräfteverteilung (eventuell auch vollständige Enumeration aller Möglichkeiten) führen zu jeweils neuen Lösungen des Bandabgleichs, aus denen die "beste" gewählt werden muß. Die Personalzuordnung bleibt dann für die Dauer des Bandabgleichs konstant, kurzfristige Umsetzungen sind unter die im Kapitel 5 diskutierte Problemstellung (Aushelfen an Nachbarstationen) zu subsummieren.

Die Frage bleibt jedoch bestehen, ob eine solche Vorgehensweise sinnvoll ist. Der Bandabgleich sollte, wie bereits mehrfach erwähnt wurde, mittelfristig erfolgen. Die aktuelle Personalsituation ist jedoch aufgrund von Krankheitsstand, sonstiger Abwesenheit, etc. nur kurzfristig bekannt. Wird die Personalzuordnung daher im Rahmen des Bandabgleichs getätigt, so ist die Lösung stets mit einer gewissen Unsicherheit behaftet, ob sie auch tatsächlich realisiert werden kann. Außerdem hat das Verfahren von Link gezeigt, daß bei einer von einer konkreten Auftragsmenge unabhängigen Austaktung kurzfristige Personalumsetzungen bei Vorlage des aktuellen Schichtprogramms ohnehin notwendig sind. Es fehlen bisher konkrete Untersuchungen darüber, ob eine ungleichmäßige Personalzuordnung bei der Link'schen Vorgehensweise zu deutlich besseren Ergebnissen führt als die bisher angenommene konstante Arbeitskräfteverteilung. Sollte dies nicht der Fall sein, so besteht kein Grund, den Bandabgleich um die Personalzuordnung zu erweitern und somit mittelfristig eine Entscheidung zu treffen, die nur unter Unsicherheit gefällt werden kann und die zudem zu diesem Zeitpunkt noch überhaupt nicht notwendig ist.

3. Die Reihenfolgeplanung

In diesem Kapitel erfolgt zunächst eine allgemeine Problemformulierung der Reihenfolgeplanung mit den dazugehörenden Lösungsansätzen. Es wird dann ein insbesondere für die Variantenfließfertigung geeignetes Zielkriterium herausgearbeitet, das eine gleichmäßige Kapazitätsausnutzung beschreibt. Davon ausgehend wird ein eigener Ansatz zur Lösung des Reihenfolgeproblems vorgestellt, dem sich eine Übersicht über die bisher in der Literatur veröffentlichten Verfahren anschließt. Das Kapitel endet mit einigen numerischen Untersuchungen.

3.1. Problemformulierung

Das Reihenfolgeproblem kann als *Kernproblem der Fließfertigung*[1] angesehen werden. Es ist letztlich die Reihenfolge, die über die tatsächlich realisierten Durchlaufzeiten, Fertigstellungstermine oder über die Nutzung der Kapazität entscheidet. Sie soll daher im Mittelpunkt der folgenden Betrachtungen stehen. Auch die später darzustellenden Flexibilisierungsinstrumente werden im wesentlichen unter dem Aspekt analysiert und beurteilt werden, welchen Beitrag sie zu einer "optimaleren" Gestaltung der Reihenfolge leisten.

Bezogen auf eine Station kann das Reihenfolgeproblem als die Aufgabe definiert werden, eine Anzahl von Elementen – eventuell unter Berücksichtigung von Nebenbedingungen – in eine aufgrund festzulegender Zielkriterien "optimale Reihenfolge" zu bringen.[2] Bei mehreren Stationen müssen die Fälle unterschieden werden, ob die Auftrags- oder Bearbeitungsfolge gewechselt werden kann. Zusätzlich erscheint es sinnvoll, die Reihenfolge auch zeitbezogen zu betrachten, d.h. man möchte für jeden Auftrag wissen, zu welchem Zeitpunkt er an welcher Station bearbeitet

---

1 Wilhelm[1979], S.1

2 vgl. Müller-Merbach[1970], S.1

wird.[3] In der englichsprachigen Literatur wird dieser Sachverhalt häufig mit **scheduling** bezeichnet, während die Reihenfolgebestimmung ohne zeitliche Fixierung unter dem Namen **sequencing** angesprochen wird.[4]

Liegen die einzuplanenden, d.h. zu ordnenden Aufträge bereits zu Beginn der Fertigung vor, so spricht man von einem statischen Reihenfolgeproblem, treffen sie dagegen erst sukzessive während des Bearbeitungsprozesses im Fertigungsbereich ein, wird das Problem als dynamisch bezeichnet.[5] Im folgenden soll jedoch davon ausgegangen werden, daß die Ablaufplanung aufgrund vorliegender, konkreter Aufträge erfolgen kann, die Arbeit beschränkt sich also auf den – wohl realistischeren – statischen Fall. Diese Vorgehensweise bestätigen auch die Fallstudien, man vergleiche etwa die Traktorenfertigung in den JDWM. Dort liegen die Aufträge ca. 4 Wochen vor Fertigungsbeginn bereits konkret vor, das Tagesprogramm wird stets 2-3 Tage im voraus festgelegt.[6]

Weiterhin kann angenommen werden, daß die Bearbeitungszeiten der Aufträge an den Stationen bekannt und deterministisch sind. Zufällig auftretende Schwankungen werden als vernachlässigbar klein angesehen.[7]

Die Bearbeitung eines Auftrags auf einer Maschine soll nicht unterbrochen werden können, falls ein anderer Auftrag mit höherer Priorität eintrifft. Diese Situation wird in der Literatur als non-preemptive-Fall bezeichnet.[8] Der analoge preemptive-Fall ist nur bei großen Losen oder bei Aufträgen mit langen Bearbeitungszeiten an einzelnen Stationen interessant. Ansonsten dürften die erzielten Zielwertverbesserungen im Vergleich zu dem erhöhten Steuerungsaufwand nur marginal sein.

Die Bildung optimaler Reihenfolgen ist möglicherweise gewissen Be-

---

[3] Aus diesem Wissen allein ließe sich bereits ohne Schwierigkeiten die Reihenfolge an den jeweiligen Stationen ableiten.

[4] Zur Definition von "scheduling" vgl. man auch Brucker[1981], S.1.

[5] vgl. Seelbach[1975], S.16

[6] Störungen aufgrund von Fehlteilen, etc., die hierbei natürlich auch vorkommen können, sind von obiger Annahme selbstverständlich ausgeschlossen.

[7] vgl. Müller[1987], S.271 und zugehörige Fußnote

[8] vgl. Sägesser[1976]

schränkungen unterworfen.[9] So können einerseits technologische und organisatorische Restriktionen vorliegen, die bestimmte Nachfolgestrukturen implizieren. Ein wichtiges Beispiel ist die Zerlegung eines Auftrags in Teilaufträge für die einzelnen Fertigungsstufen. Für diese Teilaufträge gilt dann im allgemeinen, daß der Auftrag an der nachgeordneten Station erst gefertigt werden kann, wenn er auf der vorgelagerten Stufe beendet wurde. Andererseits bestehen u.U. auslastungsorientierte Nebenbedingungen, die eine Überlastung der zur Verfügung stehenden Kapazität verhindern sollen.[10] Die Kapazitätsrestriktionen können sich auch auf räumliche Beschränkungen beziehen, beispielsweise wenn nicht mehr als 5 Aufträge gleichzeitig vor einem Arbeitsplatz warten dürfen.

Im folgenden soll ein kurzer Überblick über die generellen Lösungsmöglichkeiten des Reihenfolgeproblems gegeben werden. Der Schwerpunkt ist hierbei auf die Modellformulierung gelegt, da diese Ausgangspunkt der nachfolgenden Untersuchungen sein wird.

3.2. Allgemeine Ansätze zur Lösung des Reihenfolgeproblems

Die Komplexität des Reihenfolgeproblems – insbesondere was den Flow-Shop- und Job-Shop-Fall[11] betrifft – hat außer Wirtschaftswissenschaftlern stets auch Informatiker, Ingenieure und Mathematiker fasziniert. Garey/Johnson[1979] wiesen nach, daß der größte Teil der Reihenfolgeprobleme in den Bereich der schwierigsten Probleme gehört, welche die Theoretische Informatik kennt, die Klasse der NP-vollständigen, bzw. NP-harten Probleme. Im folgenden sollen einige Lösungsansätze skizziert werden.

3.2.1. Der Ein-Maschinen-Fall

Für den Fall nur einer einzigen Arbeitsstation existieren für eine Reihe

---

[9] vgl. Brucker[1981], S.2ff

[10] Seltener ist der Fall, daß eine bestimmte Mindestauslastung gefordert wird. Er tritt z.B. dann auf, wenn Öfen angeheizt werden müssen, was sich nur lohnt, wenn ein gewisser Auftragsbestand vorliegt, oder Farben einzutrocknen drohen, wenn die Maschine nicht ständig beschäftigt ist.

[11] Im Flow-Shop-Fall müssen alle Aufträge die gleiche Maschinenfolge durchlaufen, allerdings kann die Auftragsfolge umgestellt werden. Im Job-Shop-Fall sind sowohl Auftrags- als auch Maschinenfolge variabel.

unterschiedlicher Zielkriterien exakte Lösungsverfahren, die mit polynomialem Zeitaufwand eine optimale Lösung liefern. Man vergleiche hierzu etwa die Arbeit von Conway/Maxwell/Miller[1967].

Der Ein-Maschinen-Fall läßt sich einfach und anschaulich als Travelling-Salesman-Problem (TSP) formulieren.[12] Dabei werden die Aufträge als Orte interpretiert, durch die eine optimale Rundreise (= Reihenfolge) gesucht werden muß. Jeder Auftrag wird nur einmal gefertigt und hat genau einen Nachfolger und Vorgänger. Für den ersten und letzten Auftrag kann man diese Bedingung sicherstellen, indem z.B. ein Dummy-Auftrag eingeführt wird, der im Zyklus zwischen diesen beiden zu liegen kommt.[13] Die Zielfunktion wird durch eine Distanzmatrix D beschrieben, deren Einträge d_{il} jeweils das Aufeinanderfolgen zweier Aufträge i und l bewerten. Einige Ziele, wie z.B. die Minimierung von Verspätungen, lassen sich allerdings nur schlecht auf ein solches Distanzmaß abbilden.

Formal wird das TSP für n Aufträge folgendermaßen definiert:

Man führt n^2 binäre Entscheidungsvariablen x_{il} ein mit

$$(3.1) \qquad x_{il} = \begin{cases} 1, & \text{falls Auftrag } l \text{ auf } i \text{ folgt,} \\ 0, & \text{sonst,} \end{cases} \qquad i, l \in \{1, ..., n\}.$$

Jeder Auftrag hat genau einen Nachfolger:

$$(3.2) \qquad \sum_{l=1}^{n} x_{il} = 1, \qquad i \in \{1, ..., n\}.$$

Jeder Auftrag hat genau einen Vorgänger:

$$(3.3) \qquad \sum_{i=1}^{n} x_{il} = 1, \qquad l \in \{1, ..., n\}.$$

Es dürfen keine Kurzzyklen auftreten:

---

12 s. Domschke[1982]

13 Der Zyklus kann auch so interpretiert werden, daß dadurch der noch liegen gebliebene Bandinhalt der Vorschicht berücksichtigt wird. Die aktuelle Schicht hinterläßt selbst auch einen Teil der Bearbeitung unvollendet. Insofern wiederholt sich die Fertigung "zyklisch", wobei der Arbeitsinhalt einer Schicht oder eines Tages einem Zyklus entspricht.

Für jede Teilmenge S von $V = \{1, ..., n\}$, $S \neq \emptyset$, gelte

$$(3.4) \qquad \sum_{i \in S} \sum_{l \in V-S} x_{il} \geq 1.$$

(Andere Möglichkeiten, Kurzzyklen auszuschließen, findet man z.B. in Domschke[1982], S.56ff.)

Zielfunktion:

$$(3.5) \qquad \sum_{i=1}^{n} \sum_{l=1}^{n} d_{il} \cdot x_{il} \longrightarrow \text{Max.}$$

Zusätzliche situationsspezifische Nebenbedingungen, wie sie im vorangegangenen Abschnitt beschrieben wurden (z.B. bestimmte Nachfolgestrukturen notwendig oder verboten), müssen noch ergänzt werden. Sie können als Restriktionen eingefügt werden oder ihr Nichteinhalten kann in der Zielfunktion durch "Strafkosten" sanktioniert werden. Im allgemeinen erschweren derartige Bedingungen die Lösung des Problems erheblich.[14]

Die Lösung des TSP kann bei kleinen Problemen mittels exakter Verfahren bestimmt werden, bei größeren ist man auf Heuristiken angewiesen, die zumindest das Auffinden "guter" Zielwerte garantieren sollen. Da zum TSP eine reichhaltige Literatur existiert, soll hier nicht weiter darauf eingegangen werden.[15]

3.2.2. Der Mehr-Maschinen-Fall

Sofern keine variablen Auftrags- oder Stationenfolgen möglich sind, kann der Mehr-Maschinen-Fall analog dem Ein-Maschinen-Fall behandelt werden, indem die Distanzfunktion entsprechend gestaltet, d.h. eine Bewertung der Reihenfolge für alle Stationen vorgenommen wird. Allerdings tritt durch die hiermit vorgenommene Stationenaggregation bereits ein Optimalitätsverlust ein.

Für die Fießfertigung existieren Algorithmen, die in bestimmten Spezialfällen optimale Lösungen bilden. So wurde der 2-Maschinen-Fall und

---

[14] Ein praxisbezogenes Beispiel für diese Problematik findet man in Decker[1989b].

[15] s. etwa Domschke[1982]

unter gewissen Voraussetzungen auch der 3-Maschinen-Fall bei Durchlaufzeitenminimierung durch den Johnson-Algorithmus[16] mit polynomialem Zeitaufwand exakt gelöst. Andere Beispiele findet man bei Brucker[1981]. Die Mehrzahl der Fälle ist jedoch NP-vollständig, d.h. ein polynomiales Verfahren ist hier nicht zu erwarten.

Das in (3.1-5) beschriebene Modell läßt sich allgemein für die Flow-Shop-Fertigung erweitern, indem die Entscheidungsvariablen mit einem zusätzlichen Index j versehen werden, der für die Stationen steht, also

$$(3.6) \qquad x_{il}^{j} = \begin{cases} 1, & \text{Auftrag } l \text{ folgt an Station } j \text{ auf } i, \\ 0, & \text{sonst,} \end{cases}$$

$$i, l \in \{1, ..., n\}, \; j \in \{1, ..., m\}.$$

Die Bedingungen (3.2-4) müssen dann auch für alle Stationen j gelten und die Zielfunktion muß entsprechend angepaßt werden, d.h. das Distanzmaß wird ebenfalls um die Stationsdimension erweitert und es muß zusätzlich über j summiert werden. Für eine allgemeine Lösung können entweder existierende TSP-Methoden modifiziert werden oder man entwickelt neue Verfahren. Wenn an bestimmten Stationen die Reihenfolge nicht geändert werden kann, sind weitere Restriktionen notwendig.[17]

Noch schwieriger gestaltet sich der Job-Shop-Fall. Hier ist man zur Lösung – von wenigen Spezialfällen, die sich auf 2 oder 3 Maschinen und einfache Zielfunktionen beziehen, abgesehen – meist auf die Verwendung von Prioritätsregeln und deren Analyse über Simulationsmodelle angewiesen. Da die vorliegende Arbeit sich jedoch auf die Fließfertigung konzentriert, wird an dieser Stelle auf eine weiterführende Diskussion verzichtet. Einen hervorragenden tiefergehenden Überblick über Lösungsverfahren für Scheduling-Probleme findet man beispielsweise in French[1982].[18]

Um einen speziell auf die Problematik der Variantenfließfertigung zugeschnittenen Lösungsansatz entwickeln zu können, muß jedoch zuvor das

---

16 Johnson[1954]

17 Man kann z.B. zusätzliche Variablen y_{ij} einführen, die den Platz des Auftrags i in der Reihenfolge an Station j bezeichnen. Falls dort nicht ausgetauscht werden darf, muß gelten: $y_{i,j-1} = y_{ij} \; \forall i$.

18 vgl. ebenfalls Graves[1981], Dempster/Lenstra/Rinnooy Kan[1982] und Blazewicz/Dror/Weglarz[1991], bzgl. Flow-Shop-Heuristiken: Park/Pegden/Enscore[1984], Park/Steudel[1991]

bei dieser Fertigungsstruktur für die Reihenfolgeplanung relevante Zielkriterium der Reihenfolgeplanung näher beleuchtet werden.

3.3. Zielkriterien der Reihenfolgeplanung bei Variantenfließfertigung

Im ersten Kapitel wurde bereits erläutert, daß ein Charakteristikum der Variantenfließfertigung in ihrer grundsätzlichen Taktgebundenheit besteht, auch wenn die Bearbeitungszeiten einzelner Aufträge an bestimmten Stationen die zur Verfügung stehende Taktzeit überschreiten können. Damit wird deutlich, daß Fragen der Kapazitätsnutzung im Mittelpunkt der Reihenfolgeplanung stehen müssen. Eine gute Abstimmung zwischen Kapazitätsangebot und -nachfrage führt zu einer Minimierung der Leerzeiten an den Arbeitsstationen und unterstützt damit eine Reihe weiterer wichtiger Zielkriterien wie z.B. Durchlaufzeitenminimierung oder Ausstoßmaximierung.[19]

Es kann – man vergleiche die Abschnitte 3.1 und 1.1 – davon ausgegangen werden, daß die einzuplanende Auftragsmenge für ein Tages- oder Schichtprogramm zu Beginn der Reihenfolgeplanung komplett vorliegt. Die Bildung der Reihenfolge entscheidet dann nur noch darüber, wann ein bestimmter Auftrag *innerhalb* dieser Schicht fertiggestellt wird. Somit muß das Problem der Einhaltung von Fertigstellungsterminen, die i.d.R. tagesgenau angegeben werden, bereits in einem vorgelagerten Planungsschritt, beispielsweise bei der Bestimmung der Wochen- und Tagesprogramme, gelöst werden. Die Reihenfolgeplanung kann hierauf – außer bei extrem langen Fertigungszeiten – keinen entscheidenden Einfluß mehr nehmen. Allerdings läßt sich bei einer "optimalen" Kapazitätsauslastung durch die Reihenfolgeplanung die Menge der fertiggestellten Aufträge erhöhen, was die Termintreue erleichtert.

Es ist also festzuhalten, daß man bei der Planung zunächst an einer "gleichmäßigen" Auslastung[20] der zur Verfügung stehenden Kapazität interessiert ist, um das Blockieren oder Aushungern einer Station bezie-

---

19 Die formalen Zusammenhänge zwischen diesen Zielsetzungen werden im Anhang (A1) hergeleitet.

20 Die maximale Auslastung ist hier nicht von Bedeutung, da ohnehin von einer relativ hohen Auslastung ausgegangen wird und zudem das zu fertigende Schichtprogramm vorgegeben ist.

hungsweise den Einsatz von Springern zu vermeiden.[21]

Man muß nun die Frage stellen, woraus unterschiedliche Auslastungen resultieren und wie diese durch die Planung beeinflußbar sind. Es ist offensichtlich, daß die Auslastung zunächst von der Menge der eingelasteten Aufträge und deren Einlastungszeitpunkten abhängt. Ersteres ist zum Zeitpunkt der Reihenfolgeplanung in der Regel bereits festgelegt, da es sich um eine Frage des Auftragsmixes, also der Festlegung eines gesamten Tages- oder Schichtprogrammes handelt. Der Einlastungszeitpunkt hängt hingegen von der gewählten Reihenfolge ab, wobei die Aufträge

a) im Taktrhythmus,
b) jeweils nach Beendigung des Vorgängerauftrags an der ersten Station oder
c) zu sonstigen speziell festzulegenden Zeitpunkten

aufgelegt werden.

Diese unterschiedlichen Politiken müssen bei der Berechnung des Fertigungsendes an den einzelnen Stationen berücksichtigt werden. Weiterhin sind die unterschiedlichen Bearbeitungszeiten für die ungleichmäßige Auslastung verantwortlich, da sich beispielsweise an einer Arbeitsstation Aufträge stauen können, wenn diese mit der Fertigung eines großen Auftrags beschäftigt ist, während an nachfolgenden Stationen unter Umständen die Auslastung sinkt. Eine solche Situation sollte selbstverständlich vermieden werden.

Bevor die Formeln, die eine gleichmäßige Auslastung beschreiben, entwickelt werden, soll noch kurz auf das Problem der Bereichsüberschreitungen eingegangen werden. In der zugrunde gelegten Fließfertigung durchlaufen die Aufträge meist am Band (bis zum nächsten Puffer) die Bereiche der einzelnen Stationen, wo idealerweise die zugehörigen Arbeitsinhalte zu fertigen sind. Bei ungünstiger Einlastung (viele große Aufträge folgen dicht hintereinander), Störfällen, etc. kann es vorkommen, daß sich einzelne Bearbeitungsschritte verzögern und erst im Bereich der Folgestation erledigt werden können. Werden solche Überschreitungen nicht erlaubt, weil z.B. die Reichweite von Maschinen oder Werkzeugen dafür nicht ausreicht, so muß beim Auftreten dieses Falls entweder der Auftrag vom Band genommen, die Arbeit unerledigt bleiben oder das Band angehalten werden. Vorbeugend kann diese Situation vermieden werden, indem sowohl

---

21 Werden Springer bewußt eingeplant, so läßt sich das durch eine entsprechende Herabsetzung der betroffenen Bearbeitungszeiten berücksichtigen. Für die sich daraus ergebenden Werte muß dann wieder eine gleichmäßige Auslastung erzielt werden.

bei der Einlastung genügend Spielraum zwischen den einzelnen Aufträgen gelassen wird als auch durch eine günstige Arbeitsgangzuordnung einerseits und eine geschickte Reihenfolgewahl andererseits. Die erste Strategie verringert natürlich den Gesamtausstoß des Bandes. Hierdurch wird das übergeordnete Problem der Taktzeitbestimmung berührt, das bereits in Kapitel 2 angesprochen wurde und in Kapitel 7 erneut aufzugreifen sein wird. Das Verbot von Bereichsüberschreitungen muß bei der Bestimmung der Reihenfolge und der Einlastungszeitpunkte als zusätzliche Restriktion erfaßt werden. Da derartige Probleme im Rahmen des Bandabgleichs eine ausführliche Darstellung in der Literatur[22] erfahren, wird hier auf die Darstellung der entsprechenden Modelle verzichtet.

Etwas flexibler stellt sich derjenige Fall dar, bei dem kurzfristige Bereichsüberschreitungen durchaus erlaubt sind, mit dem Ziel natürlich, diese weitgehend zu vermeiden, da sie neben Bearbeitungsproblemen auch Streß und Motivationsverluste erzeugen. In Abbildung 3.1 ist eine solche Bereichsüberschreitung schematisch dargestellt. Ein Auftrag i durchläuft die Stationen j und $j+1$ in der Taktzeit $\underline{t}$. Da die Bearbeitung an Station j mehr als $\underline{t}$ Einheiten benötigt, kommt es zu einer Bereichsüberschreitung. Diese ist durch die schraffierte Fläche gekennzeichnet.

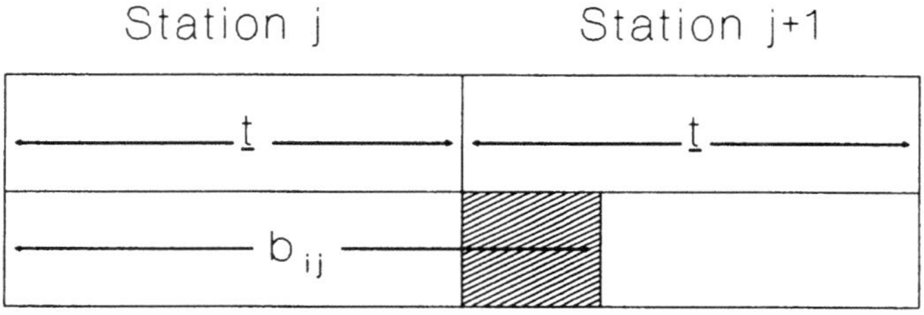

Abb. 3.1: Darstellung einer Bereichsüberschreitung

Selbstverständlich können auch Bereichsunterschreitungen betrachtet werden, die entstehen, wenn Aufträge die zur Verfügung stehende Taktzeit $\underline{t}$ nicht voll ausnutzen. Die so gewonnene Fertigungszeit kann dann bei der Bearbeitung eventuell nachfolgender großer Aufträge mitgenutzt werden. Taktüber- wie -unterschreitungen sollen im folgenden als **Überhang** be-

---

[22] vgl. Kapitel 2

zeichnet werden.[23] Die Entstehung von Überhängen weist auf ein Abweichen von der Idealsituation am Band hin, die genau dann gegeben wäre, wenn alle Aufträge an allen Stationen die gleiche Bearbeitungszeit, die Taktzeit, aufweisen würden. Abbildung 3.2 stellt diesen Fall graphisch dar. Dabei ist mit A_i der i-te Auftrag gemeint ($i \in \{1, ..., n\}$).

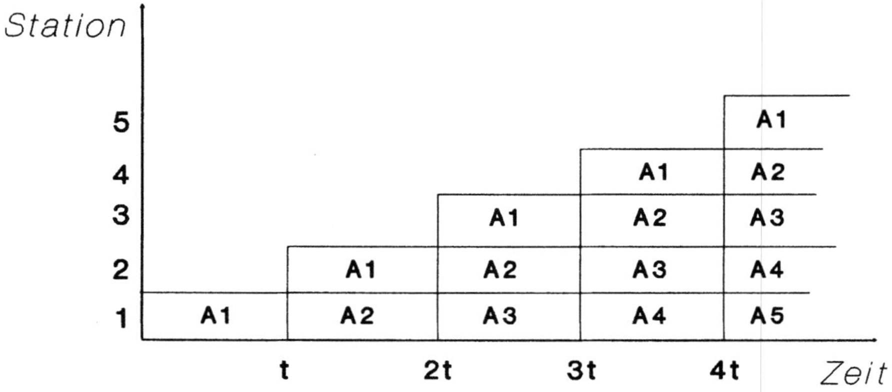

Abb. 3.2: Idealauslastung

Die tatsächliche Auslastungssituation beschreibt die Abbildung 3.3. Es entstehen sowohl Bereichsüber- als auch -unterschreitungen. Diese werden sich in den Formeln durch positive und negative Überhänge ausdrücken. Liegt der Fall vor, daß Bereichsüberschreitungen verboten sind, so müssen sämtliche Reihenfolgen ausgeschlossen werden, die positive Überhänge bewirken.

Da es genau die Überhänge sind, die Ungleichmäßigkeiten im Fertigungsablauf charakterisieren, sind es auch diese, die bei der Zielvorstellung "gleichmäßige Auslastung" zu minimieren sind. Hierzu müssen sich positive und negative Überhänge möglichst kurzfristig ausgleichen, damit sich Verzögerungen, die bei einem Auftrag entstehen, nicht auf Folgeaufträge auswirken können.

---

23 Man vergleiche zu diesem Begriff auch Decker[1989]. Eine ähnliche Formulierung findet sich in Wittrock[1988], der damit versucht, die Durchlaufzeiten und die Warteschlangen vor den Arbeitsstationen zu minimieren. Wild[1971], S.49, spricht von "pacing with margin", womit die zusätzliche Zeit für bestimmte Arbeitsgänge bezeichnet wird.

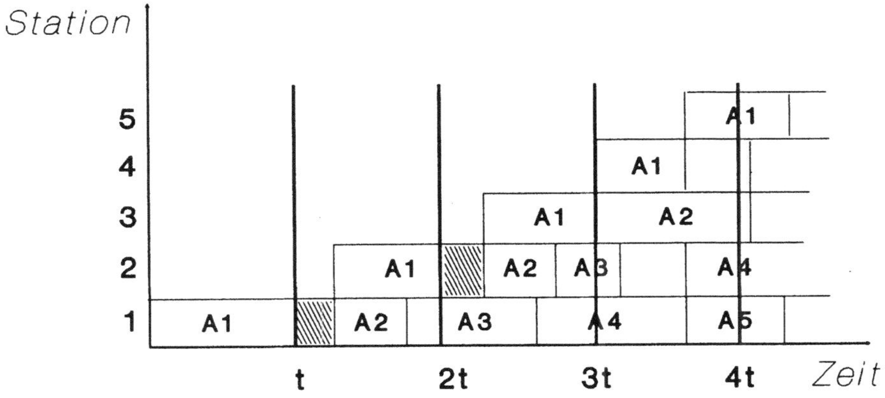

Abb. 3.3: Tatsächliche Auslastung

Der Überhang eines Auftrags i an einer Station j läßt sich allgemein definieren als die Zeitspanne zwischen seinem tatsächlichen Bearbeitungsende und dem Ende bei Idealauslastung an dieser Station. Er kann somit auch als ein taktbezogenes Verspätungskriterium aufgefaßt werden, das die Abweichung eines Auftrags an einer Station von seinem eigentlichen Fertigstellungstermin an dieser Stelle beschreibt.[24]

Zur mathematischen Formulierung eines Zielkriteriums, das die Minimierung der Überhänge beschreibt, werden also zunächst die Fertigstellungstermine der Aufträge an den einzelnen Stationen benötigt.

Es sei b_{ij} ($i \in \{1, ..., n\}$, $j \in \{1, ..., m\}$) die Bearbeitungszeit des Auftrags Nr. i an der j-ten Station. O.b.d.A. wird angenommen, daß die Einlastung des ersten Auftrags immer zum Zeitpunkt 0 stattfindet. Diese Annahme kann durch eine geeignete Skalierung stets erreicht werden. Sie dient lediglich der Vereinfachung der im folgenden zu entwickelnden Formeln. Bezeichnet c_{ij}, $i \in \{1, ..., n\}$, $j \in \{1, ..., m\}$, den Fertigstellungstermin des i-ten Auftrags der Reihenfolge an der j-ten Station und n_i, $i \in \{1, ..., n\}$,

---

24 Selbstverständlich sind mit dieser Interpretation nicht solche Fertigstellungstermine gemeint, die extern vom Kunden vorgegeben oder gewünscht werden. Solche beziehen sich nur auf das fertige Produkt, während in der obigen Definition an jeder Station ein "Termin" einzuhalten ist.

die Auftragsnummer dieses i-ten Auftrags, so ergibt sich $c_{1,j}$ durch:

$$(3.7) \qquad c_{1,j} = \sum_{k=1}^{j} b_{n_1,k}, \qquad j \in \{1, ..., m\}.$$

Diese Gleichung drückt aus, daß der erste Auftrag stets ohne Verzögerung durch die Fertigung läuft. Ist er an einer Station fertiggestellt, so kann sofort mit der Bearbeitung an der Folgestation begonnen werden.

Weiterhin wird angenommen, daß an der ersten Station keine Wartezeiten entstehen. Wenn die Arbeitsgänge eines Auftrags erledigt sind, so steht direkt sein Nachfolger bereit. Man erhält also für das jeweilige Fertigungsende dort:

$$(3.8) \qquad c_{i,1} = c_{i-1,1} + b_{n_i,1}, \qquad i \in \{2, ..., n\}.$$

Falls die Aufträge jedoch nach festen Intervallen, der Taktzeit $\underline{t}$, eingelastet werden, so muß die Gleichung (3.8) folgendermaßen abgeändert werden:

$$(3.8') \qquad c_{i,1} = \max\{c_{i-1,1}; \underline{t} \cdot (i-1)\} + b_{n_i,1}, \qquad i \in \{2, ..., n\}.$$

Die durch (3.8) beschriebene Situation dürfte allerdings die häufiger anzutreffende sein. Allgemein erhält man nun für das tatsächliche Bearbeitungsende des i-ten Auftrags an der j-ten Station:

$$(3.9) \quad c_{ij} = \max\{c_{i-1,j}; c_{i,j-1}\} + b_{n_i,j}, \quad i \in \{2, ..., n\}, \ j \in \{2, ..., m\}.$$

Die Maximumbildung innerhalb der Gleichung gewährleistet, daß mit der Bearbeitung des Auftrags erst begonnen werden kann, wenn einerseits der Vorgängerauftrag an der Station j abgeschlossen wurde und andererseits der Auftrag selbst die vorangehende Station $j-1$ verlassen hat. Es wird also durch diese Gleichung implizit festgelegt, daß Aufträge nicht überlappend abgearbeitet werden können. Diese Annahme ist insofern sinnvoll, als durch die Überlappung letztlich keine Arbeitszeiten eingespart werden, sondern diese nur – in zudem geringen Umfang – verschoben werden, so daß ein wesentlicher Einfluß auf die Zielkriterien auszuschließen ist. Durch eine Ergänzung der Maximumklammer um den Term $\underline{t} \cdot (i-j-2)$ kann analog (3.8') sichergestellt werden, daß die Bearbeitung nicht vor dem zugehörigen Takt beginnt.

Sofern Freigabedaten für die Aufträge zu berücksichtigen sind, müssen diese Werte ebenfalls in den Maximumterm in den Gleichungen (3.8-9) aufgenommen werden. Allerdings beziehen sich solche Termine normalerweise auf einen bestimmten Freigabetag, nicht auf Zeitpunkte innerhalb einer Schicht, so daß vorausgesetzt werden darf, daß die Aufträge, über welche die Reihenfolge zu bilden ist, bereits freigegeben sind.

Man erhält dann für den Überhang des i-ten Auftrags an der j-ten Station die folgende Definition:

(3.10) $\text{ubhg}_{ij} = c_{ij} - (\underline{t} \cdot (i-1) + \underline{t} \cdot j), \qquad i \in \{1, ..., n\},\ j \in \{1, ..., m\}.$

Das ideale Bearbeitungsende ergibt sich, indem man die idealen Bearbeitungszeiten aller $i-1$ Vorgänger an der ersten Station aufaddiert ($\underline{t} \cdot (i-1)$) und zusätzlich die Zeit berechnet, die der Auftrag selbst von der ersten bis zur j-ten Station benötigte ($\underline{t} \cdot j$).

Ein positiver Wert von ubhg_{ij} zeigt ein punktuelles Überschreiten der Taktzeit und damit eine hohe Belastung der betreffenden Station j bei Fertigung des Auftrags i an. Dagegen weisen negative Überhänge auf unausgenutzte Potentiale hin, da dort ein Auftrag die ihm zur Verfügung stehende Zeit nicht ausschöpft. Es stellt sich nun die Frage, wie diese Einzelüberhänge zu einem sinnvollen Kriterium aggregiert werden können.

Einerseits möchte man verhindern, daß das Bearbeitungsende der Aufträge nicht zu weit über den zugehörigen Takt hinausragt. Daher wäre an die Einführung von Grenzen zu denken, innerhalb derer die Fertigung eines Auftrags an einer Station nur verschoben werden darf.[25] Beispielsweise könnte man vorgeben, daß der Bearbeitungsanfangszeitpunkt um nicht mehr als eine halbe Taktzeit vor dem "idealen Anfangszeitpunkt" und der Endzeitpunkt um nicht mehr als eine halbe Taktzeit nach dem zugehörigen Takt liegen darf. Reihenfolgen, die diese Schranken verletzen, würden nicht akzeptiert. Dies entspricht der Minimierung des maximalen Überhangs, wobei dann der maximale Überhang als die Überschreitung zu interpretieren ist, die gerade noch toleriert werden kann. Wird jede Station für sich betrachtet, käme auch eine Minimierung des maximalen Überhangs je Station in Frage, d.h. es würden stationsspezifische Schranken gesetzt. In diesem Fall wäre jedoch bereits zu klären, inwieweit eine Verbesserung an einer Station zu einer Erhöhung des maximalen Überhanges an anderen Stationen führen dürfte.

---

[25] Mit derartigen Schranken arbeiten Schneeweiß/Söhner[1991]. Allerdings werden dort Arbeitsinhalte, die über diese Grenzen hinausragen, abgeschnitten. Vgl. hierzu auch die Ausführungen am Ende dieses Abschnitts.

Diese "Min-Max-Strategien" haben insgesamt den gravierenden Nachteil, daß eine Reihenfolge, die nur eine einmalige Spitze in der Belastung aufweist, ansonsten aber zu einer sehr ausgeglichenen Kapazitätsnutzung führt, verworfen würde, während eine Auftragsfolge mit einer ständig hohen Belastung, welche jedoch die Grenzen gerade noch einhält, zu akzeptieren wäre. D.h. es müßte sichergestellt werden, daß solche "Ausreißer" in den Überhängen bei sonst guten Reihenfolgen erkannt und toleriert würden. Generell bleibt jedoch das Problem bestehen, daß eine Minimierung maximaler Überhänge nur die Spitzenbelastung mißt, die Gesamtbelastung jedoch vernachlässigt. Letzteres berücksichtigt ein Summenkriterium, das die Einzelüberhänge über alle Stationen und Aufträge aufaddiert.

Beachtet man bei der Summierung nur die positiven Überhänge, so kumuliert man nur die tatsächlich entstandenen Belastungssituationen. Unterlastungen, d.h. negative Überhänge führen in diesem Fall weder zu einer positiven noch zu einer negativen Bewertung in der Zielfunktion.[26] Da negative Überhänge jedoch auf noch nicht genutzte Möglichkeiten hindeuten, kommt ihnen durchaus ein positiver Effekt zu, der in der Zielfunktion Berücksichtigung finden sollte. Sieht man allerdings Taktunterschreitungen genauso als Unausgeglichenheit an wie Taktüberschreitungen, so müssen die negativen Überhänge auch negativ, d.h. betragsmäßig in das Zielkriterium eingehen. Letzterer Ansatz wird jedoch für diese Arbeit verworfen, da hauptsächlich eine Kapazitätsüberlastung verhindert werden soll. Negative Überhänge dürfen daher nicht bestraft werden. Aufgrund der oben angeführten Argumente sollten sie sogar als positiv berücksichtigt werden, daher wurde das folgende Kriterium gewählt:[27]

Zu minimieren ist der *Gesamtüberhang*

$$(3.11) \qquad \text{ges-ubhg} = \sum_{i=1}^{n} \sum_{j=1}^{m} \text{ubhg}_{ij} \quad \longrightarrow \quad \text{Min!}.$$

Dieses Summenkriterium minimiert, wie oben angeführt wurde, die Gesamtbelastung. Will man darüber hinaus auch Belastungsspitzen, also den

---

26 Dies entspricht der Vorgehensweise bei Schneeweiß/Söhner[1991].

27 In den experimentellen Untersuchungen konnten aufgrund der gewählten Beispieldaten fast nur positive Überhänge entstehen, so daß dort alle drei Alternativen bezüglich der Zielfunktion zu den gleichen Ergebnissen führen würden.

maximalen Überhang verringern, so liegt ein Mehrzielproblem vor, das z.B. dadurch gelöst werden kann, daß – man vergleiche die Ausführungen weiter oben – Schranken für die Einzelüberhänge vorgegeben werden, die nicht überschritten werden dürfen und somit den Charakter von zusätzlichen Restriktionen annehmen. Der maximale Überhang ist damit begrenzt. Je enger die Schranken gewählt werden, desto stärker wird der Zielaspekt "Minimiere den maximalen Überhang" gewichtet, da dann viele Reihenfolgen wegen Verletzung dieser Restriktionen nicht akzeptiert würden, so daß die Auswahl an zulässigen Lösungen zur Minimierung des Gesamtüberhangs deutlich eingeschränkt wäre. Umgekehrt würden sehr weite Grenzen die Minimierung des maximalen Überhangs nur in sehr abgeschwächter Form berücksichtigen, während dann der andere Zielaspekt deutlicher betont würde. Selbstverständlich gibt es noch weitere Möglichkeiten, diese Mehrzielproblematik zu modellieren, beispielsweise könnten auch beide Ziele in einer gemeinsamen Zielfunktion additiv gewichtet werden. Es stellt sich jedoch stets die Frage, ob man eher daran interessiert ist, die höchsten Belastungen zu minimieren, weil in diesem Fall kurzfristige Sondermaßnahmen (z.B. Springer, Bandstop, etc.) ergriffen werden müßten, oder ob man die Gesamtbelastung, die den Einsatz dauerhafter Maßnahmen (mehr Personal, geringere Auflagerate, etc.) notwendig macht, verringern will. Je nach Beantwortung ist das eine oder das andere Zielkriterium stärker zu berücksichtigen.

In der vorliegenden Arbeit wird, wie die Formel (3.11) zeigt, nur die Gesamtbelastung minimiert. Die Beseitigung von Belastungsspitzen wird gesondert – insbesondere in den Kapiteln 5 und 6, die sich mit der Springerproblematik beschäftigen, – untersucht.

Bei dieser Vorgehensweise ist jedoch zu beachten, daß sich negative und positive Überhänge kompensieren können. Werden beispielsweise alle Aufträge mit kurzen Bearbeitungszeiten an den Anfang der Reihenfolge gesetzt, so entstehen dort sehr hohe negative Überhänge, die später von den großen Aufträgen kaum noch abgearbeitet werden können. Man erhält in diesem Fall einen sehr guten Zielwert, d.h. einen niedrigen Gesamtüberhang, obwohl die Reihenfolge zu einer sehr unausgeglichenen Kapazitätsbelastung führt.[28] Das Kriterium liefert also nur bei "voroptimierten" Auftragsfolgen, die eine solche extreme Unausgewogenheit nicht aufweisen, sinnvolle Ergebnisse. Eine solche Voroptimierung wird jedoch durch den im folgenden Abschnitt 3.4 beschriebenen TSP-Ansatz

---

[28] Man vergleiche zu diesem Punkt auch die Ausführungen in Abschnitt 3.6 bezüglich Genetischer Algorithmen.

gewährleistet, der ausgeglichene Auftragsfolgen generiert. Außerdem ist anzumerken, daß gerade bei der Beurteilung der später vorzustellenden Instrumente weniger die absolute Höhe des Überhangkriteriums eine Rolle spielt, sondern mehr die relative Verringerung durch den Einsatz bestimmter Maßnahmen (beispielsweise wird untersucht, um welchen Faktor die Überhänge bei Einsatz eines Springers oder Einrichtung eines Puffer sinken). Eine Ergebnisverzerrung durch ungünstige Auftragsfolgen würde dann durch die Differenzenbildung wieder aufgehoben.

Die Formel (3.11) hat den weiteren Nachteil, daß sie sämtliche Überhänge erfaßt. Man beachte aber, daß sich Überhänge zweidimensional, d.h. über die Folgestationen und Folgeaufträge hinweg, fortpflanzen. Ist einmal eine Verzögerung entstanden, so beginnt zum einen der betroffene Auftrag an der Folgestation verspätet und zum anderen muß der Folgeauftrag an der Station, an welcher der Überhang entstand, auf seine Bearbeitung warten, sofern er nicht selbst bereits verspätet ist. Es ist also notwendig, die Verursacher zu identifizieren und die Reihenfolge an diesen Stellen gezielt abzuändern. Daher ist es u.U. günstiger, bei der Bestimmung der Reihenfolge nur den Zuwachs an Überhängen zu betrachten. Man definiert also:

$$\text{(3.12)} \qquad \text{ubhg-zw}_{1j} = \text{ubhg}_{1j}, \qquad j \in \{1, ..., m\}$$

und

$$\text{(3.13)} \quad \text{ubhg-zw}_{ij} = \text{ubhg}_{ij} - \text{ubhg}_{i-1,j}, \quad i \in \{2, ..., n\},\ j \in \{1, ..., m\}.$$

Der zu minimierende *Gesamtüberhangszuwachs* berechnet sich dann analog dem Gesamtüberhang:

$$\text{(3.14)} \qquad \text{ges-ubhg-zw} = \sum_{i=1}^{n} \sum_{j=1}^{m} \text{ubhg-zw}_{ij} \quad \longrightarrow \quad \text{Min!}.$$

Die bezüglich der Überhänge geführte Diskussion (Minimierung der maximalen Überhänge oder des Gesamtüberhangs, Berücksichtigung nur der positiven Überhänge oder aller Werte, etc.) ist sinngemäß auch auf die Überhangszuwächse zu übertragen.

Es sind nun die Voraussetzungen geschaffen, die das Ziel "gleichmäßige Kapazitätsauslastung" formalisierbar machen. Sich aus diesen Definitionen ergebende Beziehungen zu anderen Zielen werden im Anhang behandelt. Die angeführten Formeln (3.7-14) berücksichtigen noch keine Puffer. Sie sind als Auswertung der Reihenfolge bei reiner Fließfertigung, d.h. an einer

Stationengruppe zwischen zwei Puffern, zu verstehen. Die bei Einführung von Puffern notwendigen Ergänzungen werden erst später vorgestellt.

Liegen die für die Zielfunktion benötigten Größen nicht vor, so muß mit entsprechenden Erwartungswerten gearbeitet werden. Die hieraus resultierende Stochastik in den Ergebnissen ist bei der Beurteilung der Handlungsalternativen zu berücksichtigen.

Eine leicht abgeänderte Formulierung der Überhänge findet man in Schneeweiß/Söhner[1991], S.41ff. Dort sind zusätzliche Eilmaßnahmen berücksichtigt, die bei drohenden Bereichsüberschreitungen ergriffen werden können (z.B. größere Arbeitsgeschwindigkeit). Ähnlich gehen Yano/-Rachamadugu[1991] vor, die mit begrenzten Überhängen arbeiten ("windows", innerhalb derer sich das Personal einer Station bewegen darf). Arbeitsgänge, die in diesen Grenzen nicht fertiggestellt werden können, bleiben unerledigt. Ziel ist es, die Summe solcher Arbeitsinhalte zu minimieren, um die dadurch bewirkten Kosten (Springer/zusätzliches Personal) einzusparen. Die Autoren betonen (S.573), daß eine Erhöhung des Arbeitstempos Qualitätsprobleme bewirkt. Da ohnehin nicht prinzipiell davon ausgegangen werden kann, daß derartige Instrumente zur Verfügung stehen, bzw. da auch deren Einsatz die angesprochenen negativen Auswirkungen hat, ist in dieser Arbeit nur die ursprüngliche Formulierung der Überhänge berücksichtigt.

3.4. Entwicklung eines speziellen Lösungsansatzes für die Reihenfolgeplanung

Es wurde im vorangegangenen Abschnitt 3.3 mit den Überhängen ein Zielkriterium gefunden, das eine gleichmäßige Kapazitätsauslastung bei Fließfertigung beschreibt. Somit besteht nun die Möglichkeit, Reihenfolgen anhand der daraus resultierenden Überhänge in ihrer Güte zu bewerten. Allerdings ist damit noch nichts darüber ausgesagt, wie solche Reihenfolgen generiert werden könnten. Verfahren, die direkt mit den Überhängen als Zielfunktion arbeiten, benötigen i.d.R. einen zu hohen Zeitaufwand aufgrund der rekursiven Definition des in die Überhänge eingehenden Fertigstellungstermins (vgl. (3.9)).[29] Umstellungen in einer Ausgangsreihenfolge, die nur wenige Aufträge betreffen, machen eine komplette Neuauswertung der Zielfunktion notwendig. Daher soll im folgenden

29 Man vergleiche hierzu jedoch auch die Ausführungen zu den Genetischen Algorithmen im letzten Abschnitt dieses Kapitels.

ein weniger aufwendiges Verfahren gesucht werden, das solche Auftragsreihenfolgen berechnet, die zu möglichst geringen Überhängen führen.

In Abschnitt 3.2 wurde bereits kurz erläutert, daß sich vor allem 1-Maschinen-Reihenfolgeprobleme häufig auf die Lösung eines TSP zurückführen lassen. Nun liegt hier natürlich kein 1-Maschinen-Fall vor, aber solange auf sämtlichen betrachteten Stationen die gleichen Auftragsfolgen eingeplant werden, kann der gesamte Bandbereich als eine große aggregierte Station betrachtet werden und die Annahme erscheint vernünftig, daß sich mit einem TSP-Ansatz zumindest hinreichend gute Lösungen erzielen lassen. Es wird also im folgenden mittels geeigneter TSP-Algorithmen eine Auftragsreihenfolge generiert, welche dann anhand des Überhangkriteriums zu bewerten ist.

Da sich exakte TSP-Lösungsverfahren aufgrund des benötigten Zeitaufwandes verbieten, muß auf geeignete Heuristiken zurückgegriffen werden. Diese werden allgemein in Eröffnungs- und Verbesserungsverfahren unterteilt (vgl. Domschke[1982]). Erstere generieren eine zulässige Ausgangslösung, die dann mittels des Verbesserungsverfahrens optimiert wird. Das Reihenfolgeproblem wird also in zweifacher Hinsicht vereinfacht: zum einen erfolgt die Übertragung auf einen TSP-Ansatz und zum andern wird auch dieser nicht exakt gelöst, sondern nur eine "gute" Reihenfolge ermittelt. Die mit dieser Vorgehensweise verbundenen Implikationen werden später noch ausführlicher zu diskutieren sein.

Wie im vorangegangen Abschnitt bereits ausgeführt wurde, soll mit Hilfe der Überhänge eine gleichmäßige Kapazitätsauslastung erzielt werden. Eine solche gleichmäßige Auslastung ist jedoch genau dann wahrscheinlich, wenn große, d.h. zeitintensive, und kleine Aufträge miteinander abwechseln. Daher wurde als Eröffnungsverfahren ein **Mischalgorithmus** programmiert. Dieser addiert zunächst die Bearbeitungszeiten eines Auftrags an allen betrachteten Stationen auf und sortiert die Aufträge dann anhand dieses kumulierten Zeitwertes. Anschließend wird die Reihenfolge derart gebildet, daß abwechselnd der jeweils kleinste und größte noch nicht eingeplante Auftrag der Sortierfolge hintereinandergesetzt werden, also:

kleinster Auftrag – größter Auftrag – zweitkleinster Auftrag – zweitgrößter Auftrag – drittkleinster Auftrag – drittgrößter Auftrag – ...[30]

Die so ermittelte Lösung wird anschließend mit dem **2-opt-Algorith-**

---

[30] Man sollte mit dem kleinsten und nicht mit dem größten Auftrag beginnen, um am Anfang Stauungen an der ersten Station möglichst zu vermeiden.

mus[31] verbessert. Hierbei werden in einer gegebenen Rundreise je zwei Kanten entfernt und die Teilstücke wieder neu zusammengefügt. Dabei dreht sich für eine dieser Strecken die Reihenfolge der Orte (bzw. Aufträge) um. Es ist daher zu beachten, daß die Distanzmatrix symmetrisch sein sollte, um den veränderten Zielwert schnell berechnen zu können. Bei asymmetrischen Distanzen müßte die gesamte Wegstrecke des Teilstücks mit veränderter Reihenfolge neu ermittelt oder der rechenintensivere 3-opt-Algorithmus verwendet werden.

In vielen Testläufen zeigte sich, daß die mit dieser Verfahrenskombination ermittelten Lösungen durchaus ausreichend sind – vor allem, wenn man bedenkt, daß ein Optimalwert aufgrund der vorgenommenen Reduktion (Reihenfolgeproblem im Mehr-Maschinen-Fall $\longrightarrow$ TSP)[32] ohnehin nur näherungsweise angegeben werden kann. Ganz allgemein gilt, daß die bei der Planung der späteren Instrumente verwendeten TSP-Verfahren den bei der späteren Reihenfolgeplanung eingesetzten Verfahren in ihrer Güte entsprechen sollten, um Verzerrungen zu vermeiden. Würde beispielsweise im Rahmen der Pufferplanung, die als mittel- bis langfristige Planungsaufgabe weniger häufig ausgeführt werden muß, bei den dabei anfallenden Reihenfolgeberechnungen[33] ein genaueres (und zeitaufwendigeres) TSP-Verfahren benutzt als bei der täglichen Reihenfolgeplanung, so würde damit bei der Pufferplazierung ein Glättungseffekt durch die Reihenfolge unterstellt, der später überhaupt nicht realisiert wird. Es würden also nicht genügend Puffer vorgesehen werden. Auch in dieser Arbeit wird die Auftragsreihenfolge stets – d.h. bei der Analyse der einzelnen Instrumente sowie bei der Reihenfolgeplanung an sich – so gebildet, wie es in diesem Abschnitt beschrieben ist.

Für die Durchführung der Reihenfolgeplanung mit Hilfe eines TSP-Ansatzes wird eine **Distanzmatrix** D benötigt, deren Elemente d_{il}, $i, l \in \{1, ..., n\}$, die Konsequenzen bewerten, welche die unmittelbare Aufeinanderfolge der Aufträge i und l in der Reihenfolge bewirkt. Das somit generierte Distanzmaß sollte mit der ursprünglich angestrebten Zielfunktion zumindest positiv korreliert sein. Eine vollkommene Abhängigkeit ist nicht erreichbar, da der Überhang eines Auftrags von allen Vorgängeraufträgen in der Reihenfolge beeinflußt wird (vgl. die rekursive Definition von c_{ij}

---

[31] vgl. Lin/Kernighan[1973]

[32] Das TSP modelliert einen aggregierten Ein-Maschinen-Fall.

[33] vgl. Kapitel 4

in (3.7-9)) und er seinerseit Überhänge bei allen Nachfolgern verursachen kann. Der Beitrag eines Auftrags zum Wert der Zielfunktion steht also in Beziehung zu dem aller anderen Aufträge, wohingegen die Distanzmatrix nur "Zweierbeziehungen" zwischen den Aufträgen abbildet.

Eine weitere häufig an die Distanzmatrix gestellte Forderung ist die Symmetrieeigenschaft, d.h. es sollte gelten, daß $d_{il} = d_{li}\ \forall i,l$ ist. Damit muß nur die Hälfte der Distanzwerte berechnet und gespeichert werden. Außerdem setzen einige Verfahren wie z.B. der 2-opt-Algorithmus symmetrische Distanzen zur effektiven Anwendung voraus.

Im folgenden soll nun für das Ziel der Überhangminimierung gezeigt werden, wie eine solche Distanzfunktion beispielhaft erzeugt werden kann.

Da die Minimierung der Überhänge zu einer gleichmäßigen Kapazitätsauslastung führen soll, erscheint es sinnvoll, wenn möglichst unähnliche Aufträge aufeinanderfolgen. Überlastungen, die so durch die Bearbeitung zeitintensiver Varianten entstehen, können dann durch nachfolgende kleine Aufträge aufgefangen werden. Aufgrund dieser Überlegung wurde bereits die oben vorgestellte Eröffnungsheuristik konstruiert.

Es sollte also für je zwei Aufträge ausgewertet werden, ob sich ihre kumulierten Bearbeitungszeiten pro Station zu der ideal benötigten Zeit von zwei Takteinheiten ausgleichen. Außerdem sollen kleine Abweichungen eher toleriert werden als große Unterschiede.

Bezeichne

$$(3.15) \qquad d_{il}^{j} = b_{ij} + b_{lj} - 2 \cdot \underline{t}, \qquad i,l \in \{1, \dots n\},\ j \in \{1, \dots, m\},$$

die Differenz zwischen den kumulierten Bearbeitungszeiten zweier Aufträge i und l und der ideal zu verbrauchenden doppelten Taktzeit an einer Station j, so zeigt ein positiver Wert von d_{il}^{j} an, daß beide Aufträge zusammen an dieser Arbeitsstation zu zeitintensiv sind, also nicht hintereinander gefertigt werden sollten, während ein negatives Ergebnis zwei bezüglich dieser Station kleine Varianten kennzeichnet. Deren Aufeinandertreffen würde zwar keinerlei Überlastungen bei ihrer Fertigung bewirken, allerdings wäre hiermit Optimierungspotential gebunden, denn es dürfte wohl günstiger sein, an dieser Stelle einen langen Auftrag dazwischen zu schieben. Auch zwei kleine Aufträge, die hintereinander folgen, weisen auf eine Unausgeglichenheit in der Kapazitätsauslastung hin. Ideal ist dagegen ein Distanzwert nahe bei 0, da dann ein vollständiger Ausgleich stattfinden kann. Selbstverständlich gilt, daß dieser Ausgleich nicht unbedingt tatsächlich eingehalten wird, da bei der Bearbeitung des zweiten Auftrags

Verzögerungen durch hohe Bearbeitungszeiten an vorgelagerten Stationen auftreten können. Diese müßten jedoch dann durch hohe Werte für d_{il}^j an den entsprechenden Stationen j ausgewiesen werden.

Insgesamt erhält man aufgrund dieser Überlegungen als Distanzmaß:

$$(3.16) \qquad d_{il} = \sum_{j=1}^{m} (d_{il}^j)^2, \qquad i,l \in \{1, \ldots n\}.$$

Die Distanzen werden jeweils für eine betrachtete Stationenfolge 1, ..., m ohne Puffer o.ä. berechnet. Änderungen, die sich aus dem Einsatz von Flexibilitätsinstrumenten ergeben, werden in den entsprechenden Abschnitten aufgeführt und erläutert.

Man sieht leicht, daß die oben angeführten Distanzen symmetrisch sind.[34] Durch die Quadrierung der Einzelterme werden positive wie negative Abweichungen von der Taktzeit (= ideale Bearbeitungszeit) gleich gewertet. Kleine Abweichungen ($d_{il}^j < 1$) werden abgeschwächt, da sie als nicht gravierend eingestuft werden können, während große Differenzen entsprechend verstärkt und somit bei der Optimierung gezielt vermieden werden. Auch die positive Korrelation zu der übergeordneten Zielfunktion "Überhangsminimierung" ist – wie viele Testläufe gezeigt haben[35] – gegeben. Somit sind alle Anforderungen an D erfüllt und damit die Voraussetzungen für die Anwendung des TSP-Modells geschaffen.

Andere Distanzfunktionen, bei denen z.B. nur die absoluten Abweichungen berücksichtigt wurden (also ohne Quadrierung) oder negative Abweichungen mit einem geringeren Faktor bewertet wurden, erreichen durchweg schlechtere Korrelationen zum übergeordneten Ziel der Überhangminimierung. Ein Versuch, die Anordnung der Stationen miteinzubeziehen (d.h. Abweichungen an den ersten Stationen wurden stärker bewertet, da an frühen Stationen entstandene Überhänge sich auf mehr

---

[34] Nicht symmetrische Distanzen würde man bei der Modellierung des vorliegenden Problems als No-Wait-Fall erhalten, d.h. es dürfen bei der Bearbeitung eines Auftrags keine Wartezeiten entstehen. Eine solche Betrachtung wäre zwar reizvoll, da bei einer idealen Auftragsfolge keine Wartezeiten vorliegen sollten, also eine No-Wait-Situation gegeben wäre. Allerdings ist zu befürchten, daß sich bei der Optimierung dieses Ersatzkriteriums u.U. erhebliche Verschlechterungen in der Auslastung ergeben, weil sich die No-Wait-Bedingung häufig nur durch entsprechend große Einlastungsabstände einhalten läßt.

[35] vgl. hierzu auch die Ausführungen in Schneeweiß/Söhner[1991], S.66f

Folgestationen hin fortpflanzen können), lieferte ebenfalls keine befriedigenden Ergebnisse.

Zusammenfassend erfolgt also die Reihenfolgeplanung, indem zunächst eine Ausgangslösung gebildet wird, wozu die Bearbeitungszeiten je Auftrag summiert werden müssen, um so ein aggregiertes Maß für die Größe der einzelnen Aufträge zu bestimmen. Mit dieser Information läßt sich eine gute Startreihenfolge festlegen. Diese Lösung wird anschließend durch Überführen des Problems in ein TSP und der damit notwendigen Generierung einer geeigneten Distanzmatrix weiter verbessert. Die Bewertung der Reihenfolge erfolgt anhand der Überhänge. Der Überhangszuwachs (vgl. (3.12-14)) wird als Zielkriterium nicht berücksichtigt, da er nur angibt, an welcher Stelle bei einer Verbesserung einer gegebenen Reihenfolge angesetzt werden sollte. Da aber die Optimierung im vorliegenden Fall aufgrund der Zeitkomplexität ohnehin nicht direkt anhand der Überhänge geschieht sondern über den Umweg des TSP, wird der Überhangszuwachs nicht benötigt.

3.5. Lösungsansätze in der Literatur

Im folgenden sollen die wichtigsten Ansätze, die bisher in der Literatur zur Reihenfolgeplanung bei Variantenfließfertigung erschienen sind, kurz vorgestellt werden. Dabei wurde eine chronologische Ordnung gewählt.

Wester/Kilbridge[1963] gehen von einer festen Auftragsmenge aus. Für jede Variante wird eine spezifische Taktzeit bestimmt, indem ihr Arbeitsinhalt durch die Anzahl der Stationen dividiert wird. Daraus folgt dann ein durchschnittlicher Takt für die gesamte Auftragsmenge. Letztere wird in kleinere gleichartige Pakete aufgeteilt, die in der Reihenfolge wiederholt werden. Die Autoren unterscheiden zwischen einem festen und einem variablen Auflageintervall. Ihr Verfahren, das unter der Vermeidung von Überlastungen den Ausstoß maximiert, ist jedoch nur bei beschränkter Modellanzahl anwendbar.

Macaskill[1973] stellt ein Modell vor, in dem begrenzte Bereichsüberschreitungen möglich sind. Arbeitsinhalte, die jedoch über diese erlaubten Zonen hinausgehen werden abgeschnitten oder von Springern erledigt. Dieses Modell ähnelt damit der von Schneeweiß/Söhner[1991] vorgeschlagenen Vorgehensweise, bei der ebenfalls Überhänge bis zu einem bestimmten Wert toleriert werden (es wird angenommen, daß in diesem Fall schneller gearbeitet wird) und alle darüber hinausreichenden Arbeitsinhalte unerledigt bleiben. Macaskill plaziert sukzessive kleine und große

Varianten hintereinander. Dazu berechnet er die jeweils entstehenden Bereichsüberschreitungen, nicht zu erledigende Arbeit und die Leerzeiten, die an den Maschinen entstehen können. Diese Größen werden gewichtet und zu einem Wert L_m aufsummiert. Macaskill versucht dann beispielsweise hinter einen kleinen Auftrag denjenigen großen Auftrag zu setzen, bei dem der dann entstehende Wert L_m minimiert wird. Problematisch ist neben der myopischen Vorgehensweise, daß die "Größe" eines Auftrags von Station zu Station variieren kann, d.h. eine an der ersten Station bearbeitungsintensive Variante ist möglicherweise an Folgestationen ein eher kleiner Auftrag.

Dar-El/Cother[1975] versuchen, die Varianten gleichmäßig über die Reihenfolge zu verteilen. Zunächst werden Grenzen für die Stationenlänge (bei geschlossenen Stationen) oder die Bandlänge (bei offenen, d.h. überlappenden Stationen) vorgegeben. Die Reihenfolge wird sukzessive aufgebaut, indem für jedes neu hinzugenommene Element überprüft wird, ob es erstens zu einer gleichmäßigen Variantenverteilung führt und zweitens die obigen Grenzen nicht verletzt werden. Falls ein solcher Auftrag nicht gefunden werden kann, werden die Grenzen erhöht und der Algorithmus beginn von neuem. Möglicherweise sind für bestimmte Stationen fixe Längen vorausgesetzt. In diesem Fall werden – unter Beachtung dieser Grenzen – die Leerzeiten an den betreffenden Stationen minimiert. Dar-El/Cother untersuchen ihre Methode nur anhand kleiner Beispiele mit 2-16 Varianten. Die Bearbeitungszeiten schwanken mit 10-70% um den Mittelwert. Eine praxisorientierte Anwendung findet sich in Dar-El/Nadivi[1981] für 8 Varianten, die sich auf 17 Aufträge verteilen. Dar-El/Cother geben an, daß mit der Güte des Bandabgleichs auch die Güte der erzielbaren Reihenfolgen steigt. Bei einer größeren Anzahl von Varianten wächst jedoch die Abweichung von den unteren Grenzen für die Stationen- bzw. Bandlänge deutlich an. Der gewählte Ansatz ist selbstverständlich nur praktikabel, wenn über einen längeren Zeitraum hinweg stets die gleiche Auftragszusammensetzung produziert wird, da im Normalfall nicht bei jeder Reihenfolgeänderung auch die Stationsgrenzen neu definiert werden können.

Zu einer analogen Bewertung führt der Ansatz von Dar-El/Cucuy[1977], der ebenfalls auf Dar-El/Cother[1975] aufbaut. Hier wird versucht, die Aufträge so in Pakete aufzuteilen, daß man sich am Ende eines Pakets wieder genau innerhalb der Taktzeit befindet. (Bei der Distanzbildung im vorangegangenem Abschnitt wurde eine ähnliche Forderung für jeweils zwei Aufträge erhoben.) Diese Pakete können anschließend kombiniert werden. Insgesamt soll wiederum die maximale Stationenlänge minimiert werden, so daß auch dieser Ansatz nur bei konstanter Auftragszusammensetzung anwendbar ist. Außerdem sind beide Vorgehensweisen rechentechnisch problematisch, wenn die Anzahl der unterschiedlichen Varianten stark ansteigt.[36]

Okamura/Yamashina[1979] nehmen bei ihrem Verfahren an, daß alle Arbeiten innerhalb der jeweiligen Station erledigt werden müssen, da ansonsten das Band angehalten wird. Als Ersatzkriterium zur Minimierung der Bandstillstände berechnen sie die Wege, welche die Bandarbeiter über die Stationengrenze hinaus zurücklegen müßten, falls dies erlaubt wäre, und versuchen, diese zu minimieren. Das Risiko einer solchen Grenzüberschreitung steigt natürlich bei mehreren großen Varianten hintereinander. Somit entspricht die Zielsetzung einer Minimierung der positiven Überhänge. Es wird eine heuristische Vorgehensweise gewählt, bei der für eine bestimmte Station die zurückzulegenden Werte für eine beliebige Reihenfolge gezeichnet werden. Die entstehenden "Spitzen" (Überhänge) werden durch das Umsetzen von Aufträgen abgebaut. Hierzu tauscht man 1-2 Elemente der höchsten Gipfel mit 0-2 Elementen aus Bearbeitungstälern. Die dabei möglichen Kombinationen werden berechnet und die bestmögliche ausgewählt. Sobald eine optimale Lösung gefunden ist, d.h. eine Reihenfolge, die zu keinen Bereichsüberschreitungen führt, wird geprüft, ob diese Reihenfolge auch an den anderen Stationen paßt. Falls dies der Fall ist, kann die gefundene Reihenfolge übernommen werden. Die Güte der Lösung steigt mit der Anzahl der Ausgangslösungen. Das Verfahren ist vor allem bei größeren Problemen sehr aufwendig und kaum praktikabel. Außerdem ist die Annahme eines Bandstillstandes bei einer geringfügigen Bereichsüberschreitung in den meisten Fällen wohl zu restriktiv.

Görke/Lentes[1981] bilden, nachdem der Bandabgleich durchgeführt wurde, Reihenfolgen, indem diese sukzessive aufgrund bestimmter Auswahlregeln aufgebaut werden, Bereichsüberschreitungen können durch Springereinsatz vermieden werden. Gleichzeitig wird das Auflageintervall festgelegt. Die Auswahlregeln beziehen sich auf Folgekosten (ähnlich der Vorgehensweise von Macaskill wird bestimmt, welche Kosten im Bezug auf Leerzeit, Springereinsatz, etc. entstehen, wenn ein bestimmter Auftrag an die bisherige Reihenfolge angehängt wird), dabei können sämtliche Kosten oder nur eine Auswahl berücksichtigt werden. Die Vorgehensweise wird weiter optimiert, indem unterschiedliche Ausgangssituationen vorgegeben und so mehrere Lösungen generiert werden. Der sukzessive Aufbau der

---

36 Zur gleichen Einschätzung kommen auch Rachamadugu/Shantikumar[1991].

Reihenfolge ist jedoch eine ausgesprochen myopische Betrachtungsweise, Verbesserungen durch nachträgliche Abänderungen der Reihenfolge – vgl. den Lösungsvorschlag im vorangegangenen Abschnitt, wo die Ausgangslösung aufgrund von Umstellungen im Rahmen eines TSP verbessert wird – sind erwartbar.

Koether[1985] gibt an, daß vermeidbare Kosten bei der Variantenfertigung durch schlechte Reihenfolgen sowie unterschiedliche und zu kurze Stationenlängen entstehen. Aufgrund dieser Faktoren kommt es zu Leerzeiten oder Überlastungen, die minimiert werden sollen. Neben einer Verbesserung der Reihenfolgeplanung (der zugrundeliegende Algorithmus wird nicht dargestellt) schlägt er vor, das Band in mehrere Teile aufzuspalten, die jeweils bestimmte Varianten fertigen, um so die Varianz der Bearbeitungszeiten zu senken. Eine ähnliche Vorgehensweise wurde bei Mercedes-Benz gewählt, die für unterschiedliche Motorenbaureihen verschiedene Bänder vorsehen. Die Variation der Stationenlänge soll durch einen verbesserten Bandabgleich, Layoutänderungen und eine Reduktion der Variantenanzahl erreicht werden.

Miltenburg[1989] versucht, Produktvarianten nach ihrem Anteil am gesamten Schichtprogramm gleichmäßig zu verteilen. Allerdings geht er von einem gut ausgetakteten Band aus, d.h. er berücksichtigt nicht unterschiedliche Bearbeitungszeiten. Die Verteilung der Varianten erfolgt bei ihm nur, um einen gleichmäßigen Ausstoß (und damit die ständige Verfügbarkeit aller Varianten) zu gewährleisten. Der Fall, daß praktisch jeder der zu fertigenden Aufträge eines Schichtprogramms eine eigene Variante darstellt, ist mit diesem Ansatz nicht mehr vernünftig handhabbar, da dann jede beliebige Reihenfolge die Zielfunktion gleich gut erfüllt. In einem weiteren Artikel (Miltenburg/Goldstein[1991]) wird versucht, die Kapazitätsbelastung über die Reihenfolgeplanung zu glätten. (Die Autoren nehmen an, daß hohe Belastungen zu einem Vergrößern der zur Verfügung stehenden Taktzeit und damit zu einem geringeren Ausstoß führen.) Hierzu wird ein Lineares Programm gelöst, das jedoch nur von wenigen Varianten (im Beispiel 4) ausgeht. Die gefundene Reihenfolge wird dann beliebig oft wiederholt. Bei einer größeren Anzahl unterschiedlicher Varianten dürfte sich jedoch auch dieser Ansatz als problematisch erweisen.

Rachamadugu/Shantikumar[1991] versuchen, das Problem der Reihenfolgeplanung bei einer Vielzahl unterschiedlicher Varianten über einen Warteschlangenansatz zu erfassen. Dabei wird eine First-Come-First-Serve-Regel unterstellt und angenommen, daß ein "Kunde" nach Überschreiten einer bestimmten Wartezeit das System wieder verläßt. Dies entspricht nicht vollständig erledigten Arbeitsinhalten. Die alternative Möglichkeit, durch eine Erhöhung des Arbeitstempos diese Arbeitsgänge noch zu fertigen, wird ebenfalls abgelehnt (s.o.), da dadurch Qualitätseinbußen wahrscheinlicher werden. Durch eine Vergrößerung der Stationenlänge können derartige Probleme vermieden werden. Allerdings wird der Einfluß einer sorgfältigen Reihenfolgeplanung bei der gewählten Vorgehensweise nicht deutlich.

Bard/Dar-El/Shtub[1992] sehen wiederum die Reihenfolgeplanung im Zusammenhang mit Fragen des Bandabgleichs. Ihr Verfahren soll sowohl die Bandlänge als auch die Durchlaufzeit minimieren, da sie einen Trade-off zwischen Leerzeiten und Band- bzw. Stationslängen konstatieren. (Unter Stationslänge kann hierbei auch der Takt verstanden werden, der pro Auftrag und Station zur Bearbeitung zur Verfügung steht. Ist diese Zeit zu hoch gewählt, so entstehen Leerzeiten und die Durchlaufzeit der gesamten Auftragsmenge wächst, weil der Ausstoß pro Zeiteinheit verringert wird.) Ähnlich wie in dem John-Deere-Fall im 1. Kapitel teilen Bard/Dar-El/Shtub die Auftragsmenge in kleinere gleichartige Pakete, von denen dann nur eines mittels eines LP-Verfahrens detailliert eingeplant werden muß. Die Reihenfolge der übrigen Aufträge ergibt sich durch Wiederholung des "Musterpaketes". Diese Vorgehensweise ist jedoch nur für kleine Probleme anwendbar (die Autoren benutzen ein Beispiel mit 4 Stationen und 10 Aufträgen, die aus 3 Varianten bestehen), für größere Auftragsmengen wird ein Branch-and-Bound-Algorithmus vorgeschlagen.

Unterschiedliche Verfahren testen Sumichrast/Russell/Taylor[1992]. Sie erlauben begrenzte Bereichsüberschreitungen (20%) und nehmen an, daß Arbeitsgänge auch an benachbarten Stationen erledigt werden können, sofern diese Leerzeiten haben. Dies entspricht der im ersten Kapitel bereits vorgestellten Arbeitsgangverschiebung. Arbeitsinhalte, die trotz dieser Möglichkeiten nicht durchgeführt werden können, bleiben unerledigt. Solche unvollendeten Arbeitsgänge sollen minimiert werden.[37] Die gewählten Verfahren, die teilweise auf Miltenburg[1989] basieren, sind jedoch nur für eine geringe Variantenzahl anwendbar.

Zusammenfassend muß festgestellt werden, daß die bisher publizierten Ansätze einerseits häufig nur von einer geringen Anzahl von Varianten oder einer festen Auftragszusammensetzung ausgehen und damit nicht anwendbar sind, wenn erstens die Auftragszusammensetzung ständig va-

---

[37] vgl. die analoge Vorgehensweise in der Überhangsdefinition bei Schneeweiß/Söhner[1991]

riiert und zweitens praktisch jeder Auftrag eine eigene Variante darstellt. Andererseits wird die Unterstützung der Reihenfolgeplanung in der Regel nur im Zusammenhang mit dem Bandabgleich diskutiert,[38] der Einfluß weiterer Instrumente – wie z.B. von Puffern – auf die Reihenfolgewahl wird kaum berücksichtigt.

3.6. Experimentelle Untersuchungen

In diesem Abschnitt werden die Ergebnisse der numerischen Untersuchungen zur Reihenfolgeplanung dargestellt. Der in den ersten beiden Abschnitten diskutierte Versuchsaufbau ist auch für die experimentellen Auswertungen der folgenden Kapitel grundlegend. Im letzten Unterabschnitt werden die erzielten Ergebnisse mit denjenigen verglichen, die bei Anwendung Genetischer Algorithmen erreicht werden können.

3.6.1. Das Analysewerkzeug: Simulation versus Warteschlangentheorie

Die zu entwickelnden Algorithmen für die Reihenfolgeplanung und die übrigen Instrumente werden anhand von Simulationsläufen getestet. Für jedes Verfahren, bzw. für jede interessierende Parameterkombination sind 100 Läufe durchzuführen. In jedem dieser Läufe werden jeweils 100 Aufträge zufällig generiert (nach den Vorgaben, wie sie der folgende Abschnitt beschreibt), die an 15 Stationen zu fertigen sind. Diese Stationen sind hintereinander angeordnet (Fließfertigung!). Es erfolgt pro Lauf eine Auswertung der jeweiligen Zielkriterien. Die Bewertung der Algorithmen geschieht anhand der arithmetischen Mittelwerte aller Resultate. Nur bei der Pufferplazierung werden die Läufe abweichend von dieser Mittelwertbildung beurteilt.[39] Es wird keine spezielle Simulationssprache verwendet,

---

[38] Allerdings wird dabei meistens unterstellt, daß Bandabgleich und Reihenfolgebestimmung simultan durchgeführt werden. Dies ist jedoch problematisch, da es sich bei dem Bandabgleich um ein eher mittelfristiges Problem handelt, während die Reihenfolgeplanung sehr kurzfristig erfolgt. Insbesondere bei sich ständig ändernden Auftragszusammensetzungen, die jedesmal eine erneute Reihenfolgeplanung bedingen, wäre eine dauernde Änderung der Zuordnung von Arbeitsgängen zu Stationen aufgrund der damit verbundenen Personalumsetzungen, Umschichtungen von Werkzeugen und Einsatzmaterialien, etc. zu aufwendig.

[39] vgl. Kapitel 4

sondern aufgrund der größeren Flexibilität eine Programmierung in Pascal[40] vorgezogen.

Insbesondere bei der Pufferanalyse hätte sich neben der Simulation auch die Warteschlangentheorie als Analysewerkzeug angeboten. Die Bedienzeiten der Stationen entsprächen den Bearbeitungszeiten der Aufträge. Die Ankunftsrate jeder Station ergäbe sich aus der Bedienrate der Vorgängerstation (außer bei Puffern). An der ersten Station wäre entweder von einer fixen Ankunftsrate (bei festem Auflageintervall) oder von einem genügend großen Puffer (bei variabler Auflage) auszugehen. Es könnten dann je Station die durchschnittliche Länge der Warteschlange, die Leerzeiten, die Belastung, etc. berechnet werden. Zwischen Stationen mit hohen Warte- bzw. Leerzeiten wäre ein Puffer angebracht.

Allerdings könnten mit einer solchen Vorgehensweise nur aggregierte Informationen gewonnen werden (z.B. durchschnittliche Wartezeit an der Station, etc.). Partielle Überlastungen, wie sie gerade bei der Variantenfertigung durch ungünstige Reihenfolgen häufig entstehen, würden dabei kaum ausgewiesen. Auch die Glättung über eine sorgfältige Reihenfolgeplanung könnte in ein solches Modell nicht integriert werden, da dort nur die Verteilungsfunktion der Bearbeitungszeiten einginge, nicht aber die aktuelle Auftragsfolge. (Würde die Auftragsreihenfolge detailliert berücksichtigt, so wäre man wieder bei der Simulation angelangt.) Außerdem ist es Ziel der Warteschlangentheorie, die Schlangenlänge, also die Puffergröße gering zu halten, während es in dieser Abhandlung durchaus wünschenswert ist, den zur Verfügung stehenden Pufferplatz auszunutzen, um die Überhänge durch günstigere Reihenfolgen zu verringern. Daher ist diese Methode im vorliegenden Fall kaum anwendbar. Weiterhin ließen sich der Springereinsatz und die Arbeitsgangverschiebung schlecht durch einen Warteschlangen-Ansatz darstellen. Um aber die Ergebnisse vergleichbar zu halten, wird daher durchgängig die Simulation als Analysewerkzeug gewählt.

3.6.2. Die Untersuchungsobjekte

Wie bereits erwähnt wurde, wird für das Untersuchungsmodell eine Fertigungssituation mit 15 Arbeitsstationen und 100 pro Periode zu fertigenden Aufträgen zugrunde gelegt. Dabei werden zwei verschiedene Auftragsmengen mittels Zufallszahlengenerator erzeugt:

---

[40] Turbo Pascal (Version 5.0) auf einem PC-386 mit numerischen Coprozessor

Auftragsmenge **HOM**:	100 Homogene Aufträge,
Auftragsmenge **HET**:	100 Heterogene Aufträge.

Es wurde im 1. Kapitel bereits dargestellt, daß für einen Teil der zu analysierenden Maßnahmen bereits auf mittel- bis langfristiger Ebene Entscheidungen getroffen werden müssen (z.B. bezüglich der Pufferplazierung und -dimensionierung). Sollen diese Festlegungen anhand kurzfristiger Kriterien, nämlich der Kapazitätsauslastung aufgrund einer bestimmten Auftragszusammensetzung und -reihenfolge, erfolgen, so muß sichergestellt sein, daß alle kurzfristig auftretenden Situationen bei der längerfristigen Entscheidung berücksichtigt werden. Dies geschieht im vorliegenden Fall zum einen über die 100 verschiedenen Simulationsläufe, aber auch durch die Analyse zweier verschiedener Auftragsmengen. (In der Praxis sind sicher wesentlich mehr als nur zwei "typische" Auftragszusammensetzungen zu untersuchen!) Weitere Gründe für die Wahl gerade dieser zwei Auftragsmengen sind im folgenden Text angeführt.

Als Taktzeit werden 4 Zeiteinheiten gewählt. Die Bearbeitungszeiten schwanken also um den Mittelwert $\underline{t} = 4$.[41] Die **homogenen Aufträge** zeichnen sich alle durch ein gleichförmiges Bearbeitungszeitverhalten aus. Benötigt ein Auftrag an einer Station viel(wenig) Zeit, so gilt dies auch für sämtliche anderen Stationen. Dabei wird für jeden Auftrag zufallsgesteuert ein ganzzahliger Grundwert zwischen 1 und 7 ZE ermittelt, der dann ebenfalls zufallsgesteuert für jede Station um einen reellen Wert zwischen 0 und 1 nach unten oder oben korrigiert wird. Damit liegen die Bearbeitungszeiten alle zwischen 0 und 8 Zeiteinheiten. Innerhalb eines Auftrags sind Bearbeitungszeitdifferenzen von maximal zwei Einheiten möglich. Man kann alle Aufträge, die den gleichen Grundwert besitzen als eine Hauptvariante interpretieren.

Abbildung 3.4 zeigt solche homogene Aufträge. Man sieht, daß die Bearbeitungszeiten aller Aufträge innerhalb gewisser Bandbreiten schwanken, die von Auftrag zu Auftrag verschieden sind. So besitzt beispielsweise Auftrag A den Grundwert 3, seine Bearbeitungszeiten sind also zwischen 2 und 4 verteilt, während Auftrag B den Grundwert 5 und damit Bearbeitungszeiten im Bereich 4 bis 6 aufweist.

---

[41] Bearbeitungszeiten, deren Mittelwert gravierend über oder unter $\underline{t}$ Zeiteinheiten liegt, führen langfristig zu einer nicht abbaubaren Überlastung der Fertigung, bzw. zu unnötigen Leerzeiten.

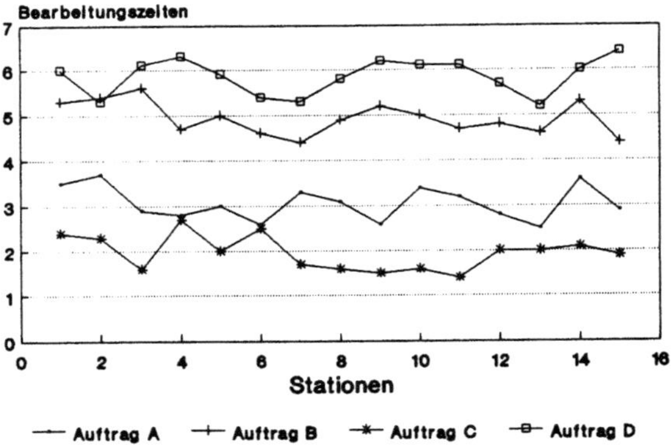

Abb. 3.4: Homogene Aufträge

Bei den **Heterogenen Aufträgen** werden bewußt Strukturbrüche in den Bearbeitungszeiten eingebaut.[42] Diese sollen insbesondere bei der Pufferplanung ein Indiz für die Güte der Verfahren liefern, da ein solcher Wechsel in den Fertigungszeiten sich in den Pufferplätzen natürlich niederschlagen muß. Die Brüche befinden sich zwischen Station 5 und 6, beziehungsweise zwischen 10 und 11.

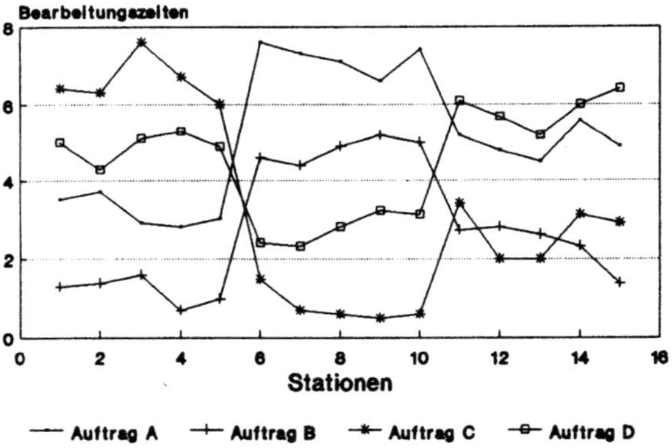

Abb. 3.5 (= 1.6): Heterogene Aufträge

Die Aufträge werden in der Art und Weise erzeugt, daß analog zu den homogenen Aufträgen für die Stationen 1-5, 6-10 und 11-15 jeweils ein ganzzahliger Grundwert zwischen 1 und 7 erzeugt wird, um den die Bearbeitungszeiten im Abstand von maximal einer Zeiteinheit pendeln. Hete-

42 Man vgl. etwa in Kap. 1 die Fertigung bei Opel, dort läge ein solcher Strukturbruch z.B. beim Übergang in die, bzw. beim Verlassen der Lackiererei vor.

rogene Aufträge wurden bereits im Kapitel 1 in Abb. 1.6 dargestellt. Der besseren Lesbarkeit willen wird diese Abbildung noch einmal wiederholt.

Man erkennt, daß die Aufträge an den Stationenbereichen 1-5, 6-10 und 11-15 jeweils die gleiche Zeitstruktur aufweisen, ein Auftrag, der z.B. an Station 2 bearbeitungsintensiv ist, ist dies auch an Station 4. An den Bruchstellen 5/6 und 10/11 kann sich dies jedoch ändern. D.h. ein an Station 2 großer Auftrag kann an Station 7 durchaus kurze Bearbeitungszeiten aufweisen.

Zwei Aufträge, die sich in einem Fertigungsbereich gut ergänzen, wie in der Grafik die Aufträge B und C, können in einem anderen Bereich zu Problemen führen. Hier müssen also bei der Bildung der Reihenfolge große Kompromisse eingegangen oder sonstige Maßnahmen (insbesondere die Einrichtung von Puffern) ergriffen werden.

Bevor erste Ergebnisse der Reihenfolgeplanung vorgestellt werden, soll an dieser Stelle noch einmal ein genereller Überblick über die weitere Vorgehensweise erfolgen. In Kapitel 1 wurde bereits erläutert, daß zur Planung aller Instrumente zwei Methoden zur Verfügung stehen: Rf/Anf und Rf/Ende. Diese können nun mit den beiden soeben vorgestellten Auftragsmengen jeweils kombiniert werden, d.h. man analysiert beispielsweise Rf/Anf sowohl im Hinblick auf die homogenen als auch auf die heterogenen Aufträge. Damit sind, wie die Abbildung 3.6 zeigt, generell 4 Szenarien möglich, die für alle Instrumente (Puffer in Kapitel 4, lokale Springer in Kapitel 5 und externe Springer in Kapitel 6) untersucht werden.

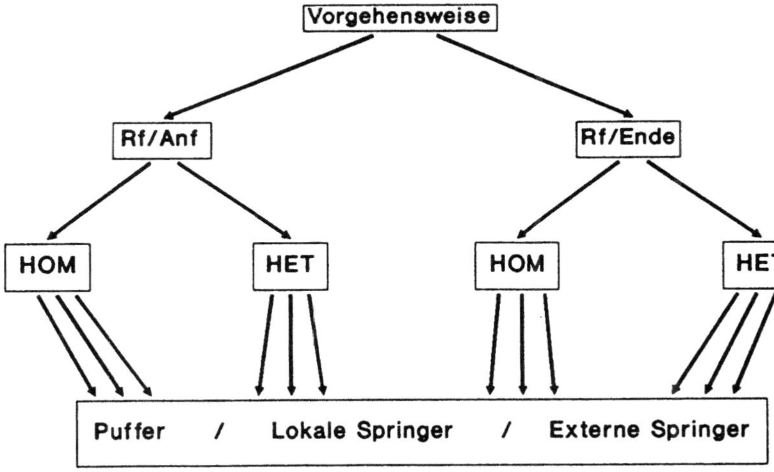

Abb. 3.6: Untersuchungsszenarien

3.6.3. Ergebnisse

Bevor die Reihenfolgeplanung durch den Einsatz der vorgestellten Flexibilisierungsinstrumente optimiert werden soll, wird zunächst auf die Festlegung der Reihenfolge und deren Güte bei reiner Fließfertigung ohne Ausnutzung von Sondermaßnahmen eingegangen. Dazu generiert man, wie oben dargestellt, jeweils 100 Auftragsmengen vom Typ **HOM** und **HET**. Mit den bereits beschriebenen Optimierungsstrategien "Mischen + 2-opt" wird dann für jede Auftragsmenge eine günstige Reihenfolge ermittelt. (Es wird vorausgesetzt, daß die einzuplanenden Aufträge konkret vorliegen, die Bestimmung der Auftragsmenge also bereits erfolgt ist.)

Auftrags-menge	Überhang	Überhangs-zuwachs	Durchlauf-zeit
HOM	36974,89	478,95	515,38
HET	40609,85	583,83	528,31

Tab. 3.1: Ergebnisse der Reihenfolgeoptimierung

Tabelle 3.1 gibt die Durchschnittswerte der Ergebnisse an. Die hohen Werte bei den Gesamtüberhängen mögen zunächst etwas erstaunen, erklären sich jedoch leicht damit, daß für die Taktzeit eigentlich ein viel zu niedriger Wert angesetzt wurde. 50% der Bearbeitungszeiten liegen über der Taktzeit, d.h. dort entsteht unvermeidlich ein Überhang. Zusätzlich können bei kleineren Aufträgen ebenfalls Überhänge auftreten, wenn diese verspätet anfangen müssen. Die mittlere Bearbeitungszeit als Takt kann nur dann eingehalten werden, wenn die Aufträge ohne Verzögerungen, d.h. mit idealer Bearbeitungszeitstruktur durch die Fertigung geschleust werden können. Da die Bearbeitungszeiten jedoch schwanken, ist diese Annahme hinfällig, und es entstehen zwangsläufig "Lücken". Ein Ablauf, bei dem solche Leerzeiten komplett vermieden werden, die sich daraus ergeben, daß beispielsweise ein Auftrag an der Vorgängerstation aufgrund hoher Fertigungszeiten dort noch nicht abgearbeitet wurde, läßt sich also realistischerweise nicht erzielen. Die tatsächliche Taktzeit müßte daher geringfügig über dem idealen Wert liegen, um derartige Schwankungen aufzufangen. (Eine zu hohe Taktzeit würde jedoch den Bandausstoß gravierend verringern und die Optimierung der Reihenfolge letztlich überflüssig machen!) In dieser Arbeit wird allerdings bewußt auf eine solche Modifikation verzichtet. Vielmehr soll gerade der Einsatz der Flexibilisierungsmaßnahmen es ermöglichen, daß die ideale Taktzeit ohne gravierende Überhänge beibehalten werden kann. (Dieser Aspekt wird in Kapitel 7 noch einmal aufgegriffen.)

Wie stark sich eine Erhöhung der Taktzeit auf die Überhänge auswirkt, davon gibt die Abbildung 3.7 ein eindrucksvolles Bild. Es stellt sich natürlich jeweils eine ähnliche Gesamtdurchlaufzeit ein, da die Einlastung der Aufträge und damit auch die Optimierung der Reihenfolge unabhängig von der gewählten Taktzeit erfolgt. Die Überhänge sinken jedoch, da bei erhöhter Taktzeit erstens der Aufbau positiver Überhänge bei langen Bearbeitungszeiten verringert und zweitens Vorarbeit, d.h. die Schaffung negativer Überhänge stärker bewertet wird. Hier kommt zum Ausdruck, daß ein beliebiges Wandern der Arbeitskräfte einer Station in beide Bandrichtungen möglich ist. Will man diese Annahme nicht gelten lassen, so ist die Überhangsrechnung entsprechend zu modifizieren. Beispielsweise darf dann mit der Bearbeitung eines Auftrags frühestens $x\% \cdot \underline{t}$ Zeiteinheiten vor der jeweiligen Station begonnen werden.[43]

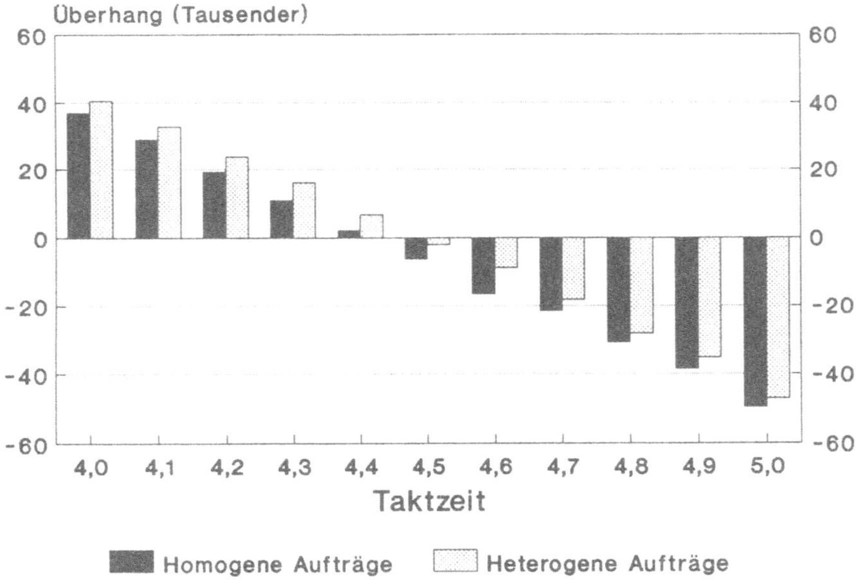

Abb. 3.7: Erhöhung der Taktzeit

Selbstverständlich gilt, daß mit erhöhter Taktzeit die Zeit, die idealerweise für das gesamte Auftragspaket zur Verfügung steht, steigt, während

[43] vgl. Schneeweiß/Söhner[1991]

der Auftragsdurchlauf gleich bleibt. Bei einer Erhöhung von 4 auf 5 ZE hätte man also für 100 Aufträge pro Station statt 400 ZE nun 500 ZE zur Bearbeitung. Die sinkende Überlastung wird also mit insgesamt höheren Leerzeiten bezahlt.

Ein weiterer Grund für die Höhe der Überhänge liegt in der starken Streuung der Bearbeitungszeiten. Diese schwanken um bis zu 100% um die Taktzeit von 4 Einheiten. Verringert man diese Schwankungsbreite, so sinken auch die Zielwerte, wie die Tabellen 3.2 und 3.3 zeigen. Die erste Zeile gibt die Zielwerte für einen Streubereich der Bearbeitungszeiten von 0 bis 8 an, der auch den späteren Simulationen zugrunde liegt. Wird er verkleinert (z.B. auf [2,6], d.h. die Bearbeitungszeiten schwanken nur noch um 2 Einheiten um den Mittelwert gegenüber 4 Einheiten bei [0,8]), so sinken insbesondere die Überhänge deutlich. Daher ist vor allem im Rahmen des Bandabgleichs darauf zu achten, daß der Schwankungsbereich der Bearbeitungszeiten möglichst gering bleibt, da dieser wesentlichen Einfluß auf die Güte der Reihenfolge hat.[44]

Schwankungsbereich	Überhang	Überhangszuwachs	Durchlaufzeit
[0,8]	36974,89	478,95	515,38
[1,7]	30813,21	423,19	505,69
[2,6]	21704,69	314,98	491,69
[3,5]	14663,32	232,80	480,33

Tab. 3.2: Zielwerte in Abhängigkeit vom Schwankungsbereich, HOM

Schwankungsbereich	Überhang	Überhangszuwachs	Durchlaufzeit
[0,8]	40609,85	583,83	528,31
[1,7]	33972,69	499,80	513,43
[2,6]	22881,59	339,25	494,68

Tab. 3.3: Zielwerte in Abhängigkeit vom Schwankungsbereich, HET

44 Vgl. hierzu auch Häfner[1992], der für die Werkstattfertigung gezeigt hat, daß ein sinkender Variationskoeffizient der Bearbeitungszeiten insbesondere bei hoher Auslastung zu einer deutlichen Reduktion der mittleren Durchlaufzeit führt. Conway/Maxwell/McClain/Thomas[1988] stellten fest (S.233), daß eine Verringerung der Variation der Bearbeitungszeiten zu einer höheren Kapazitätsauslastung führt.

Bisher wurde stets von einer durchschnittlich gleichmäßigen Belastung der Stationen (entsprechend der Taktzeit von 4 Einheiten) ausgegangen. Einige Autoren befürworten jedoch, um den Ausstoß zu maximieren, eine geringere Auslastung der mittleren Stationen, wie sie in Abbildung 3.8 gezeigt wird. Man spricht in diesem Zusammenhang auch vom "bowl"-Phänomen.[45]

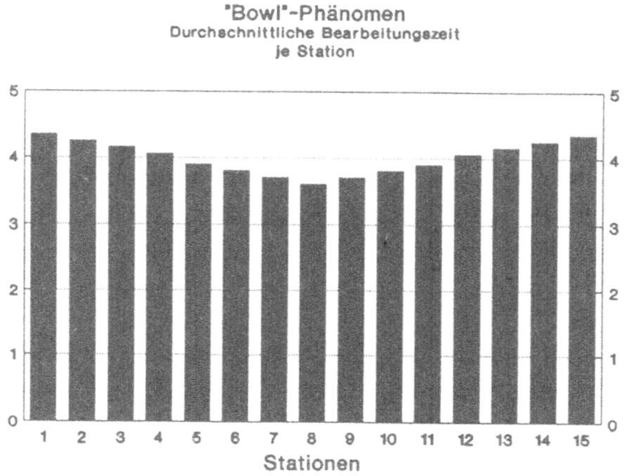

Abb. 3.8: Bowl-Phänomen

Die durchschnittliche Bearbeitungszeit an der achten Station beträgt jetzt 3,6 Einheiten, während sie an den äußeren Stationen auf 4,35 Einheiten gestiegen ist. Analog haben sich die Werte für die anderen Stationen verändert. Mit dieser neuen Situation wurden für die homogenen Aufträge Reihenfolgen berechnet und ausgewertet. Dabei stellten sich die in Tabelle 3.4 angegebenen Resultate ein.

Auftrags-menge	Überhang	Überhangs-zuwachs	Durchlauf-zeit
HOM	49069,34	815,28	536,96

Tab. 3.4: Ergebnisse bei Bowl-Phänomen

Man erkennt, daß alle Zielwerte deutlich schlechter sind als bei gleichmäßi-

45 vgl. beispielsweise Hillier/Boling[1966], Sarker[1984], Stecke/Morin[1985], Hillier/So[1991b]

ger Belastung. Daher kann auf eine Umstrukturierung der Auslastungssituation verzichtet werden.

3.6.4. Vergleich mit Genetischen Algorithmen

Genetische Algorithmen versuchen, bei der Lösungsfindung Evolutionsstrategien abzubilden. Ausgehend von einer Menge von Ausgangslösungen werden neue Lösungen gebildet, indem Teilstrukturen aus mehreren vorhandenen Lösungen zu neuen Lösungen zusammengesetzt und zusätzlich Mutationen und lokale Optimierungen an den gefundenen Lösungen vorgenommen werden. Bei der Reihenfolgeplanung kann eine bestimmte Auftragsreihenfolge als eine Lösung interpretiert werden. Aus Teilfolgen bestehender Lösungen lassen sich neue Sequenzen generieren. Umstellungen von einzelnen Aufträgen innerhalb einer Auftragsfolge können die bisherigen Lösungen verbessern.

Die Lösungen werden anhand des Zielkriteriums, im vorliegenden Fall also anhand der Überhänge, bewertet. Solche Reihenfolgen, die besonders gute Zielwerte liefern, werden verstärkt zur Generierung neuer Lösungen herangezogen.[46]

Genetische Algorithmen erlauben also die Bestimmung bezüglich des Überhangkriteriums günstiger Reihenfolgen, ohne auf einen TSP-Ansatz zurückgreifen zu müssen.[47] Es erschien daher interessant, einen solchen Algorithmus mit der oben beschriebenen Vorgehensweise zu vergleichen. Die Ergebnisse finden sich für jeweils 100 Auftragsmengen vom Typ HOM und HET in der Tabelle 3.5.

Die negativen Überhänge wirken zunächst erstaunlich – vor allem, wenn man sie mit den Werten aus Tabelle 3.1 vergleicht. Analysiert man jedoch die zugrundeliegenden Reihenfolgen, so erkennt man, daß der Algorithmus alle diejenigen Aufträge, die kurze Bearbeitungszeiten aufweisen, an den Anfang plaziert, während sich die bearbeitungsintensiven Varianten am Ende der Auftragsfolge befinden. Dadurch erzielt man zunächst sehr

---

46 vgl. auch Stöppler/Bierwirth[1992] und die dort angegebene Literatur

47 Zur effektiven Anwendung solcher Verfahren ist jedoch eine leistungsfähige Hardware (Parallelrechner) sinnvoll. Die weiter unten beschriebenen Ergebnisse wurden zwar auf einer mit den Rechnungen in Abschnitt 3.6.3 vergleichbaren Anlage erzielt, allerdings wurde bei dem TSP-Ansatz pro Reihenfolge nur etwa 1 Sek. benötigt, während die Rechenzeiten bei den Genetischen Algorithmen im Minutenbereich lagen.

viele negative Überhänge, da in (3.10) das Bearbeitungsende aufgrund der niedrigen Bearbeitungszeiten stets deutlich vor dem zugehörigen Takt liegt. Diese negativen Werte pflanzen sich fort, weil bei einer Verfrühung eines Auftrags auch sein Nachfolger früher beginnen kann und somit ebenfalls einen negativen Überhang verursacht.[48] Auch die am Ende folgenden großen Aufträge können die so entstandenen negativen Überhänge nicht mehr komplett abbauen. Es stellt sich also genau der in Abschnitt 3.3 bei der Diskussion des Gesamtüberhangs beschriebene Effekt ein, daß bei ungünstigen Auftragsfolgen, die eine bestimmte Struktur aufweisen, die Formel (3.11) zu nicht aussagekräftigen Ergebnissen führt.

Auftrags-menge	Überhang
HOM	−39364,33
HET	−13501,18

Tab. 3.5: Ergebnisse bei Verwendung eines Genetischen Algorithmus[49]

Bei Verwendung des TSP-Ansatzes wurden diese Auftragsfolgen ausgeschlossen, da dort die Distanzbildung (vgl. (3.15-16)) dafür sorgte, daß sowohl Unter- wie Überschreitungen der Taktzeit bestraft wurden, d.h. ein Hintereinandersetzen mehrerer kleiner Aufträge hätte zu einer sehr schlechten Gesamtdistanz geführt und unterblieb folglich. Um daher auch bei Genetischen Algorithmen sinnvolle Reihenfolgen zu erhalten – die erzielten Sequenzen entsprechen, wie oben diskutiert wurde, keineswegs dem übergeordneten Ziel einer gleichmäßigen Kapazitätsauslastung –, müssen dort negative Überhänge ebenso wie positive Werte bestraft werden. Dies erreicht man, indem in (3.11) die Absolutbeträge der Überhänge aufaddiert werden. In diesem Fall werden Taktüber- und -unterschreitungen als Unausgeglichenheit in der Fertigung erkannt und unterbunden.

Man erkennt an diesem Sachverhalt noch einmal deutlich, daß es letztlich die Einzelüberhänge aus Definition (3.10) sind, welche die Ausgeglichenheit der Kapazitätsnutzung beschreiben. Bei deren Aggregation ist – wie in Abschnitt 3.3 bereits ausgeführt wurde – sorgfältig darauf zu achten, daß nicht die oben geschilderten unerwünschten Effekte auftreten. Man hat hier also ein sehr schönes Beispiel dafür vorliegen, wie die Vorgehens-

---

48 Dieser Effekt entspricht der Fortpflanzung von Verspätungen, wie sie in den Abschnitten 3.3 und 3.6.3 beschrieben wurde.

49 Die Ergebnisse basieren auf Auswertungen, die an der Universität Bremen von Herrn Bierwirth, Lst. Stöppler dankenswerterweise vorgenommen wurden.

weise in einem Untermodell (TSP) die Beurteilung der Lösungen im Obermodell (Überhänge) beeinflußen kann und welche Implikationen dabei zu beachten sind.[50]

---

[50] Zum Modellbildungsprozeß vergleiche man Schneeweiß[1992].

4. Die Pufferplanung

4.1. Literaturübersicht

In der Literatur werden **Puffer** hauptsächlich aus zwei Gründen eingerichtet: Man will sich mit ihrer Hilfe gegen Schwankungen im Kapazitätsangebot ("Machine Breakdowns") und gegen Unregelmäßigkeiten in der Kapazitätsnachfrage ("Blocking") absichern. Häufig faßt man die Fertigung dabei als Warteschlangennetzwerk auf und untersucht die Pufferproblematik mit Ansätzen aus der Warteschlangentheorie. Aber auch Simulation, LP-Methoden oder sonstige analytische Verfahren finden Verwendung. Dabei ist weiterhin zu unterscheiden in Modelle mit begrenzter und beliebiger Puffergröße. In der folgenden Übersicht sollen die wichtigsten Literaturstellen bezüglich der Pufferplanung anhand dieser Merkmale klassifiziert werden. Ein Anspruch auf Vollständigkeit kann hierbei jedoch aufgrund der Vielzahl der bisher erschienenen Artikel nicht erhoben werden.

4.1.1. "Machine Breakdowns"

Ausfälle einer Station oder einer Bearbeitungsmaschine müssen nicht unbedingt technische Probleme als Ursache haben. Es kann sich hierbei auch um Fehlzeiten des Personals, Umrüstvorgänge oder fehlende Materialien handeln, welche einen Bearbeitungsstillstand an der betroffenen Station erzwingen. Bei serieller Fertigung trifft man häufig den Fall an, daß die ganze Linie anhalten muß, wenn keine Puffer zwischen den Stationen eingerichtet sind und eine Station ausfällt. Diese Situation ist natürlich möglichst zu vermeiden. Einen ausführlichen Überblick über warteschlangentheoretische Ansätze bei Maschinenausfällen in unterschiedlichen Fertigungsstrukturen vermittelt Koster[1989]. Speziell die Fließfertigung untersuchen in diesem Zusammenhang Koenigsberg[1959] und Hillier/So[1991]. Gershwin/Schick modellieren eine dreistufige Fertigungslinie mit begrenzten Puffern mit Hilfe von Markov-Ketten. Ebenfalls Markov-Ketten benutzen Buzacott[1967] für Automatische Transferlinien, Okamura/Yamashina[1977], die insbesondere die Puffergröße bestimmen wollen, Lev/Toof[1980] und Ignall/Silver[1977], die eine zweistufige Fertigung mit begrenztem Puffer analysieren.

In einem Artikel von 1979 untersuchen Okamura/Yamashina[1979b] hingegen mit Simulation eine zweistufige Automatische Transferlinie. Shantikumar[1980] entwickelt eine Formel zur Maximierung des Ausstoßes für eine solche Linie mit unbegrenztem Puffer zwischen allen Stationen. Ebenfalls Puffer hinter jeder Station nimmt Sheskin[1976] an, der über exakte Methoden und Dekomposition deren optimale Größe zu bestimmen sucht. Jafari/Shantikumar[1989] benutzen dagegen einen DP-Ansatz, um die Puffergröße festzulegen. Die Produktionsrate jeder Stufe, die sie hierzu benötigen, wird über eine Heuristik bestimmt.

Auch Freeman[1964] nimmt eine vollständig entkoppelte serielle Fertigungsstruktur an, d.h. hinter jeder Station befindet sich ein (beliebig großer) Puffer. Die Stufe mit der größten Ausfallwahrscheinlichkeit, bzw. die den größten Engpaß bildet, bestimmt den Gesamtausstoß des Bandes. Er untersucht diese Situation mit Hilfe von Simulation und analytischen Überlegungen.

Buzacott/Hanifin[1978] vergleichen analytische und Simulationsmethoden für Automatische Transferlinien mit Puffern zwischen je zwei Stationen. Ebenso wie Yamashina/Okamura[1983] weisen sie darauf hin, daß Blocking-Effekte häufig aus Maschinenausfällen resultieren. Letztere geben an, daß Stationen mit den höchsten Produktionsraten möglichst am Anfang des Bandes plaziert sein sollten. Dies kann jedoch an Nachfolgerestriktionen scheitern.

Die Effekte von Maschinenausfällen auf Linien ohne Puffer untersucht Buzacott[1968]. In diesem Fall muß entweder das Band angehalten werden oder es sollten Ersatzmaschinen bereitstehen. Bei diesen kann es sich um identische Maschinen oder um solche mit eingeschränktem Funktionsvermögen handeln. Die Nutzung von Ersatzmaschinen ist dem Springereinsatz bei Personalausfall vergleichbar. Allerdings ist eine solche Kapazitätserhöhung mit relativ hohen Kosten verbunden.

4.1.2. "Blocking"

Blocking-Effekte entstehen, wenn eine Station ein bearbeitetes Teil nicht weitergeben kann, weil ihr Puffer voll oder die nachgelagerte Station ausgefallen ist, bzw. gerade ein anderes Teil fertigt. Ein solches Blockieren einer Station kann zu weiteren Stauungen an deren Vorgängerstationen führen, die dann ihrerseits fertiggestellte Teile nicht mehr weiterleiten können. Neben Maschinenausfällen können auch unterschiedliche Bearbeitungszeiten für Blocking-Effekte verantwortlich sein. Hillier/-Boling[1967] untersuchen mit Hilfe der Warteschlangentheorie eine solche Situation mit begrenzten Puffern (bei beliebig großen Puffern ist Blocking selbstverständlich nicht denkbar!). Das gleiche Werkzeug nutzen Gershwin[1987], Yao/Buzacott[1986] und Dallery/Yao[1986] (im Zusammenhang mit flexiblen Fertigungssystemen bzw. -zellen), MacGregor Smith/Daskalaki[1988] sowie Suri/Diehl[1986] mit einer ausführlichen Literaturübersicht.

Hatcher[1969] gibt für zwei- und dreistufige Fertigung Formeln für die durchschnittliche Produktionsrate bei begrenzten Puffern an. Basu[1977] entwickelt ebenfalls analytische Ausdrücke, um die Puffergröße bei serieller Fertigung mit Puffern zwischen allen Stationen zu berechnen. Allerdings spielen bei ihm neben Blocking- und Starving-Effekten auch kurze Ausfallzeiten und variable Bearbeitungszeiten eine Rolle. Er stellt die Kosten für die Leerzeiten dem in den Pufferbeständen gebundenen Kapital gegenüber.

Über Simulation bestimmen Anderson/Moodie[1969] die Größe der Puffer bei Fließfertigung, um Blocking-Effekte zu vermeiden. McCormick/Pinedo/Shenker/Wolf[1989] modellieren die Fertigung als Netzwerkfluß, um den Ausstoß zu maximieren. Einen ähnlichen Ansatz wählen Kijima/Makimoto/Shirakawa[1990], die versuchen, die Durchlaufzeit zu minimieren. In beiden Artikeln werden begrenzte Puffer zwischen den Maschinen angenommen, und es sollen Blocking-Effekte ausgeschlossen werden, weil diese die Zielkriterien negativ beeinflussen. Park/Steudel[1991 und 1991b] untersuchen analytische Methoden und Heuristiken für serielle Strukturen mit begrenzten Puffern innerhalb von Produktionszellen.

Melloy/Soyster/Chandra[1990] versuchen, das Blockieren von Stationen durch die Einrichtung eines gemeinsamen Pufferraumes für alle Maschinen zu verhindern. Zwar führt dieser Ansatz bezüglich der gesamten Puffergröße zu günstigeren Ergebnissen, allerdings können sich hierdurch die Transportzeiten zwischen Stationen und dem zentralen Puffer beträchtlich erhöhen.

In vielen Untersuchungen wird das Verbot von Blocking-Effekten als Restriktion behandelt, während die eigentliche Zielfunktion die Minimierung von Durchlaufzeiten, die Maximierung der Kapazitätsauslastung, etc. ist. Vergleicht man diese Vorgehensweise mit der in Kapitel 3 vorgestellten Überhangsminimierung, so erkennt man, daß durch die Vermeidung von

Überhängen, also einer zu hohen lokalen Kapazitätsbelastung, das Blockieren von Stationen verhindert wird. Blocking ist dort also in die Zielfunktion integriert.

4.1.3. Sonstige Gründe für die Einrichtung von Puffern

Sridharan/LaForge[1990] wollen mit Puffern als Sicherheitsbeständen Bedarfsschwankungen abfangen. Aufgrund ähnlicher Überlegungen wird bei OPT häufig ein Puffer vor den Engpaßmaschinen eingerichtet, damit diese stets ausgelastet sind.[1]

Dagegen benutzen Robinson/McClain/Thomas[1989] Puffer, um dort Aufträge mit mangelhafter Qualität aussteuern zu können. Interessant ist auch der Ansatz von Buxey/Sadjadi, die Pufferräume einrichten, um Bereichsüberschreitungen (ähnlich den Überhängen) zu vermeiden. Man sollte jedoch hier weniger von Puffern, als vielmehr von Auslaufstrecken sprechen. Der Einfluß der Länge dieser Strecken wird anhand von Simulation analysiert.

Buzacott[1971] untersucht generell die Rolle von Beständen, also Puffern, in einer seriellen Fertigungsstruktur. Neben Maschinenausfällen betrachtet er vor allem Variationen in den Bearbeitungszeiten. Auch Conway/Maxwell/McClain/Thomas[1988] beschäftigen sich mit der Frage, wo Bestände an Zwischenprodukten und in welcher Menge eingerichtet werden sollten. Durch Simulation analysieren sie Bänder mit und ohne Puffern, mit identischen oder unterschiedlichen Maschinen sowie verschiedenen Verteilungen der Bearbeitungszeiten. Interessant für die vorliegende Arbeit ist das Resultat, daß bei Linien mit gleicher Variation der Bearbeitungszeiten an allen Stationen (wie es in den numerischen Beispielen – vgl. Kapitel 3 – der Fall ist) Pufferplätze gleichmäßig über das Band verteilt werden sollten, um einen maximalen Ausstoß zu erzielen.

Sarker[1984] behandelt eine Vielzahl der bereits angeführten Gründe für die Einrichtung von Puffern und diskutiert die entwickelten Modelle. Er gibt aber auch an, daß gerade im Bereich der Variantenfließfertigung ausführliche Untersuchungen noch zu leisten sind.[2]

---

[1] Vgl. auch die "Drum-Buffer-Ropes" bei Schragenheim/Ronen[1990]. Dort werden zeitliche Puffer eingeplant, um sich gegen Ausfälle, mangelnde Materialverfügbarkeit, etc. zu schützen.

[2] Sarker[1984], S.230: *Little research has been undertaken on the use of buffer stocks in mixed and multimodel lines.*

4.1.4. Schlußfolgerungen

Puffer werden, wie die vorangegangenen Abschnitte gezeigt haben, häufig unter dem Aspekt einer besseren Kapazitätsausnutzung diskutiert. Selbst bei Ausfällen einzelner Stationen sollen vor- und nachgelagerte Fertigungsbereiche weiter produzieren können. Das Blockieren von Maschinen muß ebenfalls vermieden werden, da auch hierdurch Leerzeiten verursacht werden. Durch die Erhöhung der Kapazitätsnutzung versucht man, den Ausstoß zu maximieren oder die Durchlaufzeiten zu senken.

Der Zusammenhang zur Reihenfolgeplanung als ebenfalls kapazitätsglättender Maßnahme wird selten gesehen. Untersuchungen, inwiefern Puffer das Umstellen von Auftragsfolgen gestatten, um so unterschiedliche Reihenfolgen an den einzelnen Stationen zu ermöglichen, fehlen bisher in der Literatur vollkommen.[3] Bezeichnend ist der ansonsten sehr interessante Artikel von Yano/Rachamadugu[1991], in dem im letzten Halbsatz nur kurz darauf hingewiesen wird, daß es günstig sein kann, *to provide buffers between the two stages for the purpose of resequencing.* Daher sollen die folgenden Abschnitte dieser Thematik gewidmet sein. Nach einer grundsätzlichen Diskussion der Problemstellung werden einzelne Verfahren analysiert, welche die Pufferplazierung und -dimensionierung im Hinblick auf die Reihenfolgeplanung vornehmen.

4.2. Die Bedeutung der Puffer für die Reihenfolgeplanung

Die in diesem Kapitel behandelten Puffer dienen vor allem einer besseren Auslastung an den Fertigungsstationen.[4] Die Aufträge sollen jeweils so angeordnet werden, daß sich unterschiedliche Bearbeitungszeiten ausgleichen und somit Wartezeiten, die durch vorangehende zeitintensive Aufträge entstehen, verkürzt werden. Sind unterschiedliche Reihenfolgen in bestimmten Bandbereichen möglich, erleichtert dies den Ausgleich. Damit wirkt eine gute Auslastung meist auch durchlaufzeitsenkend – selbst bei Einbezug der Wartezeiten der Aufträge im Puffer. Daneben kann ein Puffer auch der Termineinhaltung dienen, indem er zeitkritischen Aufträgen das Überholen erlaubt.[5]

---

[3] Sawik[1988] berücksichtigt lediglich die vorhandene Pufferkapazität bei der Reihenfolgebildung in mehrstufiger Produktion.

[4] vgl. die Diskussion der Zielfunktion "Überhangsminimierung" in Kapitel 3.3

[5] Dieser Aspekt wird jedoch nicht weiter verfolgt.

In Tabelle 4.1 sind beispielhaft die Bearbeitungszeiten von 4 Aufträgen an 4 Stationen dargestellt. Die Aufträge A und B, bzw. C und D ergänzen sich jeweils an den Stationen 1 und 2 zu einer mittleren Fertigungszeit von 3 Einheiten, an den Stationen 3 und 4 kommt es jedoch zu einer Überlastung. Dort würden die Aufträge B und C, bzw. A und D besser zusammenpassen. Hier sollte also, falls auf eine gleichmäßige Auslastung der Fertigungsstationen Wert gelegt wird, nach Station 2 ein Puffer eingerichtet werden, damit dort die Reihenfolge der Aufträge abgeändert werden kann.

Station / Auftrag	1	2	3	4
A	4	2	5	4
B	2	4	4	5
C	2	1	2	1
D	4	5	1	2

Tab. 4.1: Beispiel zur Pufferplanung bei unterschiedlichen Bearbeitungszeiten

Andererseits verursacht ein Puffer Kosten durch einen erhöhten Raum- und Organisationsbedarf, der durch die Umstellungen entsteht. Außerdem können sich die Durchlaufzeiten einzelner Aufträge, die lange im Puffer warten müssen, beträchtlich vergrößern. Hierdurch wird zusätzliches Kapital in der Fertigung gebunden. Diese Wartezeiten, bzw. Kapitalbindungskosten können als Lenkkosten[6] in die Pufferkosten integriert werden.

Am besten ausgelastet wären die einzelnen Arbeitsstationen hingegen dann, wenn vor jeder Station ein beliebig großer Puffer bestünde. Dadurch könnte jede Station für sich optimal geplant werden, da Umstellungen in jeder Größenordnung möglich wären. Man hätte so zugleich den größten Flexibilitätsspielraum, da an jeder Station eine eigene Auftragsfolge planbar wäre. Damit würde man jedoch gleichzeitig auch die oben angeführten Nachteile der Pufferbildung maximieren, so daß die "optimale" Layoutgestaltung wohl in der Ansiedlung einiger weniger Puffer vor ausgewählten Stationen liegt.

---

[6] Bei "Lenkkosten" handelt es sich um Kostenparameter, die bei schlecht strukturierten und analytisch kaum zugänglichen Problemen als Ersatzgrößen für die tatsächlichen (nicht exakt berechenbaren) Kosten eingesetzt werden, um die zu treffenden Entscheidungen in der gewünschten Art und Weise beeinflussen zu können. Man vergleiche hierzu auch Schneeweiß[1992], Abschnitt 3.4.

Es handelt sich bei der Pufferplanung also um ein Allokationsproblem, bei dem Ressourcen (= Puffer) zur Verfügung gestellt werden, um eine Kapazitätsglättung zu ermöglichen.[7] Eine ähnliche Struktur findet man etwa bei der Losgrößenbildung in der Lagerhaltungstheorie. Dort werden die Kosten für eine Bestellung (bzw. das Auflegen einer Produktart) den Lagerkosten gegenübergestellt, die entstehen, wenn der Bedarf der Periode bereits durch eine vorausgegangene Bestellung abgedeckt wird. Das Auslösen einer Bestellung (≅ dem Umstellen der Reihenfolge im Puffer) vermeidet Lagerungskosten (≅ den erhöhten Überhängen). Die durch die Losgröße überbrückten Perioden entsprechen den durch einen Puffer überbrückten Arbeitsstationen. Es lassen sich also die folgenden Analogien ziehen:

Perioden $1..m$ –	Arbeitsstationen $1..m$,
Bestellung –	Puffer,
fixe Bestellkosten –	Kosten für die Einrichtung eines Puffers (PK),
Lagerkosten –	erhöhte Überhänge durch Zusammenfassen.

Die Bestimmung der kostenoptimalen Bestellzeitpunkte entspricht daher der Pufferplazierung. Eine ausführlichere Diskussion dieser Zusammenhänge erfolgt in Abschnitt 4.4 bei der Vorstellung eines Dynamischen Programms zur Lösung der Pufferproblematik. Grundsätzlich lassen sich alle der später angeführten Verfahren auf analoge Algorithmen aus der Lagerhaltung zurückführen. Dies wird jedoch in den entsprechenden Abschnitten jeweils näher erläutert. Zunächst folgen noch einige allgemeine Überlegungen.

Die Nutzung der Puffer geschieht aufgrund ihres Zusammenspiels mit der Reihenfolgeplanung ausschließlich im Rahmen der Ablaufplanung. Sie werden jedoch bereits in der strategischen Produktionsplanungsphase angelegt, wenn das Betriebslayout bestimmt wird. Die Schaffung des Flexibilitätspotentials erfolgt hier also unter langfristigen Gesichtspunkten mit entsprechender Unsicherheit, was die tatsächliche Umsetzung des Potentials betrifft. Da strategische Entscheidungen nur auf lange Sicht hin korrigierbar sind, muß bei der Gestaltung der Puffer besondere Sorgfalt walten. Hierbei sind zwei Fragestellungen zu untersuchen:

1.) Wo sollen Puffer eingerichtet werden?
2.) Wie groß sollen diese sein?

Zu Punkt 1 werden im Abschnitt 4.4 drei unterschiedliche Heuristiken

---

[7] vgl. hierzu auch Kapitel 8

sowie ein exaktes Verfahren vorgestellt, welche die Festlegung von Puffern aufgrund von Reihenfolgebetrachtungen vornehmen (Rf/Anf). Da – wie bereits in Kapitel 1 ausgeführt wurde – für die Güte der Reihenfolge im wesentlichen die Fertigungszeiten entscheidend sind, wird anschließend noch eine heuristische Vorgehensweise besprochen, die allein auf die Bearbeitungszeiten an den einzelnen Stationen Bezug nimmt (Rf/Ende). Die damit später nach Einrichtung der Puffer möglichen Reihenfolgenentscheidungen werden nur insofern berücksichtigt, als bei dieser Heuristik die gleichen Zielvorstellungen zum Tragen kommen wie in der Ablaufplanung.[8]

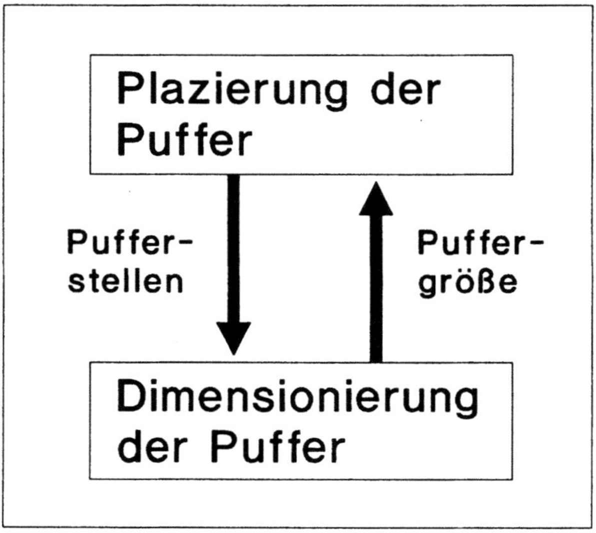

Abb. 4.1: Pufferplanung

Die Pufferdimensionierung – also obiger Punkt 2) – wird im fünften Abschnitt behandelt. Dort geht man von bestehenden Puffern aus und untersucht, wie sich die benötigte Puffergröße in Abhängigkeit von unterschiedlichen Einlastungsstrategien verändert. Selbstverständlich müßten Puffereinrichtung und -dimensionierung simultan bestimmt werden, um ein optimales Layout zu erreichen. Ein solches Modell würde jedoch für praktische Anwendungen zu aufwendig, daher werden die beiden Fragestellungen getrennt betrachtet. Es findet zunächst die Bestimmung der Pufferlage statt, wobei von prinzipiell "unendlicher" Puffergröße ausgegangen wird. Bei der Größenberechnung kann die Lage nicht mehr beeinflußt werden, allerdings ist eine Rückkopplung der Modelle insofern denkbar, als bei un-

[8] Zur allgemeinen Vorgehensweise vergleiche man noch einmal die Abbildung 3.6 am Ende von Abschnitt 3.6.2.

realistischen Puffergrößen eine erneute Lagebestimmung mit veränderten Parametern erfolgen sollte.[9] Ein weiterer Grund für die getrennte Ermittlung der Puffergröße liegt darin, daß die Pufferlage häufig schon aufgrund technologischer Restriktionen (Prüfstellen, Qualitätskontrolle, etc.) vorgegeben ist. In diesem Fall kann auf die Reihenfolgeplanung ohnehin nur noch über die Pufferdimensionierung Einfluß genommen werden. Abbildung 4.1 stellt die Zusammenhänge kurz dar.

Im folgenden Abschnitt sollen nun jedoch noch einige Aspekte im Hinblick auf die möglichen Einlastungsstrategien nach dem Puffer besprochen werden.

4.3. Einlastungsstrategien

Es muß geklärt werden, wie die Aufträge nach einem Puffer wieder in die Fertigung eingesteuert werden. Geht man davon aus, daß sie in gleichem Abstand ($\cong$ Taktzeit) oder unmittelbar aufeinanderfolgen,[10] so darf erst dann mit der Fertigung des ersten Auftrags der neuen Reihenfolge begonnen werden, wenn sichergestellt ist, daß danach alle Folgeaufträge zum jeweils benötigten Zeitpunkt auch bereitstehen. (Beispiel: Die Reihenfolge an der Vorstation war A-B-C-D, die der Folgestation soll A-D-B-C sein. Dann könnte zwar A sofort nach Fertigstellung vor dem Puffer an die Folgestation weitergereicht werden, allerdings müßte längere Zeit auf D gewartet werden, da vorher noch B und C bearbeitet werden müssen, wodurch zwischen A und D Leerzeiten entstünden.) Man kann sich jedoch durchaus vorstellen, daß die Folgestationen solange noch mit anderen Aufgaben (z.B. Restarbeiten der Vorgängerschicht oder Wartungsarbeiten) ausgelastet werden, bis die obige Bedingung erfüllt werden kann.[11] Die Aufträge werden also solange zurückgehalten, bis ein Durchlauf an der nachfolgenden Stationengruppe ohne Wartezeiten, die durch Umstel-

---

[9] Vgl. auch Robinson/McClain/Thomas[1989], die den Tradeoff zwischen Puffergröße und -anzahl im Hinblick auf Minimierung der Bestände in der Produktion und der Maximierung des Ausstosses untersuchen. (Allerdings handelt es sich hierbei um Puffer, welche die Nacharbeit bei Qualitätsproblemen ermöglichen sollen.)

[10] In der Literatur wird dies mit fixed-rate bzw. variabel-rate launching (vgl. z.B. Wild[1971], S.156, Wester/Kilbridge[1962]) bezeichnet.

[11] Diese Bedingung besagt **nicht**, daß die Folgeaufträge zum Zeitpunkt der Einlastung des ersten Auftrags bereits physisch im Puffer vorliegen müssen. Sie haben aber dort bis zu ihrer geplanten Fertigung einzutreffen.

lungen in der Reihenfolge verursacht wurden, gewährleistet werden kann. Diese Vorgehensweise reduziert die Leerzeiten an den Stationen, verlangt aber größere Pufferkapazitäten und einen erhöhten Auftragsbestand in der Fertigung. Sie soll im folgenden als Strategie **Warten** bezeichnet werden.

Die Alternative besteht darin, daß mit der Bearbeitung des ersten Auftrags der neuen Reihenfolge dann begonnen wird, wenn dieser bereitsteht, also an der Vorgängerstation fertiggestellt wurde (Strategie: **Nichtwarten**). Dies impliziert, daß danach auch an der ersten Station nach dem Puffer Leerzeiten entstehen können, die dadurch verursacht werden, daß man in der neuen Reihenfolge auf Aufträge warten muß, die im Puffer noch nicht eingetroffen sind, weil sie in der alten Folge weiter hinten eingeplant waren. Auch werden hierdurch die Abstände, mit denen die Aufträge auf das Band gelangen, verschieden groß. Diese Leerlaufzeiten können in das Überhangkriterien integriert werden, indem angenommen wird, daß die Aufträge rechtzeitig in die Fertigung eingeschleust werden konnten. Eine tatsächliche Leerzeit findet dann insofern Berücksichtigung, als durch die Verspätung formal ein Überhang, also eine Ungleichmäßigkeit in der Kapazitätsnutzung ausgewiesen wird. Allerdings sind bei dieser Strategie wegen den genannten Gründen deutlich schlechtere Auslastungen zu erwarten, was auch die später vorzustellenden Ergebnisse bestätigen. Daher wurde schwerpunktmäßig die andere Vorgehensweise (Warten) gewählt.

Es muß bei der Optimierung der Reihenfolgen auch sichergestellt werden, daß Umstellungen in einem vertretbaren Rahmen bleiben, also nicht allzu große Warte- bzw. Leerzeiten entstehen können. Wird die Reihenfolge nach einem TSP-Verfahren[12] ermittelt, d.h. zwischen je zwei Puffern wird eine Reihenfolgeberechnung durchgeführt, so muß die Situation an den Stationen vor dem Puffer, also die alte Reihenfolge berücksichtigt werden. Dies kann über einen Faktor in den Distanzen geschehen, der die Spannweite der Umstellungen beschränken soll.

Hierzu überlege man sich folgendes Szenario: Es soll die Distanz d_{il} berechnet werden, d.h. man versucht, die Konsequenzen zu erfassen, die sich ergeben, wenn Auftrag l auf i folgt. Folgende Fälle können dabei bezüglich der alten Reihenfolge aufgetreten sein:

- auch in der alten Reihenfolge folgte l unmittelbar auf i ($\rightarrow\ l,i\ \rightarrow$). Diese Situation ist problemlos.

---

12 vgl. Kapitel 3

- in der alten Reihenfolge stand l mehrere Positionen hinter i ($\rightarrow$ l $\rightarrow$ i $\rightarrow$). Das bedeutet, daß der Auftrag l erst sehr viel später als i an der letzten Station vor dem Puffer gefertigt wird, somit in der neuen Reihenfolge Wartezeiten wegen l entstehen.

- l war in der alten Reihenfolge Vorgänger von i ($\rightarrow$ i $\rightarrow$ l $\rightarrow$). Dann muß Auftrag l in den Puffer gestellt werden, bis er in der neuen Reihenfolge zum Zuge kommt. Dieser Fall wirkt sich nicht ganz so negativ aus wie der vorherige, ist aber vor allem im Hinblick auf die Puffergröße eher ungünstig.

Man bestimmt also einen Korrekturfaktor KF_{il}, der die Differenz der Positionen von Auftrag i und l in der vorherigen Reihenfolge bezeichnet:

(4.1) $$KF_{il} = Pos(l) - Pos(i), \qquad i, l \in \{1, ..., n\}.$$

Ist $KF_{il} > 0$, so folgte l auf i, umgekehrt war l Vorgänger von i, wenn $KF_{il} < 0$ ist. Am günstigsten ist – wie bereits besprochen – der Wert $KF_{il} = 1$, denn dann war l unmittelbarer Nachfolger von i. Weiterhin ist man geneigt, die Fälle $KF_{il} > 1$ in der Distanzmatrix schlechter zu bewerten als $KF_{il} < -1$. Damit erhielte man jedoch asymmetrische Distanzen. Im allgemeinen ist man aber eher an einer symmetrischen Distanzmatrix, d.h. $d_{il} = d_{li}$, $i, l \in \{1, ..., n\}$, interessiert, die zum einen die Berechnung und Speicherung der Distanzen vereinfacht, da nur die Hälfte der Werte benötigt werden, und die zum andern den Einsatz einiger Verfahren – wie z.B. der 2-Opt-Methode – überhaupt erst erlaubt. Daher erscheint es sinnvoller, einen großen positiven Korrekturfaktor als genau so schlecht zu bewerten wie einen extremen negativen Wert. Letztlich wirkt sich der erstere ungünstig auf die Wartezeiten und damit auf die Auslastung aus, während der zweite die Puffergröße belastet. Daher kann einfach der Absolutbetrag von KF_{il} zu den Distanzen addiert werden. Kleine Abweichungen in der Position wirken sich dann nur minimal auf die Distanzen aus, während gravierende Unterschiede mit hohen Werten für d_{il} bestraft werden.

Zusammenfassend bewerten die neuen Distanzen sowohl das eigentliche Zielkriterium bezogen auf die Aufträge als auch die Situation vor dem Puffer. Verstärkt man den Korrekturfaktor, indem man ihn mit einer geeigneten reellen Zahl $c > 1$ multipliziert, oder schwächt man ihn mit $0 < c < 1$ ab, so wird die eine oder die andere Komponente des Distanzmaßes mehr betont.

(4.2) $$d_{il}^{neu} = d_{il}^{alt} + c \cdot KF_{il}, \qquad i, l \in \{1, ... n\}.$$

In den numerischen Beispielen dieser Untersuchung wurde aus Vereinfachungsgründen jedoch stets $c = 1$ gewählt.[13]

Weiterhin könnte man den Korrekturfaktor von der Stationenzahl nach dem Puffer abhängig machen. Ist diese gering, so lohnen größere Umstellungen in der Reihenfolge wohl kaum und man wird KF_{il} mit einem hohen c-Wert multiplizieren, um die weitgehende Beibehaltung der alten Reihenfolge zu erzwingen. Folgen jedoch viele Stationen bis zum nächsten Puffer, dann ist man eher bereit an der ersten Station Wartezeiten in Kauf zu nehmen, wenn dadurch eine günstigere Reihenfolge für die folgenden Stationen erzielt wird. In diesem Fall sollte KF_{il} sehr klein gehalten, also durch ein großes $c \in \mathbb{R}$ geteilt werden. Derartige Überlegungen wurden allerdings nicht in die numerische Untersuchung einbezogen.

Es sind also für das Handling am Puffer grundsätzlich 4 Szenarien zu unterscheiden:

Warten oder *Nichtwarten* kombiniert mit Distanzen *mit* oder *ohne* Korrekturfaktor.

Da einige dieser Kombinationen sehr aufwendig sind (so muß bei den Distanzen mit Korrekturfaktor jeweils die alte Reihenfolge bekannt, d.h. gespeichert sein), wurden die im folgenden vorgestellten Verfahren nicht mit allen Szenarien getestet. Die verwendeten Kombinationen sind jeweils angegeben.

4.4. Einrichtung von Puffern

4.4.1. Reihenfolgebezogene Verfahren (Rf/Anf)

Das zunächst vorgestellte exakte Verfahren entspricht dem aus der Lagerhaltung bekannten Wagner-Whitin-Algorithmus[14] (WWA). Anschließend folgt eine relaxierte Vorgehensweise, um den nicht unerheblichen Rechen- und Speicheraufwand des WWA zu reduzieren. (Letzteres ist vor allem bei umfangreichen Testläufen mit vielen verschiedenen Parameterkonfigu-

---

[13] Eine Untersuchung darüber, inwiefern sich die getroffenen Aussagen bei Variation von c verändern, wäre eine interessante und noch zu leistende Ergänzung der vorliegenden Abhandlung.

[14] Wagner/Whitin[1958]

rationen ein nicht zu vernachlässigender Punkt, selbst wenn die Puffereinrichtung als langfristiges Problem nicht allzu häufig ausgeführt wird.) Für beide Verfahren wird jedoch ein genauer Wert für die Pufferkosten benötigt. Diese Voraussetzung ist problematisch, da Nutzen und Kosten der Pufferbildung kaum quantifizierbar und in ihrer Komplexität auch nicht vollständig erfaßbar sind, so daß ein Optimum an sich wohl nicht bestimmbar ist. Man kann allerdings aufgrund einiger Plausibilitätsüberlegungen zu einem akzeptablen Betriebslayout kommen. Geht man von der bezüglich Reihenfolgeumstellungen "flexibelsten Situation" aus, d.h. ein unendlich großer Puffer vor jeder Station, so stellt sich die Frage, an welchen Stellen Puffer am günstigsten entfernt werden können. Hier bieten sich zwei heuristische Lösungen an. Bei der ersten werden Puffer jeweils dort entfernt, wo die Zieleinbuße am geringsten ist, solange sie einen bestimmten Schwellenwert (der durch den Faktor α ausgedrückt wird) nicht überschreitet. Ähnlich arbeitet die zweite Methode, bei der Stationen solange zusammengefaßt werden, bis eine Zielwertgrenze (die über den Parameter β festgelegt wird) erreicht ist.

4.4.1.1. Die exakte DP-Vorgehensweise

4.4.1.1.1. Beschreibung der Vorgehensweise

Es soll nun versucht werden, eine exakte Lösung für die Pufferplazierung zu bestimmen. Dazu werden als entscheidungsrelevante Größen die Zielwerte benötigt, die sich ergeben, wenn Puffer hinter einer bestimmten Station eingerichtet werden oder nicht. Außerdem ist der mit der Einrichtung eines Puffers verbundene Aufwand zu quantifizieren.

Zur Bestimmung der Pufferkosten müssen die mit der Anlage des Puffers verbundenen fixen Kosten der täglichen Reihenfolgeberechnung anteilsmäßig zugerechnet werden. Gleiches gilt für die laufend anfallenden Kosten für die Handhabung der Puffer, etc. Da für den vorzustellenden Algorithmus aber nur die Existenz und die Höhe von Pufferkosten eine Rolle spielen, nicht aber deren Zusammensetzung, sind derartige Fragestellungen hier nur von untergeordnetem Interesse und werden nicht weiter verfolgt.[15] Für die Simulationsstudien genügt es, unterschiedliche Kosten für die Puffer anzunehmen und das Verfahren dann in Abhängigkeit von diesen durchzurechnen. Dabei werden diese Kosten in einem Bereich von

[15] Die tatsächliche Bestimmung der Pufferkosten ist eher eine Aufgabe der Kostenrechnung.

0 bis hin zu einem Wert variiert, bei dem fast gar keine Puffer mehr eingerichtet werden, weil diese dann zu teuer sind.

Ein weiteres Problem besteht darin, die Pufferkosten, die normalerweise in Geldeinheiten anfallen, und die Zielwerteinbußen, die sich bei der Reihenfolgeberechnung ergeben (erhöhte Überhänge), wenn man keine Puffer einrichtet, vergleichbar zu machen. Letztere werden in Zeitgrößen angegeben,[16] welche in DM bewertet werden müssen – ein ähnlich problematisches Unterfangen wie die Bestimmung von Fehlmengenkosten in der Lagerhaltung –, indem Kosten für schlechtere Qualität und Motivationsverlust aufgrund des Zeitdrucks angesetzt werden. Umgekehrt die Pufferkosten in Zeiteinheiten zu transferieren, erscheint noch schwieriger, da geeignete Anhaltspunkte für eine Umrechnung fehlen.

Pufferkosten und die durch die Einrichtung eines Puffers gewonnene Flexibilität in der Reihenfolge, die zu verbesserten Zielwerten führt (die Stationen können gezielter ausgelastet werden), müssen gegeneinander abgewogen werden. Als exaktes Verfahren bietet sich hierzu aufgrund des Allokationscharakters des zugrundeliegenden Problems (s. Abschnitt 4.2) die **Dynamische Programmierung (DP)**[17] an. Den einzelnen Stufen des zu lösenden DP's entsprechen dabei die einzelnen Arbeitsstationen. Sie werden sukzessive so eingeplant, wie man im DP nacheinander die Stufen betrachtet. Bei jeder Fertigungsstation ist die Entscheidung zu treffen, ob hinter ihr ein Puffer eingerichtet werden soll oder nicht. In Abhängigkeit von dieser Entscheidung wird dann entweder an den nachfolgenden Stationen die Reihenfolge neu berechnet (und dabei die Kosten für den Puffer berücksichtigt!) oder es wird die alte Reihenfolge übernommen.

Wird kein Puffer zwischen zwei Stationen eingerichtet, d.h. man faßt diese zusammen in dem Sinn, daß sie eine gemeinsame Auftragsreihenfolge erhalten, so entstehen höhere Überhänge, da die Arbeitsstationen nicht mehr gezielt für sich ausgelastet werden können, sondern es müssen Kompromisse geschlossen werden.

Zur praktischen Vorgehensweise eignet sich der Wagner/Whitin-Algorithmus. Dieses Verfahren wurde ursprünglich entwickelt, um Lagerhaltungsprobleme zu lösen. Den einzelnen DP-Stufen sind die betrachteten Pe-

---

16 vgl. die entsprechenden Definitionen in Kapitel 3

17 Der Einsatz eines DP's zur Lösung der Pufferproblematik ist insbesondere bei Modellen, die Maschinenausfälle u.ä. berücksichtigen, nichts Neues, vgl. etwa Jensen/Pakath/Wilson[1991].

rioden zugeordnet. In jeder Periode muß die Entscheidung gefällt werden, ob eine Bestellung erfolgt oder nicht. Es sind Kosten pro Bestellung und für die Lagerhaltung zu beachten. In der hier vorliegenden Anwendung entspricht der Bestellung zu Beginn einer Periode die Einrichtung eines Puffers vor einer Station. Die Bestellkosten sind somit den Pufferkosten gleichzusetzen. Die erhöhten Lagerhaltungskosten, die anfallen, wenn nicht bestellt wird, werden hier durch die Zielwerteinbuße repräsentiert, die entsteht, wenn kein Puffer eingerichtet wird.[18]

Wagner/Whitin zeigten, daß es optimal ist, wenn jeweils nur die Bedarfe ganzer Perioden zu einer Bestellung zusammengefaßt werden. Analog gilt hier, daß eine einmal eingeplante Reihenfolge nur für eine komplette Anzahl von Arbeitsstationen gilt. Es kann nicht "innerhalb" einer Station ein Puffer angelegt sein. Somit ist diese Vorraussetzung für den Einsatz des Wagner/Whitin-Algorithmus bei der vorliegenden Anwendung in natürlicher Weise erfüllt. Da die erhöhten Überhänge linear bewertet werden (mit dem Faktor 1), ergeben sich auch bezüglich der Konvexität keinerlei Probleme.

Es kann hier darauf verzichtet werden, den Wagner/Whitin-Algorithmus ausführlich und formal darzustellen, dazu vergleiche man die entsprechende Literatur.[19] Das Verfahren bezieht ausgehend von der ersten Periode sukzessive die weiteren Perioden in die Bearbeitung ein. Es handelt sich also um eine Vorwärtsrekursion. Man untersucht für jede der betrachteten Perioden, welche Auswirkungen eine Bestellung in dieser Periode hat. Dabei wird für die Perioden bis hin zu der jetzt aktuellen "Bestellperiode" die für diesen Bereich bereits ermittelte optimale Politik angenommen, in der Bestellperiode werden die Bedarfe aller nachfolgenden Stationen (soweit sie gerade betrachtet werden) zusammengefaßt. Ist es kostenoptimal, die Bestellung in der letzten Periode des Betrachtungszeitraumes vorzunehmen, so können die davor liegenden Perioden bei der weiteren Vorgehensweise weggelassen werden, da sich dann die für diese Perioden optimalen Entscheidungen nicht mehr verändern.

Analog werden im vorliegenden Fall die Stationen sukzessive eingeplant. Es wird also zunächst eine Reihenfolge für die Station 1 bestimmt und dann untersucht, ob es günstiger ist, diese und die zweite Station gemeinsam einzuplanen oder einen Puffer zwischen den Stationen einzurich-

---

[18] vgl. Abschnitt 4.2

[19] z.B. Schneeweiß[1987], S.232ff und Tempelmeier[1988], S.53ff

ten, d.h. für Station 2 eine neue Reihenfolge zu berechnen. Nacheinander werden dann die Folgestationen hinzugenommen. Anfangsstationen können bei der Berechnung weggelassen werden, wenn ein Puffer vor der letzten betrachteten Station optimal war. Im ungünstigsten Fall müssen in jedem Schritt, d.h. bei jeder Hinzunahme einer weiteren Station alle Vorgängerstationen betrachtet werden. Da man dann bei j aktuell einbezogenen Stationen j Möglichkeiten der Pufferplazierung hat, müssen dann auch j Reihenfolge- und Zielwertberechnungen vorgenommen werden. Bei insgesamt m Stationen resultieren daraus im schlechtesten Fall $\frac{m \cdot (m+1)}{2}$ Berechnungen.

Sei also $\text{ub}(j_1, j_2)$ der aufsummierte Überhang der Stationen j_1 bis j_2:

$$\text{ub}(j_1, j_2) = \sum_{j=j_1}^{j_2} \sum_{i=1}^{n} \text{ubhg}_{ij}. \tag{4.3}$$

Es seien weiterhin binäre Entscheidungsvariablen x_k definiert durch:

$$x_k = \begin{cases} 1: & \text{es wird ein Puffer auf Stufe } k \text{ hinter} \\ & \text{Station } j \ (1 \leq j < k) \text{ angelegt,} \\ 0: & \text{sonst,} \end{cases} \tag{4.4}$$

$$k \in \{1, ..., m\}.$$

Damit lassen sich die Rekursionsgleichungen schreiben als:[20]

$$f(0) := 0 \qquad \text{und} \tag{4.5}$$

$$f(k) = \min_{0 \leq j < k} \{f(j) + \text{ub}(j+1, k) + x_k \cdot PK\}. \tag{4.6}$$

Bei Auswertung der k-ten Stufe, d.h. bei Einbezug der k-ten Arbeitsstation, muß für sämtliche vorangegangenen Stationen j untersucht werden, ob hinter diesen ein Puffer hätte eingerichtet werden sollen. Zu der bis j optimalen Politik $f(j)$ müssen also für eine Bewertung die Kosten des Puffers PK und die Überhänge, die bei Zusammenfassung der Stationen $j+1$ bis k entstehen, addiert werden. Die Situation, keinen Puffer anzulegen, wird durch $j = 0$ gekennzeichnet. Der kostenminimale Wert über alle j legt dann die optimale Politik für Stufe k fest.

---

20 Es wird implizit angenommen, daß Überhänge und Pufferkosten durch eine geeignete Umrechnung gleichartige Größen darstellen.

Wird ein Puffer unmittelbar vor Station k eingerichtet, so ist die Politik $f(k-1)$ stabil, d.h. bis zu dieser Stelle werden die bis dahin optimalen Entscheidungen nicht mehr verändert. Das Verfahren kann also bei der Stufe k neu aufsetzen, wodurch der Rechenaufwand reduziert wird.

4.4.1.1.2. Ergebnisse

Aus den bereits erwähnten Komplexitätsgründen wurde das Verfahren nur mit der Einlastungsstrategie Warten und Distanzen ohne Berücksichtigung der alten Reihenfolge getestet. Die Simulation[21] erfolgte für die heterogenen und homogenen Aufträge in jeweils 100 Läufen mit Pufferkosten von 0, 2000 und 4000 Einheiten. Dieser Bereich deckt in etwa die möglichen Ergebnisse von "Lege einen Puffer hinter nahezu jeder Station an" bis "Richte fast keine Puffer ein" ab. Die PK-Einheiten sollen mit den Überhängen vergleichbare Werte darstellen, es wird also entgegen den Ausführungen im vorangegangenen Abschnitt eine Skalierung der Pufferkosten vorgenommen. Diese Vorgehensweise ist jedoch begründbar, da die Pufferkosten ohnehin geschätzt werden, während sich die Überhänge durch Auswertung der Reihenfolge analytisch ergeben. Insofern erscheint es sinnvoller, die Pufferkosten in Zeitwerten auszudrücken, als (genauso willkürliche) Geldgrößen anzugeben und die entstehenden Überhänge nach einem ebenfalls zu schätzenden Umrechnungsfaktor in DM zu bewerten.

Anzahl der	Häufigkeit in Abhgkt. von den Pufferkosten		
Pufferstellen	0	2000	4000
2	–	–	58
3	–	19	41
4	–	71	1
5	–	10	–
6	–	–	–
7	–	–	–
8	–	–	–
9	–	–	–
10	–	–	–
11	1	–	–
12	17	–	–
13	19	–	–
14	63	–	–
Durchschnitt	13,44	3,91	2,43

Tab. 4.2: Anzahl der Pufferstellen, HET

21 Zu den Charakteristika der numerischen Untersuchungen vergleiche man in Kapitel 3 die Abschnitte 3.6.1 und 3.6.2.

Anzahl der Pufferstellen	Häufigkeit in Abhgkt. von den Pufferkosten 0	2000	4000
2	–	–	53
3	–	26	47
4	–	69	–
5	–	5	–
6	–	–	–
7	–	–	–
8	–	–	–
9	–	–	–
10	–	–	–
11	3	–	–
12	8	–	–
13	21	–	–
14	68	–	–
Durchschnitt	13,54	3,79	2,47

Tab. 4.3: Anzahl der Pufferstellen, HOM

Die Tabellen 4.2 und 4.3 geben die Häufigkeit an, mit der eine bestimmte Anzahl von Pufferstellen in Abhängigkeit von den Pufferkosten ermittelt wurde. So wurde in Tab. 4.3 bei Pufferkosten von 0 Einheiten in 68 von 100 Läufen vorgeschlagen, 14 Puffer, d.h. hinter jeder Station ein Puffer anzulegen,[22] dagegen sollen bei Pufferkosten von 4000 Einheiten nur noch 2 oder 3 Puffer (53mal 2 Puffer, 47mal 3 Puffer) eingerichtet werden. Auffällig ist, wenn man die durchschnittliche Anzahl der Puffer betrachtet, die starke Verringerung der benötigten Pufferstellen beim Übergang von 0 Kosteneinheiten auf 2000 Einheiten. Demgegenüber zeigt die Erhöhung der Kosten auf 4000 nur noch eine leichte Verschiebung der Werte, da die Anzahl der einzurichtenden Puffer bereits bei $PK = 2000$ schon recht gering ist. Man erkennt insgesamt, daß die Höhe der Kosten die Anzahl der Puffer deutlich beeinflußt. Die Struktur der Pufferlage (beispielsweise die Spitzen bei den Sollbruchstellen 5 und 10) wird davon jedoch nicht berührt, wie die folgenden Ergebnisse zeigen.

Die Tabellen 4.4 und 4.5 zeigen die Nennung der Stationen als Pufferstellen. Die erste Spalte der Tabelle 4.4 ist derart zu interpretieren, daß bei 100 Läufen mit Pufferkosten 0 94mal vorgeschlagen wurde, hinter Station

[22] Eigentlich wären bei Pufferkosten von 0 Einheiten noch mehr Puffer zu erwarten, daß diese dennoch nicht eingerichtet werden, liegt an dem Optimalitätsverlust durch den Übergang auf ein TSP-Problem. Hierdurch wird nicht in jedem Fall die bestmöglichste Überhangslösung bestimmt. Bei nur geringen Unterschieden in den Überhängen bei einzelnen und zusammengefaßten Stationen können sich daher leichte Verzerrungen ergeben.

1 einen Puffer anzulegen. In den 100 Läufen mit Pufferkosten 2000 sollte dies nur noch dreimal geschehen, und bei Pufferkosten von 4000 Einheiten wurde schließlich in keinem Lauf mehr ein Puffer hinter Station 1 eingerichtet.

Pufferstelle / Pufferkosten	1	2	3	4	5	6	7	8	9	10	11	12	13	14
0	94	97	96	96	97	97	99	97	96	93	95	96	97	94
2000	3	30	43	21	38	29	30	31	28	40	27	31	35	5
4000	0	8	26	19	37	19	14	18	21	32	24	21	4	0

Tab. 4.4: Häufigkeit der Stationen als Pufferstellen, HET

Pufferstelle / Pufferkosten	1	2	3	4	5	6	7	8	9	10	11	12	13	14
0	97	97	97	93	95	98	99	96	96	95	100	95	97	99
2000	6	17	42	33	33	29	23	28	47	20	31	41	23	6
4000	1	4	21	33	30	17	13	20	25	20	35	25	3	0

Tab. 4.5: Häufigkeit der Stationen als Pufferstellen, HOM

In Tabelle 4.4 erkennt man, daß – mit Ausnahme der ohnehin etwas anders gelagerten Situation bei Pufferkosten von 0 Einheiten – die Sollpufferstellen 5 und 10 die maximale oder annähernd maximale Nennung als Pufferstationen haben. Ansonsten fällt auf, daß an den "Rändern" des Stationenbereiches weniger Puffer eingerichtet werden, weil es beispielsweise günstiger ist, zweimal zwei Stationen gemeinsam zu berücksichtigen als einmal eine und einmal drei Stationen. Daher werden insbesondere die erste und die letzte Station nur sehr selten für sich alleine eingeplant. Auch bei Betrachtung der Abb. 4.2, welche die Pufferhäufigkeit bei heterogenen Aufträgen noch einmal graphisch veranschaulicht, sind die Spitzen bei Station 5 und 10 deutlich sichtbar. Der Anstieg bei Station 3 läßt sich damit erklären, daß an den beiden vorhergehenden Station praktisch überhaupt keine Puffer aus Optimalitätsgründen angelegt wurden, so daß bei einem Puffer im Anfangsbereich Station 3 der geeignetste Kandidat ist. Mit anderen Worten, wenn mehr als 2 Puffer einzurichten sind, dann stellt (nach Station 5 und 10) Station 3 die günstigste Stelle dar.

Bei den homogenen Aufträgen sind die Pufferstationen weitgehend gleichmäßig über den Stationenbereich verteilt, nur die Randstationen treten auch hier aus den oben genannten Gründen seltener als Pufferstellen auf. Eine detailliertere Analyse der Einzelläufe ergab, daß bei Einrichtung nur eines Puffers dieser am häufigsten hinter Station 7 oder 8 zu liegen kam, zwei Puffer sollten in der Regel hinter 5 und 10 plaziert werden, bei drei Puffern verzeichneten die Stationskombinationen 4-8-11, 4-8-12 und 4-7-11 die häufigsten Nennungen. Zu einem analogen Ergebnis kommen auch Conway/Maxwell/McClain/Thomas[1988], S.235f, bei ausbalancierten Fertigungslinien mit der gleichen Verteilung der Bearbeitungszeiten an allen Stationen. Auch dort sollen die Pufferplätze gleichmäßig über die Linie zugewiesen werden, allerdings ist die Zielfunktion die Maximierung des Ausstoßes.

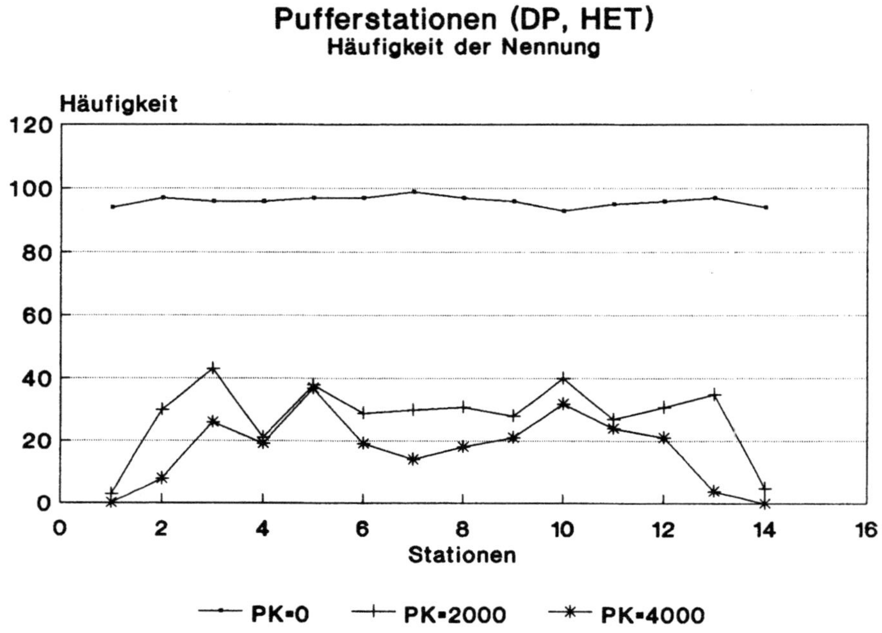

Abb. 4.2 Häufigkeit der Pufferstationen, HET

Weiterhin wurde untersucht, welche Kombinationen von jeweils zwei Pufferstellen besonders oft in den einzelnen Läufen für die heterogenen Aufträge vorkamen. Gewünscht war natürlich das häufige Auftreten des Paares 5-10 als Pufferstationen, aber auch "ähnliche" Kombinationen wie 5-9, 5-11, 4-10 und 6- 10 sind als positiv zu bewerten, d.h. der Algorithmus hat die Sollbruchstellen noch einigermaßen gut erkannt. Die folgende Tabelle gibt daher für die unterschiedlichen Pufferkosten die 10 häufigsten Pufferpaare mit der Zahl ihres Auftretens in den 100 Läufen an. Falls sich darunter eines der oben angegebenen "guten" Paare befand, so wurde dessen Häufigkeit durch Fettdruck hervorgehoben, ansonsten sind diese Kombinationen mit den zugehörigen Werten am Ende der Tabelle vermerkt.

Pufferkosten 0		2000		4000	
2– 7	96	10–13	20	5–10	**12**
4– 7	96	2– 5	19	5– 9	**10**
5– 7	96	5– 8	19	6–10	**9**
6– 7	96	3– 6	17	3– 7	9
7– 8	96	3–10	17	5–11	**8**
7–12	96	7–10	17	3–11	8
7–13	96	3– 9	16	3–12	8
3– 7	95	3–13	16	3–10	7
7– 9	95	5–12	15	4–10	**6**
2– 5	94	3– 7	14	3– 6	6
⋮	⋮	⋮	⋮	⋮	⋮
5– 9	93	4–10	12		
5–11	92	5–10	11		
6–10	92	5– 9	10		
5–10	90	6–10	9		
4–10	89	5–11	6		

Tab. 4.6: Häufigkeit der 2er-Pufferkombinationen

Es fällt auf, daß die Idealkombination 5-10 erst bei Pufferkosten in Höhe von 4000 Einheiten zu den häufigsten Paaren zählt, dann nimmt sie jedoch gleich das Maximum ein, dicht gefolgt von den übrigen positiv zu bewertenden Kombinationen. Bei der zweiten Spalte gilt aber, daß zumindest Stationenpaare, die entweder die 5 oder die 10 enthalten, sehr oft vertreten sind. Die Werte in der ersten Spalte sind wenig aussagekräftig, da bei Pufferkosten von 0 Einheiten sowieso jede Station in fast jedem Lauf als Pufferstelle ausgewiesen wurde. Eine graphische Übersicht bezüglich dieser Häufigkeiten findet sich in Abb. 4.3 weiter unten.

4.4.1.2. Die "DP"-Heuristik

4.4.1.2.2. Darstellung der Heuristik

In Abschnitt 4.4.1.1.1 wurde bereits kurz angesprochen, daß die exakte Lösung des Dynamischen Programmes recht zeitaufwendig sein kann. Dies gilt insbesondere dann, wenn sehr viele Arbeitsstationen vorliegen. Daher wurde nach einer Möglichkeit gesucht, ähnliche Ergebnisse mit Hilfe einer rechentechnisch einfacheren Heuristik zu erzielen.

Hierzu wird der Wagner/Whitin-Algorithmus in der Weise modifiziert, daß sobald im gerade betrachteten Stationenbereich *irgendwo* die Anlage eines Puffers als optimal bewertet wird, also nicht nur bei der aktuell letzten Station, dieser fest eingeplant und anschließend nur noch die Stationen ab dieser Stelle berücksichtigt werden. D.h. wird etwa der Stationenbereich 1-5 bearbeitet und die Anlage eines Puffers nach Station 3 empfohlen, so hätten nach dem Wagner/Whitin-Verfahren auch weiterhin die Stationen ab 1 in den Rechnungen beachtet werden müssen, da sich die Lage des Puffers bei Einbezug von mehr Stationen wieder verändern kann, während bei dieser Heuristik der Bereich 1-3 damit abgeschlossen ist und nur noch die Stationen ab 4 berücksichtigt werden. Demgegenüber hätte der Wagner/Whitin-Algorithmus nur vorzeitig abbrechnen können, wenn im Beispiel ein Puffer vor Station 5 anzulegen wäre, da dann diese Entscheidung auch für die nachfolgenden Stationen 6,7... stabil gewesen wäre.

Im ungünstigsten Fall, wenn überhaupt keine Puffer einzurichten sind, hat diese Heuristik zwar immer noch den gleichen Zeitbedarf wie die exakte Vorgehensweise, allerdings werden im Mittel deutlich weniger Berechnungen benötigt.

Zu jedem Zeitpunkt des Verfahrens wird also **jeder** Puffer als endgültig akzeptiert und der vorangegangene Bereich dann nicht mehr verändert. Dies führt natürlich dazu, daß insgesamt mehr Puffer angelegt werden als beim Wagner/Whitin- Algorithmus, da einmal getroffene Entscheidungen nicht mehr rückgängig gemacht werden können. Man hat es hier mit einer myopischen Vorgehensweise zu tun, da Handlungsweisen festgelegt werden, ohne das Ende des Planungsbereiches zu berücksichtigen. In der Lagerhaltung ist diese Sichtweise insofern begründbar, als die Größen für die Perioden am Ende des Planungshorizontes eher unsicher sind, so daß deren Nichteinbezug sachlich verständlich ist. Bei der Reihenfolgeplanung ist jedoch kaum einsehbar, warum die Daten für Stationen am Ende des Fertigungsbereiches weniger genau sein sollten als für solche am Anfang (es sei denn man hat es mit extrem langen Durchlaufzeiten zu tun, die aber bei den in dieser Arbeit ins Auge gefaßten Anwendungsbereichen nicht üblich sind). Somit erfolgt die Vereinfachung nur aus rechentechnischen Gründen und ist nicht inhaltlich zu erklären. Sind daher in einem konkreten Fall die Rechenzeit und der Speicherbedarf vernachlässigbar, so ist der exakten Vorgehensweise der Vorzug zu geben.

4.4.1.2.2. Ergebnisse

Die Heuristik wurde wie das exakte DP-Modell für beide Auftragsmengen mit Einlastungsstrategie Warten und Distanzen ohne Korrekturfaktor bei unterschiedlichen Pufferkosten in jeweils 100 Läufen getestet. Es werden zunächst wieder die Häufigkeiten angegeben, mit der eine bestimmte Anzahl von Pufferstellen ermittelt wurde.

Anzahl der Pufferstellen	Häufigkeit in Abhgkt. von den Pufferkosten 0	1000	2000	4000	5000	6000	8000	10000
1	–	–	–	–	1	–	15	41
2	–	–	–	11	31	59	79	58
3	–	–	–	58	65	39	6	1
4	–	–	26	29	3	2	–	–
5	–	5	48	2	–	–	–	–
6	–	26	23	–	–	–	–	–
7	–	37	3	–	–	–	–	–
8	–	25	–	–	–	–	–	–
9	–	6	–	–	–	–	–	–
10	–	1	–	–	–	–	–	–
11	1	–	–	–	–	–	–	–
12	17	–	–	–	–	–	–	–
13	19	–	–	–	–	–	–	–
14	63	–	–	–	–	–	–	–
Durchschnitt	13,44	7,04	5,03	3,22	2,7	2,43	1,91	1,6

Tab. 4.7: Anzahl der Pufferstellen, HET

Anzahl der Pufferstellen	Häufigkeit in Abhgkt. von den Pufferkosten 0	2000	4000	6000	8000
1	–	–	–	–	10
2	–	–	2	64	87
3	–	1	68	36	3
4	–	28	29	–	–
5	–	60	1	–	–
6	–	11	–	–	–
7	–	–	–	–	–
8	–	–	–	–	–
9	1	–	–	–	–
10	–	–	–	–	–
11	–	–	–	–	–
12	9	–	–	–	–
13	19	–	–	–	–
14	71	–	–	–	–
Durchschnitt	13,58	4,81	3,29	2,36	1,93

Tab. 4.8: Anzahl der Pufferstellen, HOM

Es werden im Durchschnitt mehr Puffer angelegt als bei der exakten Vorgehensweise, man vergleiche dazu etwa Tab. 4.7 mit Tab. 4.2 bei den Pufferkosten 2000 oder 4000. Dies hängt damit zusammen (wie bereits erläutert wurde), daß bei der Heuristik ein Puffer, der in einem Schritt als optimal erkannt wurde, sofort fest eingeplant wird, während im DP diese Entscheidung noch einmal revidiert werden kann. Die Analyse der Nennung der Pufferstellen in Tab. 4.9 zeigt jedoch, daß die Sollpufferstellen 5 und 10 hervorragend erkannt werden. Sie werden – insbesondere bei höheren Pufferkosten – mit weitem Abstand am häufigsten als Pufferstationen ausgewiesen.

Pufferstelle / Pufferkosten	1	2	3	4	5	6	7	8	9	10	11	12	13	14
0	94	97	96	96	97	97	99	97	96	93	95	96	97	94
1000	35	61	52	45	70	44	52	50	50	55	57	51	52	30
2000	12	50	39	29	48	38	43	37	42	52	41	33	32	7
4000	4	19	39	23	37	28	27	26	22	47	17	24	8	1
5000	2	7	33	27	36	20	26	27	19	41	17	11	3	1
6000	1	3	23	23	47	14	19	19	20	50	16	6	2	0
8000	1	1	17	20	42	15	11	12	20	38	10	4	0	0
10000	0	1	8	15	43	19	10	4	14	34	9	3	0	0

Tab. 4.9: Häufigkeit der Stationen als Pufferstellen, HET

Pufferstelle / Pufferkosten	1	2	3	4	5	6	7	8	9	10	11	12	13	14
0	97	96	95	97	97	99	95	97	97	97	98	98	96	99
2000	14	40	36	47	42	32	44	42	44	29	45	32	27	7
4000	3	13	42	35	27	27	27	35	35	22	33	24	6	0
6000	0	5	23	45	22	14	25	33	26	17	20	5	1	0
8000	0	3	10	40	33	14	10	22	33	14	10	3	1	0

Tab. 4.10: Häufigkeit der Stationen als Pufferstellen, HOM

Man sieht weiterhin, daß auch die Heuristik erkennt, daß es nicht optimal ist, bei den Randstationen Puffer anzulegen. Auffällig ist hierbei jedoch, daß am Stationsbereichende noch weniger Puffer eingeplant werden als am Anfang. Dies ist mit der sukzessiven Vorgehensweise des Verfahrens zu erklären. Die Anfangsstationen werden solange in den aktuell bearbeiteten Bereich einbezogen, bis bei oder nach ihnen ein Puffer angelegt wurde. Damit steigt natürlich auch ihre Wahrscheinlichkeit, selbst einmal als Pufferstation ausgewiesen zu werden. Werden beispielsweise die Stationen 1-4 betrachtet und wird dabei ein Puffer hinter 3 empfohlen, so wird dieser auch angelegt, während es vielleicht bei Berücksichtigung des Bereichs 1-3 noch optimal war, keinen Puffer einzurichten. Werden dagegen die Stationen 13-15 bearbeitet, dann kann es vorkommen, daß in diesem Bereich kein Puffer eingeplant wird und dann haben diese Stationen auch keine Chancen mehr, Pufferstellen zu werden, da ja der Bereich 13-16 nicht mehr existiert. Die exakte Methode erkennt eine solche Verzerrung als suboptimal, daher war dieser Effekt dort nicht zu beobachten.

Tab. 4.11 unterstreicht noch einmal die oben getroffene Aussage, daß die Wunschkombination 5-10 bei den Pufferstellen recht gut erkannt wird. Mit Ausnahme der Pufferkosten von 0 Einheiten befindet sich dieses Paar immer bei den am häufigsten genannten Kombinationen, ab Pufferkosten in Höhe von 6000 Einheiten ist es sogar mit Abstand das Maximum.

Pufferkosten							
0	1000	2000	4000	5000	6000	8000	10000
2- 7 96	2- 5 41	2- 5 31	3-10 20	3-10 18	5-10 **20**	5-10 **16**	5-10 **13**
4- 7 96	5-12 40	2-10 27	6-10 **18**	5-10 **12**	5- 9 **15**	5- 9 **9**	4-10 **8**
5- 7 96	5- 7 39	2- 9 24	3- 6 14	3- 6 12	4-10 **13**	4-10 **8**	5- 9 **8**
6- 7 96	5-11 **38**	5- 9 **23**	7-10 14	7-10 11	3-10 11	6-10 **8**	6-10 **7**
7- 8 96	5- 9 **37**	6-10 **23**	5-10 **13**	5- 9 **10**	3- 7 10	5-11 **6**	5-11 **5**
7-12 96	2-11 37	5-10 **22**	5- 8 12	6-10 **10**	7-10 10	3-10 6	3-10 3
7-13 96	5-10 **36**	7-10 22	5-12 12	4- 7 10	6-10 **9**	4- 9 6	4- 9 3
3- 7 95	3- 5 36	2- 7 21	5- 9 **11**	5- 8 10	5- 8 9	4- 8 5	5-12 3
7- 9 95	5-13 34	2-12 21	3- 7 11	4-10 **9**	5-11 **7**	3- 7 4	4-11 2
2- 5 94	7-10 34	5- 7 21	3- 9 10	4- 8 9	3- 6 6	3- 9 4	2- 9 1
⋮ ⋮	⋮ ⋮	⋮ ⋮	⋮ ⋮	⋮ ⋮	⋮ ⋮	⋮ ⋮	⋮ ⋮
5- 9 93	4-10 26	4-10 19	4-10 9	5-11 4			
5-11 92	6-10 23	5-11 16	5-11 2				
6-10 92							
5-10 90							
4-10 89							

Tab. 4.11: Häufigkeit der 2er-Pufferkombinationen, HET

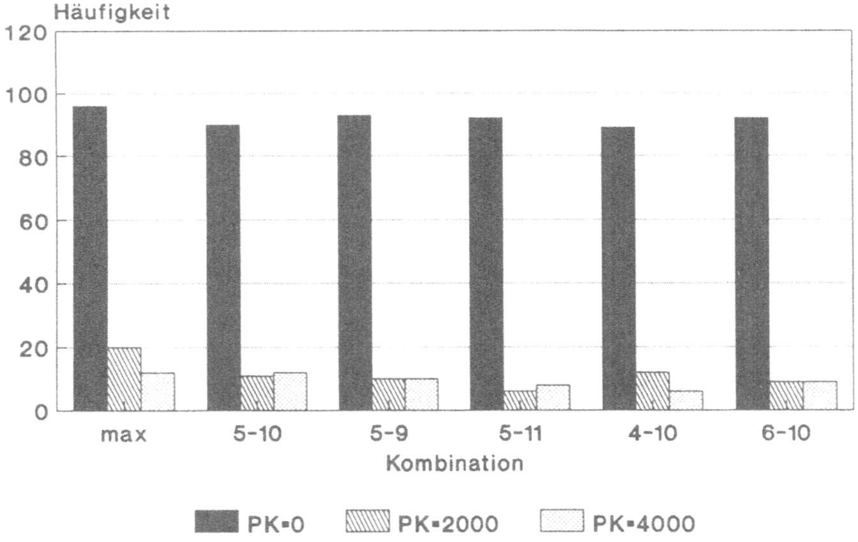

Abb. 4.3: 2er-Kombinationen bei Pufferstellen, exaktes DP

Zum Abschluß folgen noch zwei Grafiken, bei denen die Häufigkeit, mit der die "guten" Kombinationen 5-10, 4-10, 6-10, 5-9 und 5-11 sowie die maximal angetroffene Kombination vorkommen, für die exakte Vorgehensweise und die daraus abgeleitete Heuristik dargestellt sind. Sie zeigen, daß außer bei Pufferkosten = 0 diese Pufferpaare bei der Heuristik häufiger gefunden werden als bei der exakten Vorgehensweise, was aber daraus resultiert, daß bei der Heuristik insgesamt mehr Puffer eingeplant werden. Ein Vergleich mit der jeweiligen Maximalkombination läßt jedenfalls erkennen, daß die positiv zu beurteilenden Paare von dieser bei Verwendung des Wagner/Whitin-Algorithmus weniger weit entfernt liegen als bei der Heuristik.

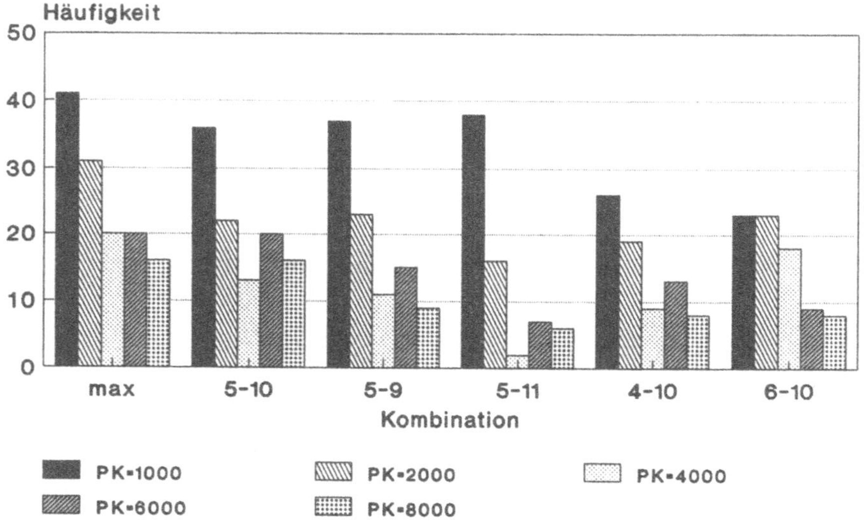

Abb. 4.4: 2er-Kombinationen bei Pufferstellen, DP-Heuristik

4.4.1.3. Das α-Modell

4.4.1.3.1. Darstellung des Modells

Diese und die folgende Heuristik bestimmen die Pufferlage weniger aufgrund von Optimalitätsüberlegungen, sondern mehr im Hinblick auf kritische Grenzen, bis zu denen Zielwertverschlechterungen wegen des Verzichts auf Puffer hingenommen werden können. Es braucht hier keine explizite Annahme über die Pufferkosten getroffen zu werden, sondern der Entscheider muß nur eine Vorstellung davon haben, bis zu welcher Höhe Einbußen bei den Zielwerten akzeptabel sind. Dahinter steht natürlich zumindest eine ungefähre Einschätzung der Pufferkosten. Allerdings können diese jetzt in Abhängigkeit von den Zielwertveränderungen angegeben werden. (z.B.: Eine Verdopplung der Überhänge bei Verzicht auf einen Puffer kann noch akzeptiert werden, eine Verdreifachung nicht mehr.) Da die eigentlichen Kosten ohnehin erst auf einer höheren Entscheidungsebene auftreten, ist es durchaus akzeptabel, eine Bewertung der Puffer anhand der Überhänge vorzunehmen. Auch bei der ausdrücklichen Berücksichtigung von Pufferkosten im DP-Ansatz hatten diese eher Lenkkostencharakter.

Die zweite Heuristik beachtet stärker den Zusammenhang zwischen der Reihenfolgegüte und den Bearbeitungszeiten und stellt damit schon den Übergang zu den bearbeitungszeitorientierten Verfahren dar.

Es wurde bereits erwähnt, daß optimale Zielwerte genau dann zu erwarten sind, wenn nach jeder Station ein Puffer angelegt ist, für jede Station also eine eigene auf ihre Bedürfnisse optimal zugeschnittene Reihenfolge gewählt wird. Das folgende Verfahren entfernt nun Puffer sukzessive dort, wo die geringsten Zieleinbußen zu erwarten sind. Die Vorgehensweise besitzt eine starke Ähnlichkeit mit dem Savings-Algorithmus, der erstmals von Clarke/Wright[1964] für Tourenplanungsprobleme vorgestellt wurde. Dort werden ausgehend von einem zentralen Depot Rundreisen zu Kunden geplant. Im Laufe des Savings-Algorithmus faßt man solange kleinere Touren zu gemeinsamen Rundreisen zusammen, bis eine zusätzliche Fahrt zum Depot günstiger ist. Bei Axsäter[1980] findet man eine Übertragung auf die Lagerhaltung, indem Lagerkosten mit Fahrtkosten zwischen Kunden und Rüstkosten mit Fahrten zum Depot gleichgesetzt werden.[23] Im vorliegenden Fall entspricht ein Puffer einer Bestellung, also einer Fahrt zum Depot, während die erhöhten Überhänge wiederum die Lagerkosten repräsentieren.

Es muß jeweils verglichen werden, ob zwei Einzeltouren ($\cong$ der getrennten Einplanung zweier Stationsbereiche unter Ausnutzung eines Puffers) günstiger ist als eine Zusammenlegung ($\cong$ keinem Puffer zwischen den Stationen). Bezüglich des Überhangkriteriums ist es stets besser, zwei verschiedene Reihenfolgen für die Stationen j_1 bis j_2 und $j_2 + 1$ bis j_3 ($j_1 \leq j_2 \leq j_3$) bilden zu können, also die Stationen gezielt auszulasten, ohne Kompromisse schließen zu müssen. Eine Zusammenlegung, d.h. Verzicht auf den Puffer, bedeutet stets eine Verschlechterung in den Überhangswerten. Es wird also ein Grenzwert $\alpha > 1$ eingeführt, der angibt, bis zu welchem Faktor eine solcher Optimalitätsverlust tolerabel ist.

---

[23] Man vgl. hierzu auch die Grafiken 101 und 102 in Tempelmeier[1988], S.162f.

Damit enthält α eine implizite Einschätzung der Pufferkosten.[24]

Zu überprüfen ist also:

$$\text{ub}(j_1, j_3) \leq \alpha \cdot (\text{ub}(j_1, j_2) + \text{ub}(j_2 + 1, j_3)). \tag{4.7}$$

Falls die Restriktion erfüllt ist, kann auf den Puffer zwischen j_2 und $j_2 + 1$ verzichtet werden.

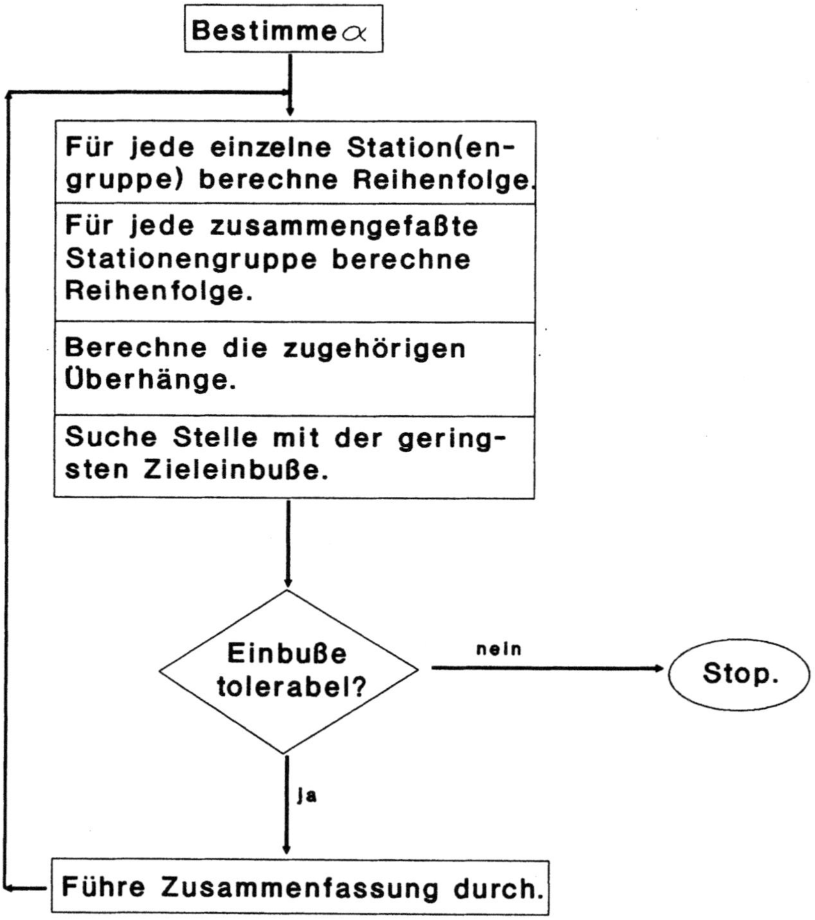

Abb. 4.5: α-Algorithmus

[24] Bei Verwendung des Savings-Algorithmus in der Lagerhaltung wird nicht mit einem solchen α gearbeitet, sondern man hat Bestellkosten, die mit den eingesparten Lagerkosten verglichen werden.

Zu Beginn des Algorithmus wird also ein Puffer hinter jeder Station angenommen. Im weiteren Verlauf berechnet man dann die Überhangsverschlechterungen, die sich durch eine gemeinsame Einplanung der Stationen ergeben. Ist an der Stelle mit der geringsten Zieleinbuße die Ungleichung (4.7) erfüllt, wird der entsprechende Puffer entfernt und man versucht, weitere Zusammenfassungen vorzunehmen, ansonsten stoppt das Verfahren. Graphik 4.5 stellt die Vorgehensweise als Flußdiagramm dar.

Der Algorithmus soll an einem Beispiel mit 4 Stationen und $\alpha = 1,5$ verdeutlicht werden. Die folgende Tabelle gibt die (für das Beispiel willkürlich gewählten) Überhänge an, wenn jede Station einzeln eingeplant wird und wenn jeweils zwei Stationen eine gemeinsame Reihenfolge erhalten.

eingeplante Stationen	Überhang	mögliche Zusammenfassungen	Überhang
1	4	1-2	8
2	3	2-3	8
3	2	3-4	7
4	3		

Tab. 4.12: Beispiel zum α-Algorithmus, 1. Teil

Berechnet man nun die Zielwerteinbußen, so ergibt sich bei Stationengruppe 1-2 ein Wert von $8 - (4 + 3) = 1$. Dieser ist geringer als bei den anderen möglichen Zusammenfassungen, wo sich die Werte $8 - (3 + 2) = 3$ und $7 - (2 + 3) = 2$ einstellen. Da weiterhin gilt, daß $8 < \alpha \cdot (4 + 3) = 10,5$ ist, kann auf den Puffer zwischen Station 1 und 2 verzichtet werden. Man erhält die neue Tabelle:

eingeplante Stationen	Überhang	mögliche Zusammenfassungen	Überhang
1-2	8	1-3	13
3	2	3-4	7
4	3		

Tab. 4.13: Beispiel zum α-Algorithmus, 2. Teil

Die geringste Zieleinbuße findet man jetzt bei den Stationen 3-4: $7 - (3 + 2) = 2$ gegenüber $13 - (8 + 2) = 3$. Da $7 < \alpha \cdot (3 + 2) = 7,5$ wird die Zusammenfassung vorgenommen. Anschließend könnten nur noch die Stationengruppen 1-2 und 3-4 gemeinsam eingeplant werden. Allerdings ergibt sich für die Zielwerte, daß $23 \not< \alpha \cdot (8 + 7) = 22,5$ ist, also sollte hier der Puffer bestehen bleiben.

eingeplante Stationen	Überhang	mögliche Zusammenfassungen	Überhang
1-2	8	1-4	23
3-4	7		

Tab. 4.14: Beispiel zum α-Algorithmus, 3. Teil

Selbstverständlich stellt die beschriebene Verfahrensweise nur eine Heuristik dar. Es kann keine Garantie dafür gegeben werden, daß der optimale Zielwert tatsächlich erziehlt wird, da einmal getätigte Stationenzusammenfassungen nicht mehr rückgängig gemacht werden können. Auch ist der Rechenaufwand für die Initialisierung relativ hoch, da im ersten Durchlauf immerhin $m + (m - 1)$ Reihenfolgen zu optimieren sind, was in Abhängigkeit von dem gewählten Verfahren sehr zeitintensiv sein kann. Für die weiteren Schleifendurchläufe werden noch maximal $2 \cdot (m - 3) + 1$ Reihenfolgeberechnungen benötigt.

Besonderes Augenmerk ist auf die Wahl des Parameters α zu legen. Wird dieser sehr groß gewählt, so werden nahezu alle Zusammenlegungen von Stationen akzeptiert, d.h. keine Puffer eingerichtet. Dagegen werden für α-Werte nahe bei 1 viele Puffer angelegt, da die Ungleichung (4.7) dann nur schwer zu erfüllen ist. Es ist unsinnig, $\alpha < 1$ zu wählen, da dann (4.7) nie erfüllt werden kann.

Hinter der Anwendung dieser Heuristik steht die Überlegung, daß Puffer grundsätzlich Unruhe im Fertigungsablauf und Aufwand verursachen, der sich z.B. auch in erhöhtem Organisationsbedarf für die Bildung der neuen Reihenfolge niederschlägt, und daß es daher günstig ist, Puffer wenn möglich zu vermeiden. Daher versucht das Verfahren, Puffer überall dort zu entfernen, wo die Zieleinbußen nicht zu gravierend sind, bis die "Schmerzgrenze" (ausgedrückt durch α) erreicht ist, bei der die Reihenfolgeplanung zu viele Kompromisse eingehen müßte, um für alle Stationen eine akzeptable gemeinsame Auftragssequenz zu finden. α kommt damit die Funktion eines Kontrollparameters zu, der anschlägt, sobald die kritische Grenze erreicht ist.

4.4.1.3.2. Ergebnisse

Der Algorithmus wurde mit den Alphawerten 2, 4 und 6 bei den heterogenen Aufträgen sowie 2 und 4 bei der homogenen Auftragsmenge in jeweils 100 Läufen getestet. Bei kleinerem α konnten keine Stationszusammenfassungen vorgenommen werden, während bei größerem α vorgeschlagen wurde, alle Stationen gemeinsam einzuplanen, daß heißt überhaupt keine Puffer einzurichten. Die folgenden Tabellen geben die Anzahl der berechneten Pufferstellen in Abhängigkeit von dem jeweiligen α wieder. Dabei wird angezeigt, wie häufig bei 100 Läufen die jeweilige Anzahl ermittelt wurde. Beispielsweise wurde nach Tab. 4.15 für $\alpha = 2$ zweimal berechnet, daß 0 Puffer angelegt werden sollen.

Es wurde hier stets die Einlastungsstrategie "Warten" und "Distanzen ohne Korrekturfaktor" angenommen, die anderen Möglichkeiten hätten erstens einen kaum bewältigbaren Speicher- und Zeitaufwand benötigt (es muß dabei die Reihenfolge an der Vorgängerstation bei der aktuellen Einplanung bekannt sein, d.h. alle einmal gebildeten Sequenzen sind zu speichern oder laufend neu zu berechnen), zweitens lieferten sie, wie einige Voruntersuchungen mit kleineren Auftrags- und Stationenkonfigurationen zeigten, kaum abweichende Ergebnisse.

Anzahl der	Häufigkeit in Abhängigkeit von α		
Pufferstellen	$\alpha = 2$	$\alpha = 4$	$\alpha = 6$
0	2	30	45
1	1	3	1
2	2	8	12
3	2	7	8
4	7	7	7
5	5	8	6
6	11	7	5
7	7	6	1
8	11	4	1
9	9	4	4
10	10	3	1
11	10	5	5
12	13	5	2
13	5	2	1
14	5	1	1
Durchschnitt	8,49	4,45	3,04

Tab. 4.15: Anzahl der Pufferstellen, HET

Anhand dieser Tabellen läßt sich kaum eine signifikante Angabe darüber machen, wieviele Pufferstellen tendenziell eingerichtet werden sollten, dafür schwanken die Werte zu stark. Man erkennt nur, daß mit größerem α die durchschnittliche Zahl der Puffer sinkt. So wird bei $\alpha = 4$ und $\alpha = 6$ für die heterogenen Aufträge beispielsweise schon in 30 bzw. in 45 Läufen berechnet, daß überhaupt keine Puffer angelegt werden sollen. Allerdings gab es auch in beiden Fällen jeweils einen Lauf, in dem vorgeschlagen wurde, hinter jeder Station einen Puffer einzurichten.

Anzahl der Pufferstellen	Häufigkeit in Abhgkt. von α $\alpha = 2$	$\alpha = 4$
0	18	30
1	1	7
2	8	7
3	3	4
4	6	4
5	4	8
6	1	5
7	4	3
8	5	7
9	8	8
10	3	2
11	5	2
12	12	4
13	16	8
14	6	1
Durchschnitt	7,37	4,76

Tab. 4.16: Anzahl der Pufferstellen, HOM

Interessanter ist die Frage, welche Stationen mit welcher Häufigkeit als Pufferstationen (d.h. hinter ihnen wird ein Puffer angelegt) genannt wurden. Diese Werte sind in den beiden folgenden Tabellen dargestellt:

α \ Pufferstelle	1	2	3	4	5	6	7	8	9	10	11	12	13	14
2	55	61	62	61	66	63	52	65	62	68	63	56	67	48
4	24	30	35	29	39	39	24	35	32	42	32	29	37	18
6	14	20	26	16	28	28	17	23	22	30	23	20	26	11

Tab. 4.17: Häufigkeit der Stationen als Pufferstellen, HET

α \ Pufferstelle	1	2	3	4	5	6	7	8	9	10	11	12	13	14
2	51	47	57	54	54	50	53	48	58	58	58	47	56	46
4	31	30	38	35	37	29	36	33	40	38	39	31	40	19

Tab. 4.18: Häufigkeit der Stationen als Pufferstellen, HOM

Man sieht, daß bei den heterogenen Aufträgen die "Soll-Pufferstelle" Station 10 gut erkannt wurde, denn hier wird für alle α-Werte die höchste Häufigkeit als Pufferstelle ausgewiesen. So wurde bei $\alpha = 2$ in 68 Läufen, d.h. in 68% aller Fälle, dieser Puffer angelegt. Auch die Pufferstelle 5 wurde recht häufig errechnet. Bei den homogenen Aufträgen sind die Pufferstellen wieder im wesentlichen gleichverteilt.

Die Auswertung der häufigsten 2er-Kombinationen bei HET lieferte die in Tabelle 4.19 dargestellten Ergebnisse. Aus der ersten Spalte der Tabelle liest man beispielsweise, daß die "Wunschkombination" 5-10 in 48 Läufen gefunden wurde, nur knapp hinter den maximal vorkommenden Paaren 3-10 und 8-13 mit jeweils 50fachem Auftreten. Insgesamt befindet sich 5-10 bei jedem α-Wert unter den "Top Ten"- Kombinationen. Von den übrigen positiv zu beurteilenden Paaren gehört nur 6-10 dieser Gruppe an.

$\alpha = 2$		$\alpha = 4$		$\alpha = 6$	
3–10	50	3–10	26	3–10	19
8–13	50	6–13	26	6–13	18
2– 9	49	5–10	**25**	3– 8	17
8–10	49	6– 8	25	5– 8	17
5–10	**48**	10–13	25	6–11	17
11–13	48	3– 6	25	5–10	**16**
10–13	48	3– 8	25	6–10	**16**
3– 8	48	6–10	**24**	3– 6	16
6– 8	48	3–13	24	5–13	16
6–13	48	5– 8	24	3–13	16
⋮	⋮	⋮	⋮	⋮	⋮
5– 9	47	5– 9	23	5– 9	15
6–10	46	5–11	18	5–11	14
5–11	44	4–10	18	4–10	9
4–10	44				

Tab. 4.19: Häufigkeit der 2er-Pufferkombinationen

Insgesamt ist festzuhalten, daß der α-Algorithmus vor allem in Anbetracht des hohen Zeitaufwandes nicht hundertprozentig zufriedenstellende Ergebnisse liefert. Zu bemängeln sind zum einen die starke Streuung der Pufferanzahl in den einzelnen Läufen und zum anderen, daß insbesondere die Pufferstelle 5 nicht deutlich ausgewiesen wird.

4.4.1.4. Das β-Modell

4.4.1.4.1. Darstellung des Modells

Wie bereits erwähnt, ist es Ziel der Überhangsminimierung, einen Ausgleich in den Bearbeitungszeiten zu schaffen, d.h. nach Bearbeitung von k Aufträgen an einer Station sollte das k-fache der Taktzeit nicht überschritten worden sein. Die im folgenden beschriebene Heuristik achtet darauf, daß eine solche Balance eingehalten wird. Hierzu wird eine Grenze β festgelegt, die angibt, nach wie vielen Aufträgen der Ausgleich spätestens erfolgt sein muß. Wird diese Schwelle überschritten, so sollte an der entsprechenden Stelle ein Puffer eingerichtet werden.

Es hat sich weiterhin als hilfreich erwiesen, neben β einen zweiten Toleranzparameter tp einzuführen, der ein geringfügiges Überschreiten des Ausgleichs erlaubt, da sonst zu hohe Schranken β vorgegeben werden müßten.

Es muß also für je k aufeinanderfolgende Aufträge $i+1$, ..., $i+k$ an Station j gelten:

$$c_{i+k,j} - s_{i+1,j} \leq k \cdot \underline{t} + tp, \tag{4.8}$$

wobei $k \leq \beta$ und $c_{i+k,j}$ das Bearbeitungsende des k-ten sowie $s_{i+1,j}$ der Bearbeitungsbeginn des ersten Auftrags ist.

$\beta = 3$ und $tp = 2$ beispielsweise bedeutet also, daß für je drei aufeinanderfolgende Aufträge in der Reihenfolge gelten muß, daß ihre Bearbeitung an einer Station (inklusive Wartezeiten) nicht mehr als das dreifache der Taktzeit plus 2 Einheiten in Anspruch nehmen darf. Anders ausgedrückt sucht man für eine Stationengruppe den kleinstmöglichen ganzzahligen Wert k, für den gilt, daß an allen betrachteten Stationen jeweils k Aufträge der Reihenfolge in $k \cdot \underline{t} + tp$ Zeiteinheiten gefertigt werden. Ist $k \leq \beta$, so kann die gemeinsame Einplanung der Stationen akzeptiert werden, ansonsten muß ein Puffer eingerichtet werden.

Es wird ausgehend von der ersten Station sukzessive versucht, weitere Stationen in eine gemeinsame Reihenfolgeplanung einzubeziehen. Nach Hinzunahme einer neuen Station muß der Wert k bestimmt werden, für den der Ausgleich der Bearbeitungszeiten noch gewährleistet werden kann. Falls $k \leq \beta$ ist, wird die nächste Station dazugenommen, ansonsten wird vor der aktuell letzten Station ein Puffer eingerichtet und das Verfahren beginnt an dieser Stelle von neuem. Das folgende Beispiel soll die Vorgehensweise verdeutlichen:

bis Station / von Station	1	2	3	4
1	2	4	6	11
2	–	1	3	7
3	–	–	1	5
4	–	–	–	2

Tab. 4.20: k-Werte (Beispiel zum β-Algorithmus)

Die Tabelle gibt an, nach wie vielen Aufträgen spätestens jeweils ein Ausgleich der Bearbeitungszeiten erfolgt ist. Wird also nur eine Reihenfolge für die Station 1 bestimmt (von 1 bis 1), so benötigen je zwei aufeinanderfolgende Aufträge nicht mehr als $2 \cdot \underline{t} + tp$ Zeiteinheiten. k hat also den Wert 2. Analog besagt der Wert in der 2. Spalte der 1. Zeile, daß bei gemeinsamer Einplanung der Stationen 1 und 2 dieser Ausgleich nur innerhalb von 4 Aufträgen hergestellt werden kann ($k = 4$). Nimmt man nun $\beta = 4$ an, so bedeutet dies, daß für die Stationen 1 bis 2 eine gemeinsame Reihenfolge akzeptabel ist. Hinzunahme von Station 3 läßt k jedoch auf $6 \not\leq \beta$ steigen, so daß zwischen 2 und 3 ein Puffer eingerichtet wird. Nun wird die Auftragsreihenfolge für Station 3 und 4 bestimmt. Es ergibt sich hierbei ein k-Wert von 5, der über der Schwelle β liegt, so daß auch hinter Station 3 ein Puffer benötigt wird.

Abbildung 4.6 veranschaulicht die Vorgehensweise graphisch:

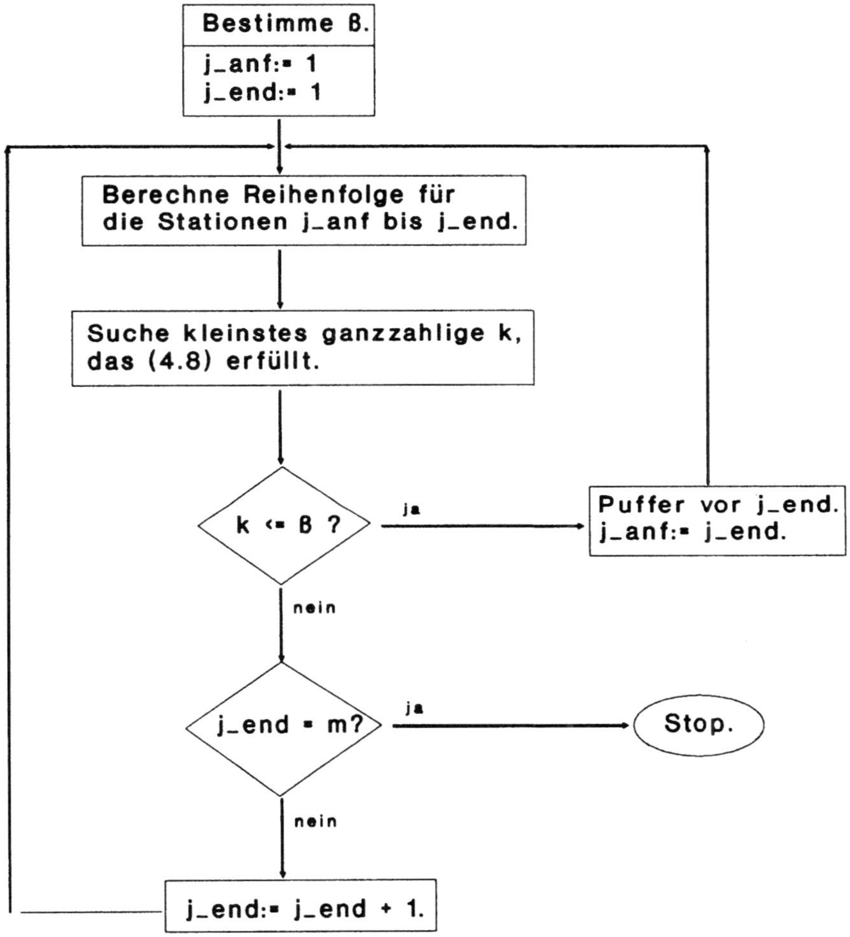

Abb. 4.6: β-Algorithmus

Der Algorithmus entspricht dem Kostenabgleichverfahren der Lagerhaltung,[25] indem β mit den Rüstkosten und k mit den Lagerkosten gleichgesetzt wird. Sobald die Lagerkosten (k) bei Einbezug weiterer Perioden (Stationen) die Rüstkosten (β) übersteigen, muß neu aufgelegt (ein Puffer eingerichtet) werden. Damit steckt in β (ähnlich wie in α) eine implizite Annahme über die Pufferkosten. Weiterhin hat auch β die Funktion eines Kontrollparameters, der das Überschreiten eines kritischen Wertes (bei dem eine gleichmäßige Auslastung nicht mehr gewährleistet ist) anzeigt.

Natürlich ist auch diese Vorgehensweise nur eine Heuristik, da die Stationen sukzessive betrachtet werden. Sobald eine Stationengruppe mit einem Puffer abgeschlossen wurde, kann sie in die folgenden Berechnungen nicht mehr eingehen. Hierdurch können Suboptima realisiert werden. Allerdings ist die Heuristik rechentechnisch einfach zu handhaben und zumindest hinreichend genau.

Man sieht leicht, daß die Anzahl der realisierten Puffer von der Schranke β abhängig ist. Wird diese Toleranzschwelle klein gewählt, dann muß man auch mit vielen Pufferstellen rechnen. Wie beim α-Modell ist also auch hier die Wahl der Parameter sorgfältig zu überlegen, da diese entscheidenden Einfluß auf das Ergebnis haben.

4.4.1.4.2. Ergebnisse

Für mehrere Kombinationen der Parameter β und tp erfolgte ein Test aller vier möglichen Einlastungsstrategien für die heterogenen Aufträge. Nur bei $\beta = 5$ und $tp = 2$ wird auf die Strategie "Nichtwarten" verzichtet. Die homogenen Aufträge wurden nur für eine Parameterkonfiguration ausführlich behandelt, da es hier keine signifikanten Ergebnisunterschiede gab. Es wurden stets 100 Läufe durchgeführt.

Die Einlastungsstrategien[26] sind in den einzelnen Tabellen folgendermaßen abgekürzt:

ON: Distanzen ohne Korrekturfaktor, Nicht-Warten,
MN: Distanzen mit Korrekturfaktor, Nicht-Warten,
OW: Distanzen ohne Korrekturfaktor, Warten,
MW: Distanzen mit Korrekturfaktor, Warten.

---

[25] vgl. Schneeweiß[1981], S.60

[26] vgl. Abschnitt 4.3

Zunächst sollen nun für die unterschiedlichen Parameterkombinationen wieder die Anzahl der berechneten Pufferstellen, bzw. die Häufigkeit, mit der diese Werte auftreten, angegeben werden.

Anzahl der Pufferstellen	Häufigkeit in der jeweiligen Kombination ON	MN	OW	MW
1	–	–	30	7
2	–	–	69	57
3	–	–	1	28
4	–	–	–	8
5	9	9	–	–
6	3	3	–	–
7	16	16	–	–
8	31	31	–	–
9	25	25	–	–
10	15	15	–	–
11	1	1	–	–
Durchschnitt	8,09	8,09	1,71	2,37

Tab. 4.21: Anzahl der Pufferstellen, HET, $\beta = 3$, $tp = 4$

Anzahl der Pufferstellen	Häufigkeit in der jeweiligen Kombination ON	MN	OW	MW
1	–	–	–	–
2	–	–	1	–
3	–	–	12	–
4	–	–	32	–
5	–	–	38	3
6	–	–	10	4
7	1	1	3	11
8	–	–	4	18
9	3	3	–	13
10	11	11	–	17
11	21	21	–	18
12	34	34	–	9
13	18	18	–	6
14	12	12	–	1
Durchschnitt	11,85	11,85	4,69	9,45

Tab. 4.22: Anzahl der Pufferstellen, HET, $\beta = 4$, $tp = 2$

Man erkennt nun im Gegensatz zum α-Algorithmus deutlich, daß bei der Anzahl der benötigten Puffer sich Schwerpunkte herauskristallisieren. So werden beispielsweise bei $\beta = 3$ und $tp = 4$ und der Strategie Nichtwarten etwa 8-9 Puffer benötigt. Bei der Einlastung mit Warten werden deutlich weniger Puffer eingerichtet, da in diesem Fall der Ausgleich leichter zu erreichen ist. Eine "vernünftige" Anzahl von Pufferstellen (etwa 2-4) erhält man nur, wenn man den Toleranzparameter tp relativ groß wählt, z.B. $tp = 4$. Bei $tp = 2$ werden noch zu viele Puffer angelegt. Dagegen unterscheiden sich die Ergebnisse bei unterschiedlichen β-Werten nicht so signifikant (man vergleiche etwa Tab. 4.21 mit 4.23 oder Tab. 4.22 mit 4.24). Weiterhin ist auffällig, daß bei der Strategie Nichtwarten kein Unterschied mehr zwischen den Distanzen mit und ohne Korrekturfaktor besteht, da hier diese ungünstige Vorgehensweise (vgl. auch die nachfolgenden Tabellen) so starke Verzerrungen bewirkt, daß die geringeren Unterschiede bezüglich der Distanzen davon überlagert werden.

Anzahl der Pufferstellen	Häufigkeit in der jeweiligen Kombination ON	MN	OW	MW
1	–	–	38	10
2	–	–	61	65
3	–	–	1	20
4	3	3	–	5
5	7	7	–	–
6	7	7	–	–
7	22	22	–	–
8	25	25	–	–
9	24	24	–	–
10	11	11	–	–
11	1	1	–	–
Durchschnitt	7,80	7,80	1,63	2,20

Tab. 4.23: Anzahl der Pufferstellen, HET, $\beta = 4$, $tp = 4$

Anzahl der Pufferstellen	Häufigkeit in der jeweiligen Kombination OW	MW
1	–	–
2	1	–
3	13	–
4	31	–
5	38	2
6	10	5
7	3	12
8	4	19
9	–	14
10	–	17
11	–	16
12	–	9
13	–	5
14	–	1
Durchschnitt	4,68	9,35

Tab. 4.24: Anzahl der Pufferstellen, HET, $\beta = 5$, $tp = 2$

Anschließend seien nun auch hier die Häufigkeiten dargestellt, mit der einzelne Stationen als Pufferstellen auftreten. Es fällt dabei auf, daß die ersten Stationen insbesondere bei Nichtwarten nur selten als Pufferstellen genannt werden, während die letzten (etwa ab Station 10) fast in jedem Lauf als Pufferstation ausgewiesen wurden. Dies ist nach Konstruktion des Algorithmus auch nicht weiter verwunderlich. Es ist davon auszugehen, daß die an Station 1 aufgelegte Reihenfolge auch an den weiteren Stationen einigermaßen paßt, da sich bis einschließlich Station 5 das Bearbeitungszeitverhalten nicht wesentlich ändert. Daher kann der Ausgleich in den meisten Fällen dort gut eingehalten werden. Nach Station 5 ändern sich die Fertigungszeiten dann so stark, daß dort ein Puffer angebracht erscheint. Aufgrund der Strategie Nichtwarten führen Umstellungen in der Reihenfolge jedoch zu Leerzeiten an den Stationen, es muß länger auf einzelne Aufträge gewartet werden und somit wird der Ausgleich nach Bearbeitungszeiten äußerst schwierig. Insgesamt ist somit dieses Verfahren bei Einlastungsmodus Nichtwarten ungeeignet. Demgegenüber zeigt die Verwendung der Distanzen mit oder ohne Korrekturfaktor keine wesentlichen Unterschiede. Bei ersterem werden (bei Warten) mehr Puffer eingerichtet, da durch die Berücksichtigung der alten Reihenfolge die aktuelle Station weniger stark gewichtet wird und damit auch nachfolgende Stationen, falls deren Bearbeitungszeiten denen der gerade betrachteten Station gleichen, nicht optimal ausgelastet werden.

Komb.	1	2	3	4	5	6	7	8	9	10	11	12	13	14
ON	0	0	0	1	16	41	72	88	91	100	100	100	100	100
MN	0	0	0	1	16	41	72	88	91	100	100	100	100	100
OW	0	0	0	1	15	26	31	16	3	12	18	22	9	18
MW	0	0	0	1	16	25	35	22	9	45	28	17	19	20

Tab. 4.25: Häufigkeit der Stationen als Pufferstellen, HET, $\beta = 3$, $tp = 4$

Komb.	1	2	3	4	5	6	7	8	9	10	11	12	13	14
ON	12	30	64	85	96	99	99	100	100	100	100	100	100	100
MN	12	30	64	85	96	99	99	100	100	100	100	100	100	100
OW	12	19	45	28	57	31	29	27	34	68	28	21	38	32
MW	12	27	56	67	89	78	79	71	69	98	73	77	79	70

Tab. 4.26: Häufigkeit der Stationen als Pufferstellen, HET, $\beta = 4$, $tp = 2$

Komb.	1	2	3	4	5	6	7	8	9	10	11	12	13	14
ON	0	0	0	1	12	36	61	83	90	97	100	100	100	100
MN	0	0	0	1	12	36	61	83	90	97	100	100	100	100
OW	0	0	0	1	11	25	25	22	7	8	16	21	12	15
MW	0	0	0	1	12	24	28	26	11	35	31	22	12	18

Tab. 4.27: Häufigkeit der Stationen als Pufferstellen, HET, $\beta = 4$, $tp = 4$

Komb.	1	2	3	4	5	6	7	8	9	10	11	12	13	14
OW	12	19	45	28	57	31	29	27	34	68	27	22	38	31
MW	12	27	55	67	89	77	78	71	68	97	71	76	78	69

Tab. 4.28: Häufigkeit der Stationen als Pufferstellen, HET, $\beta = 5$, $tp = 2$

Bei der Warten-Strategie werden an den Soll-Pufferstellen 5 und 10 deutlich höhere Häufigkeiten als an den jeweils vorhergehenden Stationen angegeben. Der Bruch in den Bearbeitungszeiten wurde hier also einigermaßen gut erkannt. Dies bestätigt auch eine Analyse der 2er-Kombinationen unter den Puffern, die entsprechenden Tabellen sind im folgenden angegeben:

ON		NN		OW		MW	
13–14	100	13–14	100	6–12	9	6–10	**12**
12–14	100	12–14	100	7–14	9	7–11	11
12–13	100	12–13	100	7–11	6	7–13	11
11–14	100	11–14	100	8–12	6	7–10	10
11–13	100	11–13	100	6–11	5	8–10	9
11–12	100	11–12	100	7–13	5	5–10	**8**
10–14	100	10–14	100	5–11	**4**	6–11	8
10–13	100	10–13	100	7–12	4	10–14	7
10–12	100	10–12	100	5–12	3	10–13	7
10–11	100	10–11	100	5–14	3	8–11	7
⋮	⋮	⋮	⋮	⋮	⋮	⋮	⋮
6–10	41	6–10	41	6–10	2	5–11	5
5–10	16	5–10	16	5–10	1	5– 9	2
5–11	16	5–11	16	4–10	0	4–10	0
5– 9	16	5– 9	16	5– 9	0		
4–10	1	4–10	1				

Tab. 4.29: Häufigkeit der 2er-Pufferkombinationen, HET, $\beta = 3$, $tp = 4$

ON		MN		OW		MW	
13–14	100	13–14	100	5–10	**39**	5–10	**88**
12–14	100	12–14	100	3–10	35	7–10	78
12–13	100	12–13	100	10–13	27	6–10	**77**
11–14	100	11–14	100	3– 5	27	10–13	77
11–13	100	11–13	100	5– 9	**23**	10–12	76
11–12	100	11–12	100	7–10	23	5– 7	73
10–14	100	10–14	100	6–10	**21**	10–11	72
10–13	100	10–13	100	10–14	21	5–13	71
10–12	100	10–12	100	8–10	21	8–10	71
10–11	100	10–11	100	5–13	19	10–14	70
⋮	⋮	⋮	⋮	⋮	⋮	⋮	⋮
6–10	99	6–10	99	4–10	15	5–11	65
5–10	96	5–10	96	5–11	14	4–10	65
5–11	96	5–11	96			5– 9	63
5– 9	96	5– 9	96				
4–10	85	4–10	85				

Tab. 4.30: Häufigkeit der 2er-Pufferkombinationen, HET, $\beta = 4$, $tp = 2$

ON		MN		OW		MW	
13–14	100	13–14	100	6–12	11	7–11	10
12–14	100	12–14	100	7–14	5	6–10	**9**
12–13	100	12–13	100	8–12	5	6–12	9
11–14	100	11–14	100	5–14	4	8–10	9
11–13	100	11–13	100	6–11	4	5–10	**7**
11–12	100	11–12	100	7–11	4	6–11	7
10–14	97	10–14	97	7–13	4	8–11	7
10–13	97	10–13	97	8–13	4	10–14	6
10–12	97	10–12	97	5–11	**3**	7–10	6
10–11	97	10–11	97	7–12	3	7–13	6
⋮	⋮	⋮	⋮	⋮	⋮	⋮	⋮
6–10	36	6–10	36	6–10	1	5–11	3
5–10	12	5–10	12	5– 9	0	5– 9	1
5–11	12	5–11	12	5–10	0	4–10	1
5– 9	12	5– 9	12	4–10	0		
4–10	1	4–10	1				

Tab. 4.31: Häufigkeit der 2er-Pufferkombinationen, HET, $\beta = 4$, $tp = 4$

OW		MW	
5–10	**39**	5–10	**88**
3–10	35	7–10	77
10–13	27	6–10	**75**
3– 5	23	10–13	75
5– 9	**23**	10–12	75
7–10	23	5– 7	72
6–10	**21**	8–10	71
10–14	21	5–13	70
8–10	21	10–11	69
5–13	19	5–12	69
⋮	⋮	⋮	⋮
4–10	15	4–10	64
5–11	14	5–11	62
		5– 9	62

Tab. 4.32: Häufigkeit der 2er-Pufferkombinationen, HET, $\beta = 5$, $tp = 2$

Das Pufferpaar 5-10 war bei $\beta = 5$ sowie bei $\beta = 4$ und $tp = 2$ jeweils häufigste Kombination (Strategie Warten; Nichtwarten ist aus den oben dargelegten Gründen als insignifikant anzusehen). Bei $\beta = 3$ ist dieses Paar zumindest bei den Distanzen mit Korrekturfaktor unter den zehn am meisten vorkommenden Pufferkombinationen, den höchsten Wert nimmt hier das "gute" Paar 6-10 ein. Für $\beta = 4$ und $tp = 4$ ergibt sich ein ähnliches Bild. Bei den absoluten Häufigkeiten ist zu berücksichtigen, daß bei Parameterkonstellationen mit insgesamt vielen Pufferstellen wie beispielsweise $\beta = 5$, $tp = 2$ (MW) natürlich die Nennung einzelner Pufferpaare häufiger erfolgt als etwa bei $\beta = 3$ und $tp = 4$. Auffällig ist weiterhin die große Ähnlichkeit der Ergebnisse bei $tp = 2$ und $\beta = 4$, bzw.

$\beta = 5$. Dies unterstreicht noch einmal, daß die Wahl von tp die Resultate weit stärker beeinfluß als β.

Abschließend folgen nun noch die Tabellen für die homogenen Aufträge, wobei hier nur eine einzige Parameterkonstellation ausgewertet wurde, da diese Auftragsmenge bei allen β/tp-Konfigurationen zu dem gleichen Pufferverhalten tendierte und sich nur in der absoluten Zahl der eingeplanten Puffer unterschied.

Anzahl der Pufferstellen	Häufigkeit in der jeweiligen Kombination ON	MN	OW	MW
1	1	–	1	–
2	2	1	12	1
3	6	–	37	5
4	22	2	27	10
5	25	1	13	17
6	24	7	7	8
7	11	6	1	13
8	5	16	1	4
9	3	17	1	7
10	1	15	–	8
11	–	13	–	10
12	–	9	–	7
13	–	9	–	5
14	–	4	–	5
Durchschnitt	5,34	9,54	3,75	7,85

Tab. 4.33: Anzahl der Pufferstellen, HOM, $\beta = 4$, $tp = 2$

Nennung der Stationen als Pufferstellen:

Komb.	1	2	3	4	5	6	7	8	9	10	11	12	13	14
ON	9	18	35	42	41	47	54	41	40	36	39	39	50	43
MN	9	25	47	59	75	83	80	86	79	79	82	78	87	85
OW	9	17	30	35	29	26	38	21	28	27	22	32	33	28
MW	7	26	44	51	64	67	53	71	67	63	68	66	70	68

Tab. 4.34: Häufigkeit der Stationen als Pufferstellen, HOM $\beta = 4$, $tp = 2$

Die Pufferstellen sind hier in etwa gleichverteilt, nur an den Anfangsstationen werden aus den oben bereits dargestellten Gründen seltener Puffer eingerichtet. Auch die Abstände zwischen den Puffern sind im allgemeinen recht gleichmäßig, so wurde beispielsweise bei "OW" in den 37 Läufen mit 3 Pufferstellen als häufigste Kombination Station 3 oder 4 mit Station 7 sowie mit Station 11 oder 12 ausgewiesen.

4.4.2. Bearbeitungszeitbezogene Verfahren (Rf/Ende)

4.4.2.1. Darstellung des Algorithmus

Bei der hier vorgestellten Methode werden nur die Bearbeitungszeiten der Aufträge analysiert, es erfolgt **keine** Reihenfolgeberechnung zur Bestimmung der Pufferplätze. Damit ist sie erheblich schneller durchzuführen als die vorher vorgestellten Verfahren, allerdings ist auch der Informationsgehalt der Ergebnisse geringer. D.h. es lassen sich die Auswirkungen der Pufferplazierung auf die Zielwerte der Reihenfolgeplanung nicht mehr explizit angeben.

Andererseits können Änderungen in der Auftragsstruktur (neue Typen oder Ausstattungsvarianten, alte Modelle werden aus dem Programm genommen, etc.) die Güte der Reihenfolge erheblich beeinflussen, da z.B. eine ausgeglichene Kapazitätsauslastung mit zusätzlichen zeitintensiven Varianten schwieriger ist. In diesem Fall wäre auch eine veränderte Pufferlage notwendig, da diese sehr stark an die "typischen" alten Reihenfolgen gekoppelt war. Das bearbeitungszeitorientierte Verfahren reagiert auf derartige Veränderungen weniger sensitiv, da hier ohnehin nur die gravierendsten Bruchstellen (diese jedoch sehr gut) deutlich erkannt werden, während schwächer ausgeprägte Pufferstellen eher unberücksichtigt bleiben. Da es aber letztere sind, die sich am ehesten bei Auftragsänderungen verschieben (die ausgeprägteren Strukturbrüche dürften sich kaum so schnell verwischen), liefert dieses Verfahren die insgesamt stabileren Ergebnisse.

Da wieder von auslastungsbezogenen Zielkriterien, den Überhängen, ausgegangen werden soll, werden zunächst für eine beliebige Station diejenigen Paare von Aufträgen gesammelt, die sich dort bezüglich ihrer Bearbeitungszeiten "gut" ergänzen. Diese Bestimmung erfolgt analog der Distanzberechnung im TSP bei der Reihenfolgeberechnung, indem festgelegt wird, daß zwei Aufträge i und l an einer Station genau dann zusammenpassen, wenn für ihre Bearbeitungszeiten an der Station j^* gilt:

$$|b_{ij^*} + b_{lj^*} - 2 \cdot \underline{t}| < \varepsilon_1, \tag{4.9}$$

wobei ε_1 ein festzulegender (kleiner) Wert ist. Die Formel (4.9) drückt die Differenz zwischen den Fertigungszeiten der beiden Aufträge und der zweifachen Taktzeit aus.[27] Ist diese sehr klein, so ergänzen sich die Aufträge sehr gut, beispielsweise bedeutet dies, daß ein kleiner und ein großer Auftrag oder zwei mittlere Aufträge hintereinanderfolgen. Ist die Differenz dagegen groß, wird dadurch eine Unausgeglichenheit in den Bearbeitungszeiten angedeutet, es handelt sich dann entweder um zwei große oder zwei kleine Aufträge.

Man hat nun so alle Paare von Aufträgen gefunden, die an einer Station jeweils gute (Minimal-)Reihenfolgen bilden würden. Es ist nun zu überprüfen, ob dieser Ausgleich auch an den vorhergehenden und nachfolgenden Stationen paßt. Dazu könnte man obige Formel sukzessive solange auf die Stationen $j^* - 1, j^* - 2, \ldots$ und $j^* + 1, j^* + 2, \ldots$ anweden, wie (4.9) noch für alle ursprünglich gefundenen Paare erfüllbar ist. Eine Verletzung dieser Bedingung würde einen Bruch im Bearbeitungszeitverhalten und damit die Notwendigkeit eines Puffers anzeigen.

Allerdings ist diese Vorgehensweise – insbesondere bei kleinem ε_1 – sehr restriktiv, der Ausgleich würde in der Mehrzahl der Fälle nicht einmal mehr für die unmittelbare Vorgänger- und Nachfolgerstation, $j^* - 1$ beziehungsweise $j^* + 1$, gelten. Daher wird die Ausgleichsbedingung abgeschwächt zu:

$$\sum_{(i,l) \in P} |b_{ij} + b_{lj} - 2 \cdot \underline{t}| < |P| \cdot \varepsilon_2. \tag{4.10}$$

Mit P wird dabei die Menge aller Paare von Aufträgen bezeichnet, für welche die Bedingung (4.9) gilt, $|P|$ ist die Mächtigkeit von P. In (4.10) wird nun gefordert, daß der Ausgleich nicht unbedingt für alle Paare möglich ist, aber doch für die Summe derselben. D.h. einzelne Paare können durchaus an Station j nicht zusammenpassende Bearbeitungszeiten besitzen, dafür müssen dann andere Paare sich umso besser ergänzen. (In der späteren Reihenfolgeplanung würden dann solche Paare, für die der Ausgleich nicht mehr erfüllt ist, vermutlich verworfen, d.h. die betroffenen Aufträge würden nicht aufeinanderfolgen. Die Menge P stellt eine Obermenge aller möglichen paarweisen Auftragsfolgen dar!) ε_2 sollte ebenfalls ein sehr kleiner Wert sein, mit dem die Schärfe der Bedingung (4.10) unabhängig von (4.9) gesteuert werden kann. Je größer ε_2 gewählt wird, desto eher wird der Ausgleich akzeptiert und desto weniger Pufferstellen werden angezeigt. Untersucht werden nacheinander die Station

---

[27] vgl. die Definition des Distanzmaßes in Kapitel 3

$j^* + 1$, $j^* + 2$ usw. bis (4.10) nicht mehr erfüllt ist, dann werden analog die Stationen $j^* - 1$, $j^* - 2$ usw. betrachtet.

Die gesamte Vorgehensweise sei nun noch einmal als Flußdiagramm dargestellt:

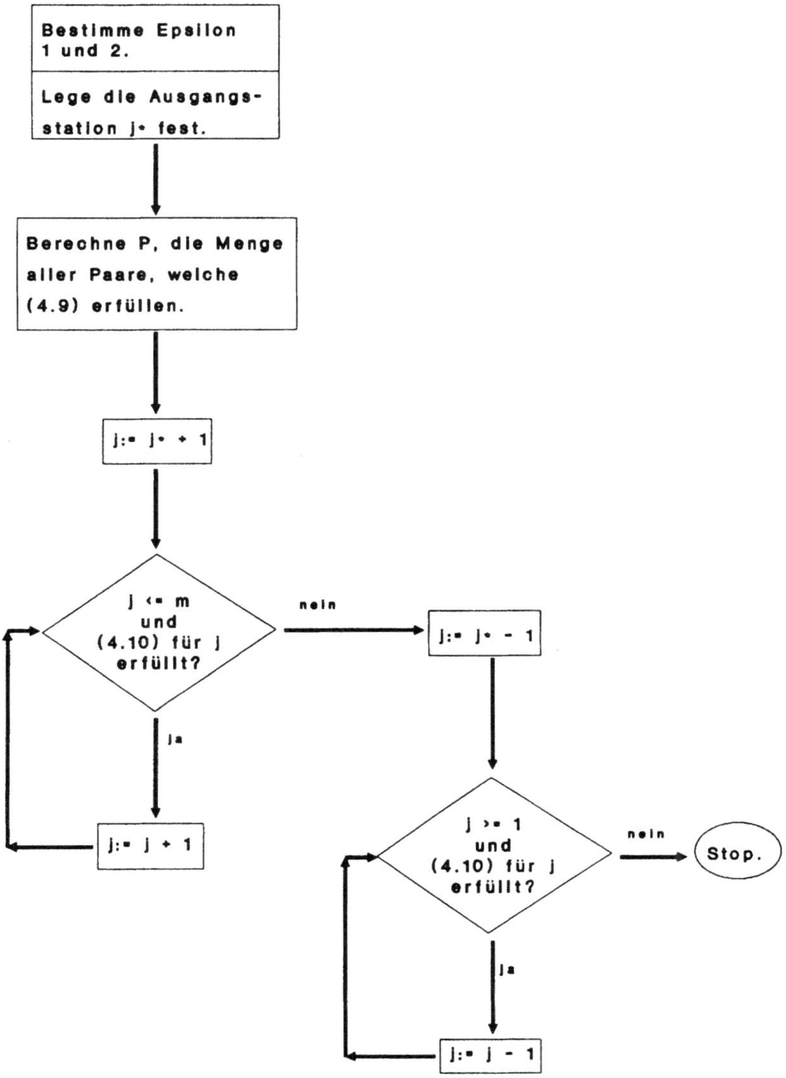

Abb. 4.7: Bearbeitungszeitorientierte Heuristik

Durch die Festlegung der Ausgangsstation j^* zu Beginn des Algorithmus können wichtige Arbeitsstationen, wie z.B. Engpaßstationen, besonders berücksichtigt werden. Auch läßt sich das Verfahren mit unterschiedlichen Ausgangsstationen durchführen, um so die Robustheit der erzielten Ergebnisse zu untersuchen. Es werden jeweils Stationengruppen ausgegeben, für die eine gemeinsame Reihenfolge aufgrund der Bearbeitungszeitanalyse sinnvoll erscheint. Zwischen solchen Ketten von Stationen sollten Puffer eingerichtet werden. Die Anwendung des Algorithmus wird an folgendem Beispiel verdeutlicht:

Station / Auftrag	1	2	3	4	5
1	2	2	1	2	2
2	1	4	5	4	1
3	5	3	3	2	2
4	3	1	2	2	4
5	3	5	5	4	4
6	4	3	2	4	5

Tab. 4.35: Beispiel zur Pufferplanung mit Bearbeitungszeiten

Die Tabelle 4.35 gibt die Bearbeitungszeiten für 6 Aufträge an 5 Stationen wieder. An jeder Station stellt sich eine mittlere Bearbeitungszeit von 3 Einheiten ein, daher soll $\underline{t} = 3$ angenommen werden. Station 3 sei die Ausgangsstation j^*. ε_1 wird auf den Wert 1 gesetzt, ebenso ε_2. Dann gilt beispielsweise für die Bearbeitungszeiten des Auftragspaares (1,2) an Station 3: $|b_{1,3} + b_{2,3} - 2 \cdot \underline{t}| = |1 + 5 - 6| = 0 < \varepsilon_1$; also wird dieses Paar in P aufgenommen. Für (1,3) berechnet man: $|b_{1,3} + b_{3,3} - 2 \cdot \underline{t}| = |1 + 3 - 6| = 2 \not< \varepsilon_1$, daher ist $(1,3) \notin P$. Insgesamt ergibt sich folgende Menge P:

$$P = \{(1,2),(1,5),(2,4),(2,6),(3,4),(3,6),(4,5),(5,6)\}.$$

Nun wird der Ausgleich an der Nachfolgestation 4 untersucht, die einzelnen aufzusummierenden Terme sind:

$$\begin{aligned}
(1,2): &\quad |2+4-6| = 0,\\
(1,5): &\quad |2+4-6| = 0,\\
(2,4): &\quad |4+2-6| = 0,\\
(2,6): &\quad |4+4-6| = 2,\\
(3,4): &\quad |2+2-6| = 2,\\
(3,6): &\quad |2+4-6| = 0,\\
(4,5): &\quad |2+4-6| = 0,\\
(5,6): &\quad |4+4-6| = 2.
\end{aligned}$$

Insgesamt erhält man also $6 < 1 \cdot 8$, d.h. (4.10) gilt für Station 4 und es ist nun Station 5 zu betrachten. Dort ergibt sich als Summe der Wert 10, der nicht kleiner als 8 ist, damit paßt für diese Station der Ausgleich nicht mehr. Danach werden analog die Vorgängerstationen analysiert. Hier kann man (4.10) für Station 2 noch sicherstellen, für die erste Station ist die Bedingung jedoch verletzt. Es kann also an den Stationen 2-4 eine gemeinsame Reihenfolge gebildet werden, während die Stationen 1 und 5 ein davon abweichendes Bearbeitungszeitverhalten aufweisen. Allerdings sollte dieses Resultat noch mit anderen Ausgangsstationen überprüft und bestätigt werden.

Wären im Beispiel nach Station 4, bzw. vor Station 2, noch mehr als eine weitere Station einzuplanen gewesen, dann hätte in diesem Bereich eine weitere Ausgangsstation bestimmt und von dort aus das Verfahren erneut gestartet werden müssen.

4.4.2.2. Ergebnisse

Da aufgrund der fehlenden Reihenfolge- und Überhangsberechnung die Rechenzeit dieses Verfahrens außerordentlich kurz ist, konnten viele Parameterkonstellationen bezüglich ε_1 und ε_2 mit jeweils 100 zufällig generierten Auftragsmengen getestet werden. Bei den heterogenen Aufträgen zeigte sich erfreulicherweise, daß die Sollbruchstellen nach den Stationen 5 und 10 gut erkannt wurden. In keinem einzigen Fall wurde ein Ergebnis erzielt, bei dem ein Ausgleich über diese Stationengrenzen hinweg möglich gewesen wäre (also z.B. plane Station 3-7 gemeinsam ein).

In den folgenden 5 Tabellen ist für eine Reihe von Epsilonwerten die Häufigkeit für Stationenfolgen angegeben, mit der diese (bei einer gegebenen Ausgangsstation) gemeinsam eingeplant werden sollten. Hierbei werden aus Platzgründen nur die Ergebnisse für die Stationen 1-5 dargestellt, für 6-10 und 11-15 zeigte sich das gleiche Bild. Stationenketten über die Grenzen 5/6 bzw. 10/11 hinaus wurden wie erwähnt nicht gefunden.

Dabei bedeutet beispielsweise das erste Element in Tab. 4.36, der Wert 52, daß bei der Kombination $\varepsilon_1 = \varepsilon_2 = 1$ bei 100 Läufen 52mal vorgeschlagen wurde, die Station 1 allein einzuplanen, 21mal wurde ermittelt, daß die Stationen 1 und 2 gemeinsam berücksichtigt werden können, usw. "SP" bezeichnet die durchschnittliche Spannweite der gebildeten Stationenketten. SP = 2,05 besagt also, daß im Mittel 2,05 Stationen gemeinsam eingeplant werden können. "Anz" gibt die durchschnittliche Anzahl der Auftragspaare in Menge P wieder. Dieser Wert sinkt bei sehr kleinem ε_1 (wie z.B. bei 0,1) natürlich ebenfalls.

Parameter	$\varepsilon_1/\varepsilon_2$											
Stationen	1,0/ 1,0	1,1/ 1,1	1,2/ 1,2	0,1/ 0,5	0,8/ 0,9	0,5/ 1,0	0,7/ 1,0	0,8/ 1,0	0,9/ 1,1	1,0/ 1,1	1,0/ 0,9	1,1/ 1,0
1-1	52	13	0	100	86	15	19	31	4	3	96	57
1-2	21	5	0	0	7	6	23	26	4	5	4	16
1-3	9	7	0	0	6	5	15	15	1	3	0	17
1-4	6	3	0	0	1	7	3	8	3	6	0	2
1-5	12	72	100	0	0	67	40	20	88	83	0	8
SP	2,05	4,16	5,00	1,00	1,22	4,05	3,22	2,60	4,67	4,61	1,04	1,88
Anz	1265	1383	1495	130	1018	651	882	1016	1132	1275	1264	1386

Tab. 4.36: Häufigkeiten der gemeinsam einzuplanenden Stationen bei Ausgangsstation 1

Parameter	$\varepsilon_1/\varepsilon_2$											
Stationen	1,0/ 1,0	1,1/ 1,1	1,2/ 1,2	0,1/ 0,5	0,8/ 0,9	0,5/ 1,0	0,7/ 1,0	0,8/ 1,0	0,9/ 1,1	1,0/ 1,1	1,0/ 0,9	1,1/ 1,0
1-2	18	6	0	0	17	11	11	25	2	1	4	27
1-3	12	3	1	0	1	8	14	6	4	5	0	6
1-4	6	7	1	0	1	9	7	6	2	3	0	3
1-5	9	78	98	0	0	59	45	30	90	88	0	4
2-2	30	1	0	100	71	2	3	15	1	1	89	34
2-3	14	2	0	0	9	3	6	9	0	0	5	13
2-4	4	0	0	0	1	0	6	5	0	1	1	5
2-5	7	3	0	0	0	8	8	4	1	1	1	8
SP	2,39	4,56	4,97	1,00	1,33	4,17	3,82	3,06	4,79	4,77	1,14	2,11
Anz	1269	1386	1496	131	1019	648	887	1011	1133	1261	1270	1386

Tab. 4.37: Häufigkeiten der gemeinsam einzuplanenden Stationen bei Ausgangsstation 2

Parameter	$\varepsilon_1/\varepsilon_2$											
Stationen	1,0/ 1,0	1,1/ 1,1	1,2/ 1,2	0,1/ 0,5	0,8/ 0,9	0,5/ 1,0	0,7/ 1,0	0,8/ 1,0	0,9/ 1,1	1,0/ 1,1	1,0/ 0,9	1,1/ 1,0
1-3	15	1	0	0	4	10	6	8	5	3	1	11
1-4	8	7	0	0	1	4	2	4	2	5	0	6
1-5	10	75	100	0	1	62	47	33	90	80	0	4
2-3	13	0	0	0	11	1	9	5	0	0	7	13
2-4	3	0	0	0	1	1	2	4	0	0	0	6
2-5	9	8	0	0	0	8	14	9	1	4	0	4
3-3	24	1	0	100	75	4	6	15	0	0	88	36
3-4	13	0	0	0	7	4	4	8	0	0	3	9
3-5	5	8	0	0	1	6	10	14	2	6	1	11
SP	2,63	4,63	5,00	1,00	1,34	4,23	3,85	3,36	4,83	4,69	1,14	2,24
Anz	1258	1400	1493	131	1016	649	894	1011	1135	1266	1269	1388

Tab. 4.38: Häufigkeiten der gemeinsam einzuplanenden Stationen bei Ausgangsstation 3

Parameter	$\varepsilon_1/\varepsilon_2$											
Stationen	1,0/ 1,0	1,1/ 1,1	1,2/ 1,2	0,1/ 0,5	0,8/ 0,9	0,5/ 1,0	0,7/ 1,0	0,8/ 1,0	0,9/ 1,1	1,0/ 1,1	1,0/ 0,9	1,1/ 1,0
1-4	5	3	0	0	0	9	7	11	5	3	1	5
1-5	9	75	100	0	0	56	46	26	87	80	0	8
2-4	1	1	0	0	0	0	1	6	0	1	1	6
2-5	7	8	0	0	0	10	9	3	3	4	0	4
3-4	8	1	0	0	10	1	8	8	0	0	2	10
3-5	16	8	0	0	4	14	10	15	1	4	0	13
4-4	28	0	0	100	73	1	3	13	1	0	90	37
4-5	26	4	0	0	13	9	16	18	3	8	6	17
SP	2,40	4,56	5,00	1,00	1,31	4,19	3,78	3,14	4,77	4,59	1,13	2,24
Anz	1269	1388	1494	131	1014	646	885	1012	1133	1275	1267	1381

Tab. 4.39: Häufigkeiten der gemeinsam einzuplanenden Stationen bei Ausgangsstation 4

Parameter	$\varepsilon_1/\varepsilon_2$											
Stationen	1,0/ 1,0	1,1/ 1,1	1,2/ 1,2	0,1/ 0,5	0,8/ 0,9	0,5/ 1,0	0,7/ 1,0	0,8/ 1,0	0,9/ 1,1	1,0/ 1,1	1,0/ 0,9	1,1/ 1,0
1-5	9	85	100	0	0	64	45	30	88	86	0	6
2-5	11	6	0	0	1	4	6	8	3	5	0	3
3-5	11	4	0	0	1	10	8	10	3	3	0	8
4-5	26	3	0	0	10	11	14	18	3	4	0	26
5-5	43	2	0	100	88	11	27	34	3	2	100	57
SP	2,17	2.69	5,00	1,00	1,15	3,99	3,28	2,82	4,70	4,69	1,00	1,75
Anz	1267	1380	1493	131	1021	643	888	1015	1139	1270	1273	1382

Tab. 4.40: Häufigkeiten der gemeinsam einzuplanenden Stationen bei Ausgangsstation 5

Man erkennt, daß die erzielten Ergebnisse von der Ausgangsstation weitgehend unabhängig sind. In allen Fällen werden relativ kurze Stationenketten (weniger als 3 gemeinsam zu behandelnde Stationen) dann vorgeschlagen, wenn entweder ε_2 kleiner als ε_1 ist (vgl. die beiden letzten Spalten in der Tabelle) oder ε_1 selbst sehr restriktiv gewählt wird, etwa bei $\varepsilon_1 = 0{,}1$. Welche Bedeutung der sorgfältig durchdachten Wahl von ε_2 zukommt, erkennt man beispielsweise bei einem Vergleich der ersten mit der drittletzten Spalte. Bei gleichem ε_1 bewirkt eine Erhöhung von ε_2 um 0,1 eine komplette Veränderung der vorgeschlagenen Einplanungsstrategie. Während bei $\varepsilon_2 = 1,0$ noch eher kurze Stationenketten gebildet werden, liegt der Akzent bei $\varepsilon_2 = 1,1$ deutlich auf der maximalen Länge 1-5. Dagegen ist bei konstantem ε_2 und variiertem ε_1 kein solch herausragender Effekt zu beobachten, man vergleiche hierzu etwa die Spalten 6-8 in den Tabellen.

Bei den homogenen Aufträgen stellten sich bezüglich der Länge der Stationenketten analoge Ergebnisse in Abhängigkeit von ε_1 und ε_2 ein wie bei der Auftragsmenge HET (natürlich ohne die Akzentuierung der Sollbruchstellen hinter Station 5 und 10). Daher wird auf die Darstellung und Diskussion der Ergebnisse verzichtet.

4.5. Die Bestimmung der Puffergröße

4.5.1. Berechnung der Puffergröße

Nachdem sich der vorrangegangene Abschnitt mit der Frage beschäftigt hat, an welchen Stellen im Fertigungsfluß Puffer einzurichten sind, soll nun deren "optimale" Größe diskutiert werden. Hierzu wird zunächst die numerische Berechnung der Puffergröße dargestellt und anschließend erörtert, durch welche Verfahren der benötigte Puffer verringert werden kann, ohne allzu große Einbußen bezüglich des Zielwertes hinnehmen zu müssen.

Die notwendige Puffergröße kann im allgemeinen leicht aus den bei der Ermittlung der Reihenfolge anfallenden Daten abgeleitet werden. Man benötigt dazu nur die Kenntnis, wann ein bestimmter Auftrag i an einer Station j fertiggestellt wird. Zu diesem Zweck werden Variablen a_c_{ij}, $i \in \{1, ..., n\}$, $j \in \{1, ..., m\}$ eingeführt, die den Zeitpunkt angeben, zu dem die Bearbeitung des Auftrags Nr. i[28] an der Station j beendet wird.

Es sei nun hinter Station j ein Puffer angelegt, d.h. ab der Station $j+1$ kann mit einer veränderten Auftragsreihenfolge fortgefahren werden. Sei i ein beliebiger Auftrag, der sich an Station $j+1$ in Bearbeitung befindet. Dann muß der Puffer hinter Station j alle diejenigen Aufträge k aufnehmen, die an der Station j vor i gefertigt und an Station $j+1$ erst nach i bearbeitet werden. Die Menge an Aufträgen, die sich während der Fertigung von i im Puffer hinter j befinden, werde mit G_{ij} bezeichnet.

(4.11) $$G_{ij} = \{k : a\_c_{kj} < a\_c_{i,j+1} < a\_c_{k,j+1}\},$$

$$i \in \{1, ..., n\},\ j \in \{1, ..., m\},\ j \text{ Pufferstation.}$$

Ist $|G_{ij}|$ die Mächtigkeit der Menge G_{ij}, so gilt für die Größe des Puffers $G(j)$ hinter der Station j:

(4.12) $$G(j) = \max_{i=1,\dots,n} \{|G_{ij}|\}.$$

---

[28] Man verwechsle den Auftrag Nr. i nicht mit dem i-ten Auftrag der Reihenfolge!

Der Puffer hinter j muß also mindestens $G(j)$ Aufträge aufnehmen können. Die Bestimmung dieser Größen soll an folgendem Beispiel noch einmal anschaulich verdeutlicht werden:

Station / Auftrag	j	$j+1$
1	2	18
2	5	15
3	10	12
4	14	22

Tab. 4.41: Beispiel zur Puffergröße

Die Tabelle enthält die Werte a_c_{ij} und $a\_c_{i,j+1}$ für 4 Aufträge. Auftrag 1 ist beispielsweise an der Station j zum Zeitpunkt 2 fertiggestellt und an der Folgestation zum Zeitpunkt 18. Man erkennt an den jeweiligen Fertigungsendzeiten, daß an der Station j die Aufträge in der Reihenfolge 1,2,3,4 produziert werden, während an Station $j+1$ die Sequenz 3,2,1,4 gewählt wird. (Die Werte a_c_{ij}, bzw. $a\_c_{i,j+1}$ müssen aufsteigend sortiert werden, um die zugrunde gelegte Reihenfolge ablesen zu können.) Das bedeutet, daß nach Station j ein Puffer eingerichtet ist, dessen Größe jetzt berechnet werden soll.

Zunächst wird für den 1. Auftrag die Größe G_{1j} bestimmt. Die Fertigungsendzeit an Station $j+1$ stellt sich für diesen Auftrag bei 18 ein. Zwar gilt für alle Aufträge, daß sie an Station j vor diesem Zeitpunkt fertig werden, doch wird nur Auftrag 4 nach Auftrag 1 an Station $j+1$ produziert. D.h. während der Fertigung von Auftrag 1 an Station $j+1$ befindet sich nur Auftrag 4 im Puffer, also nur für diesen gilt in Formel (4.11):

$$a\_c_{4j}(=14) < a\_c_{1,j+1}(=18) < a\_c_{4,j+1}(=22).$$

Damit ist $G_{1j} = \{4\}$. Analog berechnet sich $G_{2j} = \{1,4\}$, $G_{3j} = \{1,2\}$ und $G_{4j} = \emptyset$. Für die maximal benötigte Puffergröße stellt sich somit $G(j) = |G_{2j}| = |G_{3j}| = 2$ ein.

Die Puffergröße ist also analytisch aus den Reihenfolgedaten bestimmbar. Es werden jedoch selbst bei Verwendung der korrigierten Distanzen recht große Puffer benötigt. Daher sollen nun einige Überlegungen folgen, wie die Puffergröße beschränkt werden kann, ohne allzu große Zieleinbußen hinnehmen zu müssen.

Eine erste Möglichkeit ist die, bei der Planung neuer Stationen auf der Reihenfolge an den Stationen vor dem Puffer aufzusetzen, diese also als

Ausgangslösung zu übernehmen. **(Übern.)**[29] Die hierdurch erzielbaren Verbesserungen in der Puffergröße sind allerdings bescheiden, die Zielwerte verschlechtern sich in der Regel jedoch gravierend.

Es scheint sinnvoller zu sein, die Aufträge in Paketen zu verplanen. Für die Stationenfolge vor dem ersten Puffer werden alle Aufträge in einem Planungsschritt betrachtet. Danach werden jeweils Pakete von Aufträgen zusammengefaßt in dem Sinne, daß die ersten 10, 20,... Aufträge, die an einer Stationengruppe gefertigt werden, an der folgenden auch als erste 10, 20,... Aufträge abgearbeitet werden, wobei natürlich die Reihenfolge innerhalb eines solchen 10er, 20er,...-Paketes beliebig umgestellt werden darf. **(10er, 20er, ...)** Zwar kann auch in diesem Fall die benötigte Puffergröße die Paketgröße übersteigen, dies geschieht allerdings nur in seltenen Fällen. Beispielsweise könnte es vorkommen, daß der letzte Auftrag eines 10er-Paketes der erste der neuen Reihenfolge ist, so daß auf jeden Fall die übrigen neun Aufträge seines Paketes in den Puffer müssen. Zusätzlich kann es sein, daß dessen Bearbeitungszeit an der Station nach dem Puffer so lang ist, daß in der Zwischenzeit mindestens 2 Aufträge des Folgepaketes an der letzten Station vor dem Puffer beendet werden, so daß der Puffer dann bereits 11 Aufträge enthält.

Die Pakete bieten den zusätzlichen Vorteil, daß sie das Ausschleusen und erneute Einsteuern von Aufträgen (z.B. aufgrund von Qualitätsmängeln und damit notwendiger Nacharbeit oder wegen Eilaufträgen) erleichtern. In diesem Fall muß dann nur die Reihenfolgeänderung für das betroffene Paket bestimmt werden, ein marginaler Aufwand im Vergleich zu einer Reihenfolgeberechnung für ein komplettes Tages- oder Schichtprogramm. Weiterhin könnte man die durch die Paketbildung gewonnene neue Reihenfolge als Ausgangslösung für eine zusätzliche globale Optimierung der Gesamtreihenfolge nehmen. **(10er-O, 20er-O, ...)** Diese Maßnahme führte jedoch zu keinen befriedigenden Ergebnissen.

Selbstverständlich lassen sich die Paketlösungen auch als Einlastungsstrategien auffassen und hätten damit bereits bei der Auswertung der Verfahren zur Pufferplazierung Berücksichtigung finden müssen. Dies wäre aber mit einem hohen Datenaufwand einhergegangen (die alte Reihenfolge muß vor allen denkbaren Puffern bekannt sein), so daß aus Komplexitätsgründen diese Vorgehensweise erst hier, wo die Pufferlage bekannt ist, Anwendung findet.

---

29 Die fettgedruckten Kürzel geben die Bezeichnungen der Verfahren in den folgenden Tabellen an.

4.5.2. Ergebnisse

Im folgenden sind für homogene und heterogene Aufträge die Ergebnisse bezüglich der Puffergröße in Abhängigkeit von der gewählten Einplanungsmethode angegeben. Die Verfahrensnamen in den Tabellen beziehen sich dabei auf die fett gedruckten Abkürzungen im vorangegangenen Abschnitt. "Einzel" bedeutet, daß die Reihenfolgebestimmung für jede Stationengruppe zwischen zwei Puffern vollständig getrennt erfolgte (d.h. kein Aufsetzen auf die letzte Reihenfolge o.ä.). Diese Zeile kann als Referenzzeile für die übrigen angesehen werden, da sie die Situation wiedergibt, in der praktisch nicht gehandelt wird, in der also keine Maßnahmen zur Verringerung der Puffergröße getroffen wurden.

Jeder Verfahrenskombination liegen jeweils 100 Testläufe zugrunde. Die homogenen Aufträge wurden für beide Möglichkeiten der Distanzberechnung bearbeitet. Die Ergebnisse für die Distanzen ohne Korrekturfaktor finden sich in den Tabellen 4.42-44, die Werte für die Distanzen mit Berücksichtigung der alten Reihenfolge in 4.45-47. Es wurden eine, zwei und vier Pufferstellen angenommen, wobei diese dann gleichmäßig über den Stationenbereich verteilt sind. Den Werten in Tab. 4.42 liegt beispielsweise ein Puffer nach Station 7 zugrunde, d.h. es wird eine Reihenfolge für die Stationengruppe 1-7 und eine zweite für 8-15 berechnet.

Die Tabellen 4.42-47 nennen in der ersten Spalte das zur Puffergrößenreduktion benutzte Verfahren. In der 2.-4. Spalte werden die Zielwerte bezüglich der Reihenfolge abgetragen, die erzielten Überhänge und Überhangszuwächse, sowie die Gesamtdurchlaufzeit der 100 Aufträge. Dabei ist zu beachten, daß in der DLZ auch die Wartezeit im Puffer enthalten ist. Wenn also viele Umstellung in der Reihenfolge durchgeführt werden, dauert es entsprechend lange, bis mit der Fertigung der neuen Folge begonnen werden kann, und damit wächst die DLZ. Daher besteht ein direkter Zusammenhang zwischen dieser Spalte und den folgenden, in denen die in den 100 Läufen durchschnittlich benötigte, die maximale und die minimale Puffergröße (PG) verzeichnet sind. Bei mehreren Puffern tauchen in diesen Spalten natürlich auch analog viele Werte auf.

Die Paketlösungen wurden für 10er-, 20er- und 25er-Pakete simuliert, eine nachträgliche globale Optimierung erfolgte nur bei den 10er-Paketen, da diese Vorgehensweise, wie man bei den heterogenen Aufträgen deutlich sieht, die Zielwerte nur unwesentlich verbessert, während sich die Puffergrößen geradezu dramatisch – verglichen mit den ursprünglichen Paketlösungen – erhöhen. Das Verfahren "Übernahme" wurde ebenfalls nur bei HET angewandt. Hier zeigten sich keine signifikanten Unterschiede gegenüber der vollständig entkoppelten Reihenfolgeplanung ("Einzel").

Verf.	Überhang	Übhgs.-zuwachs	DLZ	durchschn. PG	max. PG	min. PG
Einzel	16708,97	244,04	889,54	94	98	81
10er	17525,95	255,01	551,02	12	15	9
20er	17276,58	250,99	579,60	19	26	14
25er	16991,49	247,27	595,91	23	31	16
10er-O	16835,54	242,64	883,87	93	98	75

Tab. 4.42: Pufferstation: 7, HOM, Dist. ohne Korrekturfaktor

Verf.	Überhang	Übhgs.-zuwachs	DLZ	durchschn. PG	max. PG	min. PG
Einzel	9498,15	156,20	1264,64	96/94	98/98	87/76
10er	10850,42	167,20	585,61	12/12	14/17	8/8
20er	10648,92	164,14	652,33	19/21	25/25	14/15
25er	10452,25	161,76	681,36	23/25	28/30	17/18
10er-O	9630,86	154,80	1239,99	93/91	98/98	73/60

Tab. 4.43: Pufferstationen: 5/10, HOM, Dist. ohne Korrekturfaktor

Verf.	Übhg.	Übhgs. zuw.	DLZ	durchschn. PG	max. PG	min. PG
Einzel	3302,47	77,33	2001,17	95/95/95/95	98/98/98/98	82/81/84/69
10er	4516,44	87,22	652,69	12/12/12/12	16/15/17/15	8/9/9/8
20er	4212,07	83,77	790,13	19/20/21/21	24/26/25/25	14/15/17/15
25er	4152,59	82,18	855,37	23/25/25/25	31/27/30/28	18/20/19/19
10er-O	3462,27	75,02	1950,96	92/93/92/90	98/98/98/98	76/74/71/73

Tab. 4.44: Pufferstationen: 3/6/9/12, HOM, Dist. ohne Korrekturfaktor

Verf.	Überhang	Übhgs.-zuwachs	DLZ	durchschn. PG	max. PG	min. PG
Einzel	17580,47	252,73	797,07	72	98	17
10er	17594,63	256,84	546,54	11	14	7
20er	17535,41	254,04	573,74	17	23	12
25er	17412,69	253,58	582,08	19	25	9
10er-O	17499,38	251,99	720,75	53	97	9

Tab. 4.45: Pufferstation: 7, HOM, Dist. mit Korrekturfaktor

Verf.	Überhang	Übhgs.-zuwachs	DLZ	durchschn. PG	max. PG	min. PG
Einzel	9965,84	163,65	1088,73	82/67	98/98	49/26
10er	10980,74	169,26	578,71	11/11	14/17	8/7
20er	10919,18	167,34	638,49	19/18	23/24	14/8
25er	10952,29	166,84	662,63	21/22	25/27	14/6
10er-O	10388,53	164,94	958,13	68/48	98/98	16/10

Tab. 4.46: Pufferstationen: 5/10, HOM, Dist. mit Korrekturfaktor

Verf.	Übhg.	Übhgs. zuw.	DLZ	durchschn. PG	max. PG	min. PG
Einzel	3990,53	84,58	1757,19	90/83/82/69	98/98/98/98	63/43/42/29
10er	4591,72	87,97	641,75	11/11/11/10	14/14/15/14	8/9/8/7
20er	4439,14	86,52	768,74	19/20/19/18	24/23/24/22	13/15/11/10
25er	4424,64	86,06	827,41	23/24/23/21	28/29/29/27	17/14/9/7
10er-O	3956,99	83,12	1458,99	76/68/60/44	98/98/98/98	20/17/10/9

Tab. 4.47: Pufferstationen: 3/6/9/12, HOM, Dist. mit Korrekturfaktor

Die besten Überhangswerte werden fast stets bei der getrennten Einplanung der Stationengruppen ermittelt, da dann jeder Bereich für sich gezielt ausgelastet werden kann. Allerdings bedingt dies auch viele Umstellungen in der Reihenfolge, so daß sehr große Puffer benötigt werden, entsprechend steigt die Durchlaufzeit an. Dagegen kann die Puffergröße, wenn nur innerhalb von Paketen umgestellt wird, deutlich reduziert werden. Hierbei wird jedoch auch die Paketobergrenze angenähert oder sogar leicht überschritten. Weiterhin sieht man, daß mit zunehmender Anzahl von Puffern die Zielwerte deutlich sinken, weil in diesem Fall weniger Stationen zusammengefaßt werden, d.h. weniger Kompromisse geschlossen werden müssen.

Die Überhangswerte sind bei den Distanzen mit Korrekturfaktor etwas höher als ohne, da man sich durch die Beachtung des vorhergehenden Stationenbereichs bei der Einplanung der Folgestationen etwas einschränkt, also an Flexibilität verliert. Dafür werden bei Berücksichtigung der alten Reihenfolge weniger Umstellungen notwendig, damit sinken die benötigten Puffergrößen und folglich auch die Durchlaufzeiten. Insgesamt sind die Unterschiede allerdings nicht allzu groß, daher wurden bei den heterogenen Aufträgen auch nur die Distanzen ohne Korrekturfaktor eingesetzt.

Verf.	Überhang	DLZ	durchschn. PG	max. PG	min. PG
Einzel	20089,70	884,00	89	98	75
Übern.	19903,03	881,21	89	98	69
10er	22251,12	568,04	13	25	8
20er	21632,33	599,56	21	35	14
25er	21480,22	617,94	25	35	18
10er-O	19933,89	880,83	89	98	73
20er-O	20184,82	881,15	89	98	67
25er-O	19931,67	884,79	89	98	75

Tab. 4.48: Pufferstation: 7, HET, Dist. ohne Korrekturfaktor

Verf.	Überhang	DLZ	durchschn. PG	max. PG	min. PG
Einzel	10188,58	1222,18	90/89	98/99	75/75
Übern.	10942,48	1206,40	89/88	98/98	72/67
10er	12976,53	598,78	15/16	25/28	10/10
20er	12821,79	661,58	22/23	32/33	17/17
25er	12506,36	691,77	26/27	37/36	20/20
10er-O	11109,03	1215,73	89/89	97/98	75/77
20er-O	11074,60	1212,38	89/89	98/98	71/69
25er-O	11126,02	1210,72	89/89	98/98	76/75

Tab. 4.49: Pufferstationen: 5/10, HET, Dist. ohne Korrekturfaktor

Verf.	Übhg.	DLZ	durchschn. PG	max. PG	min. PG
Einzel	4999,49	1943,47	90/90/85/91	99/99/99/98	78/75/71/57
Übern.	6167,32	1921,30	90/89/89/88	98/98/98/98	77/74/77/57
10er	7608,12	674,76	11/15/13/15	15/29/19/32	8/10/9/10
20er	7141,26	809,55	19/22/21/23	24/38/28/40	16/17/17/16
25er	6856,74	879,20	23/27/26/28	27/42/32/40	19/22/21/20
10er-O	6146,11	1919,46	89/88/89/89	98/98/98/98	71/74/71/61
20er-O	6231,88	1913,92	89/89/89/88	98/98/98/98	76/71/75/58
25er-O	6120,00	1926,94	90/89/89/89	98/98/98/98	72/78/75/59

Tab. 4.50: Pufferstationen: 3/6/9/12, HET, Dist. ohne Korrekturfaktor

Bei den heterogenen Aufträgen zeigen sich die analogen Effekte wie bei HOM. Eine getrennte Einplanung der Stationsbereiche resultiert in den besten Zielwerten, aber auch in den größten Puffern. Letztere können durch Paketbildung reduziert werden, allerdings verschlechtern sich dann die Überhänge um bis zu 20% (Tab. 4.49). Insgesamt stellen sich bei der

Auftragsmenge HET höhere Zielwerte und größere Puffer ein als bei HOM, da hier die Bearbeitungszeiten stärker variieren und somit ein Ausgleich schwieriger ist.

Werden mehrere Puffer angelegt, so wird für diese (in Abhängigkeit von dem gewählten Einplanungsverfahren) weitgehend die gleiche Größe berechnet. Die Durchschnittswerte differieren nur in Tab. 4.46 um mehr als 4 Einheiten. Dort wurde bei getrennter Einplanung für den Puffer nach Station 5 eine durchschnittliche Größe von 82 Aufträgen und für den nach Station 10 von 67 Aufträgen berechnet.

Nach dieser Analyse der Puffergröße ist noch eine weitergehende Untersuchung der Fertigung im Hinblick auf Leer- und Wartezeiten interessant. Die folgende Tabelle gibt daher beispielhaft für jedes Einplanungsverfahren bei den heterogenen Aufträgen an, welche Wartezeiten für die Aufträge entstehen, d.h. wie lange sich die jeweils 100 Aufträge durchschnittlich unbearbeitet an den Stationen aufhalten. Dabei ist die Wartezeit im Puffer nicht integriert. Den dargestellten Werten liegen die gleichen Läufe wie in Tab. 4.48-50 zugrunde. Gleiches gilt für die Tabellen 4.52-54.

Pufferstellen Verfahren	7	5/10	3/6/9/12
Einzel	5740,62	4987,72	5289,04
Übern.	5638,76	4658,56	4970,02
10er	6267,82	5348,34	6297,56
20er	6116,66	5232,39	5969,33
25er	6058,70	5147,42	5842,29
10er-O	5662,29	4664,22	4931,37
20er-O	5680,08	4658,90	4871,55
25er-O	5655,40	4670,54	4942,90

Tab. 4.51: Wartezeiten bei HET

Eine Wartezeit von 5740,62 Einheiten bei "Einzel" und Pufferstelle 7 bedeutet beispielsweise, daß jeder der 100 Aufträge insgesamt durchschnittlich 57,4 Zeiteinheiten auf Bearbeitung wartet, d.h. pro Station etwa 3,8 Einheiten. Dieser Wert steigt bei schlechterer Auslastung, also etwa bei den Paketlösungen analog den anderen Zielwerten. Die Pufferzahl hat dagegen offensichtlich keinen Einfluß auf die Höhe der Wartezeiten. Dies erstaunt, da bei einer größeren Anzahl von Puffern die einzelnen Stationen gezielter ausgelastet werden können und damit dieser Wert eigentlich sinken müßte. Die folgende Analyse der Leerzeiten zeigt jedoch das gleiche Bild. Andererseits macht dieser Sachverhalt deutlich, daß die höheren Durchlaufzeiten bei größerer Pufferanzahl im wesentlichen auf Wartezeiten im Puffer zurückzuführen sind. Man vergleiche hierzu die entsprechenden Werte etwa in den Tabellen 4.48-50, beispielsweise wird dort bei "Einzel" für einen Puffer eine DLZ von 884,00 Einheiten ausgewiesen, bei zwei Pufferstellen steigt der Wert bereits auf 1222,18 und bei vier Puffern gar auf 1943,47 Einheiten. Dabei ist diese Erhöhung nicht allein durch ein Anwachsen der Reihenfolgeumstellungen zu erklären, die Puffergrößen sind ja zumindest in Tab. 4.48 und 4.49 nahezu identisch. Nur in Tab. 4.50 werden mehr Reihenfolgeänderungen vorgenommen, die sich ebenfalls negativ auf die DLZ auswirken.

Die Tabellen 4.52-54 geben für unterschiedliche Pufferstellen die durchschnittlichen Leerzeiten an den Stationen an, d.h. die Zeit, welche die einzelnen Stationen insgesamt nach Fertigstellung eines Auftrags auf den Folgeauftrag warten müssen. An den Stationen nach einem Puffer ist dieser Wert natürlich 0, da die Einlastungsstrategie Warten gewählt wurde, d.h. mit der Bearbeitung der Aufträge wird an dieser Stelle erst dann begonnen, wenn sichergestellt ist, daß die benötigten Folgeaufträge stets rechtzeitig bereitstehen. Man kann sehr schön beobachten, wie die Leerzeiten dann allmählich ansteigen, je weiter man sich von der Pufferstelle entfernt, d.h. eine gute Kapazitätsauslastung ist immer schwieriger herzustellen.

Station Verf.	1	2	3	4	5	6	7	8	9	10	11	12	13	14	15
Einzel	0,0	11,0	19,0	28,1	35,1	47,4	55,3	0,0	10,2	19,2	34,4	42,5	49,9	58,1	63,8
Übern.	0,0	11,0	19,0	28,1	35,1	47,4	55,3	0,0	10,2	18,5	31,4	36,1	40,3	45,5	48,2
10er	0,0	11,0	19,0	28,1	35,1	47,4	55,3	0,0	10,2	19,5	35,1	41,0	45,7	51,4	54,8
20er	0,0	11,0	19,0	28,1	35,1	47,4	55,3	0,0	10,4	19,5	34,6	39,9	44,4	49,9	53,1
25er	0,0	11,0	19,0	28,1	35,1	47,4	55,3	0,0	10,5	19,2	34,2	39,6	44,4	49,8	52,8
10er-O	0,0	11,0	19,0	28,1	35,1	47,4	55,3	0,0	10,3	18,7	31,6	36,3	40,8	45,8	48,8
20er-O	0,0	11,0	19,0	28,1	35,1	47,4	55,3	0,0	10,3	18,9	31,7	36,4	40,6	45,8	48,7
25er-O	0,0	11,0	19,0	28,1	35,1	47,4	55,3	0,0	10,2	18,7	31,5	36,7	41,0	46,1	49,0

Tab. 4.52: Leerzeiten an den Stationen, Pufferstelle 7, HET

Station Verf.	1	2	3	4	5	6	7	8	9	10	11	12	13	14	15
Einzel	0,0	11,0	18,7	28,1	34,8	0,0	10,9	19,7	27,8	35,6	0,0	10,8	19,8	28,9	35,5
Übern.	0,0	11,0	18,7	28,1	34,8	0,0	7,2	12,0	16,6	20,9	0,0	7,2	12,3	17,4	20,6
10er	0,0	10,9	18,7	28,1	34,8	0,0	8,4	14,3	19,8	25,1	0,0	7,8	14,2	20,7	24,2
20er	0,0	10,9	18,7	28,1	34,8	0,0	8,2	14,0	19,3	24,1	0,0	7,7	13,9	20,3	23,6
25er	0,0	10,9	18,7	28,1	34,8	0,0	8,3	13,9	19,0	23,8	0,0	7,6	13,6	20,0	23,2
10er-O	0,0	11,0	18,7	28,1	34,8	0,0	7,6	12,8	17,4	21,6	0,0	7,1	12,3	17,7	20,8
20er-O	0,0	11,0	18,7	28,1	34,8	0,0	7,3	12,3	17,0	21,2	0,0	7,0	12,1	17,4	20,6
25er-O	0,0	11,0	18,7	28,1	34,8	0,0	7,1	12,1	16,8	21,0	0,0	7,1	12,4	17,8	20,8

Tab. 4.53: Leerzeiten an den Stationen, Pufferstellen 5/10, HET

Station Verf.	1	2	3	4	5	6	7	8	9	10	11	12	13	14	15
Einzel	0,0	11,0	19,0	0,0	9,9	24,8	0,0	10,7	19,5	0,0	18,5	27,0	0,0	11,5	19,0
Übern.	0,0	11,0	19,0	0,0	9,7	22,0	0,0	6,5	11,3	0,0	14,3	19,3	0,0	6,9	10,6
10er	0,0	11,0	19,0	0,0	10,2	27,1	0,0	7,9	13,6	0,0	21,3	27,1	0,0	8,7	13,6
20er	0,0	11,0	19,0	0,0	10,1	26,3	0,0	7,8	13,0	0,0	19,5	25,4	0,0	8,4	13,5
25er	0,0	11,0	19,0	0,0	10,0	26,0	0,0	7,6	12,9	0,0	19,3	24,8	0,0	8,4	13,1
10er-O	0,0	11,0	19,0	0,0	9,8	22,0	0,0	6,4	11,3	0,0	14,4	19,5	0,0	7,3	10,7
20er-O	0,0	11,0	19,0	0,0	9,8	22,1	0,0	6,5	11,1	0,0	14,5	19,5	0,0	7,0	10,6
25er-O	0,0	11,0	19,0	0,0	9,6	21,9	0,0	6,4	11,4	0,0	14,2	19,1	0,0	7,0	10,7

Tab. 4.54: Leerzeiten an den Stationen, Pufferstellen 3/6/9/12, HET

Insgesamt werden jedoch nur geringe Leerzeiten ermittelt, ein Wert von 11,0 bedeutet beispielsweise, daß nach Fertigung eines Auftrags nur durchschnittlich 0,11 Zeiteinheiten auf den nächsten gewartet werden muß. Selbst bei wenigen Pufferstellen steigt diese Zeit auf nicht mehr als 0,6375 Einheiten in Tab. 4.52. Dies ist ein Indiz für eine recht hohe Auslastung der Stationen.

Auch hier sieht man wieder, daß unabhängig von der Pufferanzahl der Anstieg der Leerzeiten von einer Station zur nächsten analog erfolgt. So weisen alle drei Tabellen bei Station 2 Leerzeiten von etwa 11 und bei Station 3 von ungefähr 19 Einheiten aus. Die Situation ändert sich jedoch selbstverständlich, wenn ein neuer Puffer kommt. Schließlich fällt noch auf, daß die Leerzeiten unabhängig vom gewählten Einplanungsverfahren zu sein scheinen. Die stärkeren Schwankungen etwa ab Station 5 sind damit zu erklären, daß an dieser Stelle erstmalig (vor allem in Tab. 4.54) über die Sollbruchstellen 5 bzw. 10 hinweg eingeplant wird (z.B. Station 4-6), so daß ein Ausgleich schwieriger wird und damit auch die Ergebnisse stärker streuen.

4.6. Rückkopplung der Modelle

Die Ausführungen im vergangenen Abschnitt haben deutlich gemacht, daß eine spürbare Reduktion der Puffergröße mit schlechteren Überhängen erkauft wird. Es ist daher zu fragen, ob begrenzte Pufferkapazitäten damit nicht auch stärkere Auswirkungen auf die Pufferlage zeigen. Ist also bei der Bestimmung der Pufferlage bereits das spätere Einplanungsverfahren (das die Einhaltung der Puffergröße bewirkt) zu berücksichtigen?

Um diese Frage zu beantworten, wurde der Wagner/Whitin-Algorithmus bei beschränkten Pufferkapazitäten angewandt. Dies konnte approximativ relativ einfach geschehen, indem die Überhangswerte eines

Wagner/Whitin-Laufes mit beliebig großen Puffern um denjenigen Faktor erhöht wurden, um den diese Werte in Tabelle 4.49 beim Übergang von dem Einplanungsverfahren "Einzel" zu den Paketlösungen steigen. Beispielsweise ist bei 10er-Paketen mit etwa 27% höheren Überhängen zu rechnen (12976,53:10188,58). Es kann angenommen werden, daß dieser Faktor generell bei etwa 2-3 Pufferstationen verteilt auf den Stationenbereich Gültigkeit besitzt. Daher wurden die Reihenfolgen (und Überhänge) im Verlauf des DP ohne spezielles Einplanungsverfahren berechnet und die erzielten Werte anschließend mit dem entsprechenden Faktor multipliziert. Das Einplanungsverfahren zur Puffergrößenreduktion wird somit nur implizit berücksichtigt, allerdings wäre der benötigte Speicheraufwand andernfalls zu hoch gewesen.

Zu beachten ist, daß sich der Faktor, um den die Überhänge steigen, mit der Anzahl der Pufferstellen ändert (vgl. diesbezüglich die Tabellen 4.48-50). Man sollte daher den Wert bezüglich derjenigen Pufferzahl wählen, welche der durchschnittlichen Pufferzahl bei unbegrenzten Kapazitäten am ehesten entspricht. Im vorliegenden Fall sollten die heterogenen Aufträge mit Pufferkosten von 2000 und 4000 Einheiten (2-3 Puffer bei unbegrenzter Größe) getestet werden, daher wurde der Multiplikationsfaktor anhand Tabelle 4.49 (2 Pufferstellen) berechnet.

Anzahl der Pufferstellen	Häufigkeit in Abhgkt. von den Pufferkosten 2000		4000	
0	–	(–)	1	(–)
1	2	(–)	11	(–)
2	19	(–)	65	(58)
3	31	(19)	20	(41)
4	19	(71)	3	(1)
5	18	(10)	–	(–)
6	5	(–)	–	(–)
7	3	(–)	–	(–)
8	3	(–)	–	(–)
9	–	(–)	–	(–)
10	–	(–)	–	(–)
11	–	(–)	–	(–)
12	–	(–)	–	(–)
13	–	(–)	–	(–)
14	–	(–)	–	(–)
Durchschnitt	3,74	(3,91)	2,13	(2,43)

Tab. 4.55: Anzahl der Pufferstellen, HET, begrenzte Pufferkapazität

Die Tabelle 4.55 gibt die Häufigkeiten wieder, mit der sich eine bestimmte Anzahl Pufferstellen bei jeweils 100 Läufen ergab. Der besseren Übersicht wegen sind die entsprechenden Werte der Tabelle 4.2 (unbegrenzte Kapazitäten) in Klammern mit angeführt. Als Einplanungsverfahren wurden die 10er-Pakete (d.h. Multiplikation der Überhänge mit 1,27) unterstellt.

Nach Begrenzung der Puffergröße wurden jeweils geringfügig weniger Puffer eingerichtet, da durch die erhöhten Überhänge die durch einen Puffer gewonnenen Zielwertverbesserungen niedriger ausfallen. Interessanter ist die Frage, ob sich an der Verteilung der Pufferstellen etwas geändert hat. Darüber gibt die Grafik 4.8 Aufschluß:

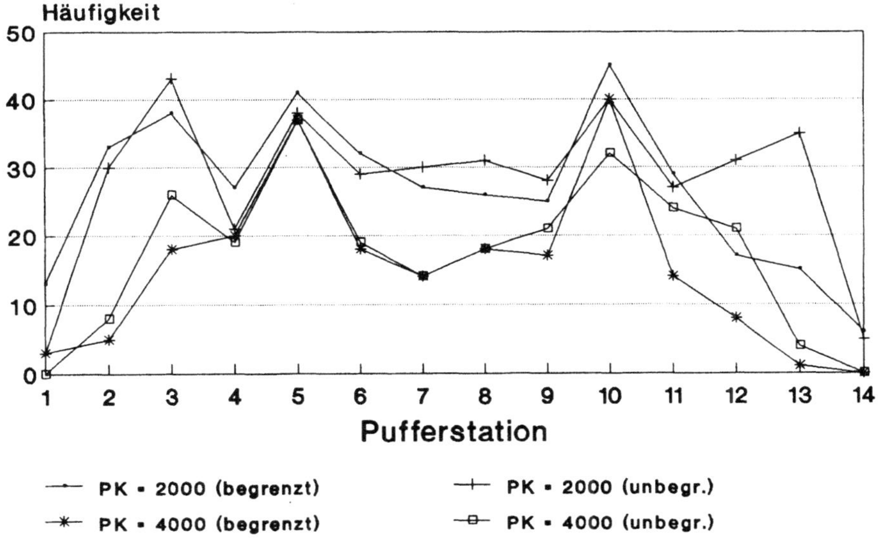

Abb. 4.8: Pufferstellen bei begrenztem und unbegrenztem Puffer

Man erkennt, daß die beiden Kurven für begrenzte und unbegrenzte Puffergröße jeweils weitgehend synchron verlaufen. Die Struktur der Pufferlage verändert sich also durch die Beschränkung der Puffergröße nicht. Dies ist ein deutliches Argument für die getrennte Betrachtung der Modelle.

Eine Analyse der Häufigkeit der 2er-Pufferkombinationen zeigt, daß das Wunschpaar 5-10 (und die übrigen "guten" Kombinationen) bei begrenzter Puffergröße sogar noch deutlicher hervortreten.

Pufferkosten							
2000				4000			
begrenzt		unbegrenzt		begrenzt		unbegrenzt	
5–10	**19**	10–13	20	5–10	**16**	5–10	**12**
2–10	17	2– 5	19	5– 9	**9**	5– 9	**10**
2– 8	15	5– 8	19	4–10	**9**	6–10	**9**
3– 6	15	3– 6	17	3–10	6	3– 7	9
3–10	15	3–10	17	7–10	6	5–11	**8**
2– 4	14	7–10	17	5–11	**5**	3–11	8
2–11	14	3– 9	16	5–12	5	3–12	8
5– 9	**13**	3–13	16	3– 7	5	3–10	7
3– 5	13	5–12	15	3– 8	5	4–10	**6**
6–10	**12**	3– 7	14	4– 8	5	3– 6	6
⋮	⋮	⋮	⋮	⋮	⋮	⋮	⋮
5–11	11	4–10	12	6–10	4		
4–10	11	5–10	11				
		5– 9	10				
		6–10	9				
		5–11	6				

Tab. 4.56: Häufigkeit der 2er-Pufferkombinationen

Insgesamt werden also durch die Begrenzung der Puffergröße und damit durch die veränderte Einplanungsstrategie nach dem Puffer die Ergebnisse bezüglich der Pufferlage nicht wesentlich verändert. Diese Aussagen gelten – wie weitere Berechnungen zeigten – auch für die 20er- und 25er-Pakete. Daher erscheint eine getrennte Untersuchung von Pufferplazierung und -dimensionierung gerechtfertigt.

4.7. Analyse des Glättungseffektes

Die vorausgegangenen Abschnitte haben deutlich gemacht, daß durch die Einrichtung von Puffern deutliche Zielwertverbesserungen bei den Überhängen erzielt werden können. Dieser Glättungseffekt beruht auf zwei Komponenten: zum einen resultiert selbstverständlich die Reihenfolgeumstellung und damit die gezieltere Auslastung der Stationen in einem niedrigeren Gesamtüberhang, auf der anderen Seite wirkt aber die Einrichtung eines Puffers an sich, d.h. ohne die Möglichkeit, Auftragsfolgen abzuändern, bereits kapazitätsglättend. Letzteres wird dadurch hervorgerufen, daß sich in dem Puffer die Aufträge "sammeln" können, so daß wieder die Ausgangssituation d.h. keine Wartezeiten an der ersten Station, erreicht wird. Die Ungleichmäßigkeiten, die sich bis zur Erreichung des Puffers durch die unterschiedlichen Bearbeitungszeiten von Station zu Station kumuliert haben, werden durch einen Puffer wieder reduziert, weil dieser Leerzeiten an der Folgestation verhindert – sofern die Stategie "Warten" gewählt wurde.

Auftragsmenge / Pufferart	HOM	HET
kein Puffer	36974,89	40609,85
Puffer – keine Umstellung	20360,76	23931,75
Puffer – 10er-Pakete	17525,95	22251,12
Puffer – 20er-Pakete	17276,58	21632,33
Puffer – 25er-Pakete	16991,49	21480,22
Puffer – beliebige Umstellung	16708,97	20089,70

Tab. 4.57: Überhänge, Pufferstation 7

Auftragsmenge / Pufferart	HOM	HET
kein Puffer	36974,89	40609,85
Puffer – keine Umstellung	13768,60	18404,25
Puffer – 10er-Pakete	10850,42	12976,53
Puffer – 20er-Pakete	10648,92	12821,79
Puffer – 25er-Pakete	10452,25	12506,36
Puffer – beliebige Umstellung	9498,15	10188,58

Tab. 4.58: Überhänge, Pufferstationen 5/10

Auftragsmenge / Pufferart	HOM	HET
kein Puffer	36974,89	40609,85
Puffer – keine Umstellung	8350,34	11278,48
Puffer – 10er-Pakete	4516,44	7608,12
Puffer – 20er-Pakete	4212,07	7141,26
Puffer – 25er-Pakete	4152,59	6856,74
Puffer – beliebige Umstellung	3302,47	4999,49

Tab. 4.59: Überhänge, Pufferstationen 3/6/9/12

Die Tabellen 4.57-59 zeigen für eine unterschiedliche Anzahl von Pufferstationen eindrucksvoll, daß der Glättungseffekt größtenteils bereits aus der Einrichtung der Puffer (zweite Zeile in den Tabellen: "Puffer – keine Umstellung") folgt.[30] So sinken in Tab. 4.57 die Überhänge bei Auftragsmenge HOM von 36974,89 Einheiten auf 20360,76 Einheiten bei Bereitstellung eines Puffers ohne Umstellungsmöglichkeiten. Kann die Reihenfolge begrenzt abgeändert werden (Paketlösungen) verringert sich der

---

30 Die Werte der Paketlösungen und bei beliebiger Umstellung wurden den Tabellen 4.42-44 und 4.48-50 entnommen.

Überhang weiter, bis hin zu den 16708,97 Einheiten, die bei beliebigen Reihenfolgeänderungen erzielbar sind.

Damit wird deutlich, daß die Bereitstellung des Pufferpotentials eine größere Wirkung zeitigt als dessen konkrete Nutzung zu Reihenfolgeänderungen. Ist daher in einem praktischen Anwendungsfall das Pufferhandling im Bezug auf Auftragsumstellungen aufwendiger als die Bereitstellung zusätzlicher Puffer ohne die Möglichkeit, Auftragsfolgen zu ändern, so ist letzterem klar der Vorzug zu geben.

5. Arbeitsgangverschiebung – Lokale Springer

5.1. Problemstellung

Kapitel 2 befaßte sich mit dem Bandabgleich, also der gleichmäßigen Belastung aller Stationen mit Arbeitsinhalten. Dabei wurde deutlich, daß bei diesem Planungsschritt bei der Variantenfertigung große Schwierigkeiten zu bewältigen sind, da zum Zeitpunkt des Bandabgleichs die tatsächliche Kapazitätsnachfrage noch nicht bekannt ist. Das Unternehmen sollte deswegen Instrumente besitzen, die eine kurzfristige Anpassung an die jeweilige Situation (bei verbesserter Informationslage, da auf der kurzfristigen Planungsstufe die konkreten Auftragsmengen bekannt sind) im Hinblick auf eine gleichmäßige Bandauslastung erlauben. Zwar führt das im zweiten Kapitel diskutierte Verfahren von Link aufgrund der Unabhängigkeit von einer konkreten Auftragsmenge bereits zu einer geglätteten Kapazitätsbelastung, jedoch können durch eine Häufung "ungünstiger Varianten", d.h. solcher Varianten, bei denen keine vollständig ausgeglichene Belastung der Stationen erzielt wurde, dennoch Arbeitsinhalte in deutlich unterschiedlicher Höhe den Stationen zugewiesen worden sein, was eine nachträgliche lokale Optimierung sinnvoll macht. Ein kompletter Neuabgleich – z.B. nach einem der Verfahren, welche die konkrete Auftragsmenge als Informationsgrundlage einbeziehen – würde dagegen i.d.R. zu große Störungen (und Unruhe) im normalen Fertigungsablauf bewirken, da ein Neuabgleich beträchtliche Umsetzungen von Personal, die Umordnung von Maschinen und Werkzeugen, etc. nach sich zieht. Daher sollte der eigentliche Bandabgleich für einen mittelfristigen Zeitraum Gültigkeit behalten und nur lokale Abänderungen erlaubt sein.

Eine Möglichkeit stellt dabei die Verschiebung einzelner Arbeitsgänge auf benachbarte Stationen, bzw. das Aushelfen von Mitarbeitern der Nachbarstationen an der kurzfristig überlasteten Station dar.[1] In Kapitel 1 wurde

---

[1] Vgl. McClain/Ostolaza/Thomas[1989], die von einem Praxisfall berichten, bei dem Arbeitsgänge einer Station von einer benachbarten Station miterledigt werden können.

dieser Sachverhalt schon angesprochen, man vergleiche insbesondere noch einmal Abbildung 1.7. Um Verwechslungen mit dem externen Springereinsatz (in Kapitel 6) zu vermeiden und um die Darstellung des Problems und der Lösungsverfahren einfach und verständlich zu halten, wird im folgenden häufiger von Arbeitsgangverschiebung gesprochen. Eine Übertragung auf den lokalen Springereinsatz, d.h. das Verschieben von Personalkapazität, ist jederzeit ohne Schwierigkeiten möglich.

Letztlich besteht die eigentliche Aufgabe auch an dieser Stelle wieder darin, die zur Verfügung stehenden Ressourcen so zu verteilen, daß ein ausgeglichener Fertigungsablauf ermöglicht wird. Kapitel 2 beschäftigte sich dabei mit der grundsätzlichen Zuweisung dieser Ressourcen (= Kapazität der Stationen, die von den entsprechend zugeordneten Arbeitsgängen verbraucht wird), während dieses Kapitel lokale Umverteilungen behandelt. Somit handelt es sich auch hier wiederum um ein Allokationsproblem – wenn auch mit einer anderen Struktur als das im Kapitel 4 besprochene. Vor allem der Einsatz Dynamischer Programme, wie sie häufig für deartige Probleme eingesetzt werden, erweist sich als schwierig, da keine eindeutige Stufenstruktur vorliegt. Das Problem ist zweidimensional, weil bestimmt werden muß, an welchen Stationen und zu welchen Zeitpunkten Kapazität zu verlagern ist. Ein Aushelfen führt an Vorgänger- und Nachfolgerstationen durch den kurzfristigen Abzug oder das Hinzufügen von Kapazität zu einer veränderten Belastungssituation, die sich auch auf nachfolgende Zeitintervalle auswirkt. Da die Verschiebung zeit*punkt*bezogen erfolgt, ist insbesondere eine Stufenbildung nach Zeit*intervallen* nicht sinnvoll. Nimmt man noch den nicht unerheblichen Zeitbedarf dynamischer Programme hinzu, so wird die Suche nach anderen Lösungsverfahren, wie sie in den Abschnitten 5.2-5 geschieht, notwendig.

In der Literatur wird die Möglichkeit, Arbeitsgänge nach dem eigentlichen Bandabgleich noch zu verschieben, selten diskutiert. Deckro[1989] weist auf die Vorteilhaftigkeit eines nachträglichen lokalen "Rebalancing" hin. In die gleiche Richtung zielt der Artikel von McClain/Ostolaza/Thomas[1989], die ein "Dynamic Line Balancing" vorstellen, bei dem sich die Zuordnung der Arbeitsgänge zu Stationen im Zeitablauf ändert. Es wird dort während des Produktionsablaufs im konkreten Einzelfall jeweils die Entscheidung aufgrund von Prioritätsregeln getroffen, wo ein bestimmter Arbeitsgang durchgeführt wird, während in dieser Arbeit diese Zuordnung bereits vor Beginn der Produktion zu treffen ist. Allerdings ist dieser Unterschied nur marginal. Ebenfalls einen ähnlichen Ansatz verfolgen Rachamadugu/Talbot[1991] für den 1-Produkt-Fall bei schlecht ausgetakteten Bändern.

Die Anpassungsmöglichkeiten sind umso vielfältiger, je mehr Arbeitsgänge verschiebbar sind und je größer die Anzahl der Stationen ist, auf die Arbeitsinhalte übertragen werden können. Die Flexibilität, die durch den Einsatz dieses Instrumentes gewonnen wird, drückt sich also in zwei Dimensionen aus, sie wird sowohl durch das Verschiebepotential an sich als auch durch die mögliche Verschiebespanne bestimmt. Ein Flexibilitätsgrad von 1 wäre demnach gegeben, wenn jeder Arbeitsgang auf jede Station übertragbar wäre, während bei einer starren Zuordnung aller Arbeitsgänge die Flexibilität gleich Null wäre.[2] Analog kann über die Anzahl der Stationen, an denen lokale Springer aushelfen können, und den Umfang der Tätigkeiten, die sie dort erledigen, der Flexibilitätszuwachs beschrieben werden. Es sei an dieser Stelle noch einmal darauf hingewiesen (vgl. Kapitel 1, Abschnitt 1.5.1), daß die Stationen, an denen die Arbeitskräfte (lokale Springer) einer Station aushelfen, als deren Nachbarstationen bezeichnet werden, auch wenn sie physikalisch weit entfernt liegen. Auch für die später vorzustellenden Verfahren gilt, daß deren Ergebnisse nur durch die Anzahl der Nachbarstationen beeinflußt werden, nicht jedoch durch deren konkrete Lage.

Man beachte, daß das Instrument nur für kurzfristige Engpässe oder Ungleichmäßigkeiten im Kapazitätsbedarf konzipiert ist. Bei einer dauerhaften Überlastung einer Station etwa aufgrund von fehlenden Mitarbeitern oder einer starken Häufung von an dieser Station arbeitsintensiven Varianten müssen andere Maßnahmen, wie z.B. Personalumsetzungen, Hinzuziehung von Mitarbeitern aus anderen Fertigungsbereichen, etc., ergriffen werden.

Selbstverständlich setzt die Verschiebbarkeit von Arbeitsgängen voraus, daß die Stationen entsprechend mit Werkzeugen, Einsatzmaterialien, Know-how, usw. versehen sind. Insbesondere der Personalausbildung sollte hierbei große Bedeutung zugemessen werden. Durch Investitionen in diesem Bereich wird langfristig ein hohes Flexibilitätspotential geschaffen, da die besser ausgebildeten Mitarbeiter auch vielfältiger eingesetzt werden können. Die Unternehmung erwirbt sich also nicht nur eine größere Beweglichkeit im Hinblick auf die Arbeitsgangzuordnung, sondern kann auch die Personalkapazität der Stationen durch Umsetzungen von Mitarbeitern variieren. Man wird sich also bei einer konkreten praktischen Anwendung auch mit der Frage beschäftigen müssen, wie Stationen aus-

---

[2] Man vgl. hierzu das Flexibilitätsmaß von Schneeweiß/Kühn[1990]. In der Formel $F = \frac{V^* - V^-}{V^+ - V^-}$ kann im ersten Fall V^* den Wert V^+ annehmen ($\Rightarrow F = 1$), während im zweiten Fall $V^* = V^-$ ist und damit $F = 0$ wird.

gestattet sein müssen, um eine bestimmte Flexibilität im Hinblick auf die Arbeitsgangverschiebung zu gewährleisten.

Nach diesen eher allgemeinen Überlegungen soll nun diskutiert werden, welche Auswirkungen Arbeitsgangverlagerungen auf die in der Reihenfolgeplanung erzielbaren Überhangswerte zeigen. Bei der Behandlung des Ziels der gleichmäßigen Kapazitätsauslastung[3] wurde bereits auf die Bedeutung gleichhoher Bearbeitungszeiten hingewiesen. Nur wenn alle Aufträge an allen Arbeitsstationen jeweils die gleiche Fertigungszeit aufweisen, ist die Kapazität vollkommen gleichmäßig ausgelastet. Mit der Möglichkeit, Arbeitsgänge von einer Station auf eine andere zu verschieben, hat man nun zumindest ein Instrument in der Hand, die Bearbeitungszeiten innerhalb eines Auftrags einander anzugleichen. Abbildung 5.1 macht deutlich, was das bedeutet.[4]

Der erste Teil der Abbildung zeigt zwei Aufträge A und B mit jeweils unterschiedlichen Fertigungszeiten an vier Arbeitsstationen. A benötigt beispielsweise an der ersten Station 10 Zeiteinheiten, an der zweiten 6 Einheiten, etc. Arbeitsgänge können selbstverständlich nur innerhalb eines Auftrags verschoben werden (eine Schraube, die z.B. an Auftrag A angezogen werden muß, kann nicht plötzlich an Auftrag B befestigt werden!). Damit sind nur Verschiebungen möglich, wie sie der zweite Teil der Abbildung in idealer Weise zeigt. Auftrag A hat an allen vier Stationen eine Bearbeitungszeit von 8 und Auftrag B von 4 Zeiteinheiten. Diese Werte entsprechen den mittleren Fertigungszeiten der Aufträge pro Station. Nicht möglich (und deshalb in Abb. 5.1 durchgestrichen) ist ein Ausgleich über die Aufträge hinweg (vgl. den dritten Teil der Abbildung), d.h. eine "globale" durchschnittlich Bearbeitungszeit von 6 Einheiten, die zu einer absolut gleichmäßigen Kapazitätsauslastung führen würde, kann nicht realisiert werden.

Aber schon eine Harmonisierung der Bearbeitungszeiten innerhalb der einzelnen Aufträge vereinfacht die Reihenfolge erheblich, da in diesem Fall Reihenfolgen, die für eine Station gut sind, auch für andere Stationen einen tragbaren Kompromiß darstellen, weil ja die Fertigungszeiten je Auftrag dann für alle Stationen in etwa gleich sind.

---

[3] vgl. Kapitel 3

[4] Die Verkürzung einzelner Arbeitsgänge durch technologische Maßnahmen, wie z.B. dem Einsatz schnellerer Maschinen, wird hier nicht berücksichtigt, sondern davon ausgegangen, daß die schnellstmögliche Technologie – soweit verfügbar – genutzt wird.

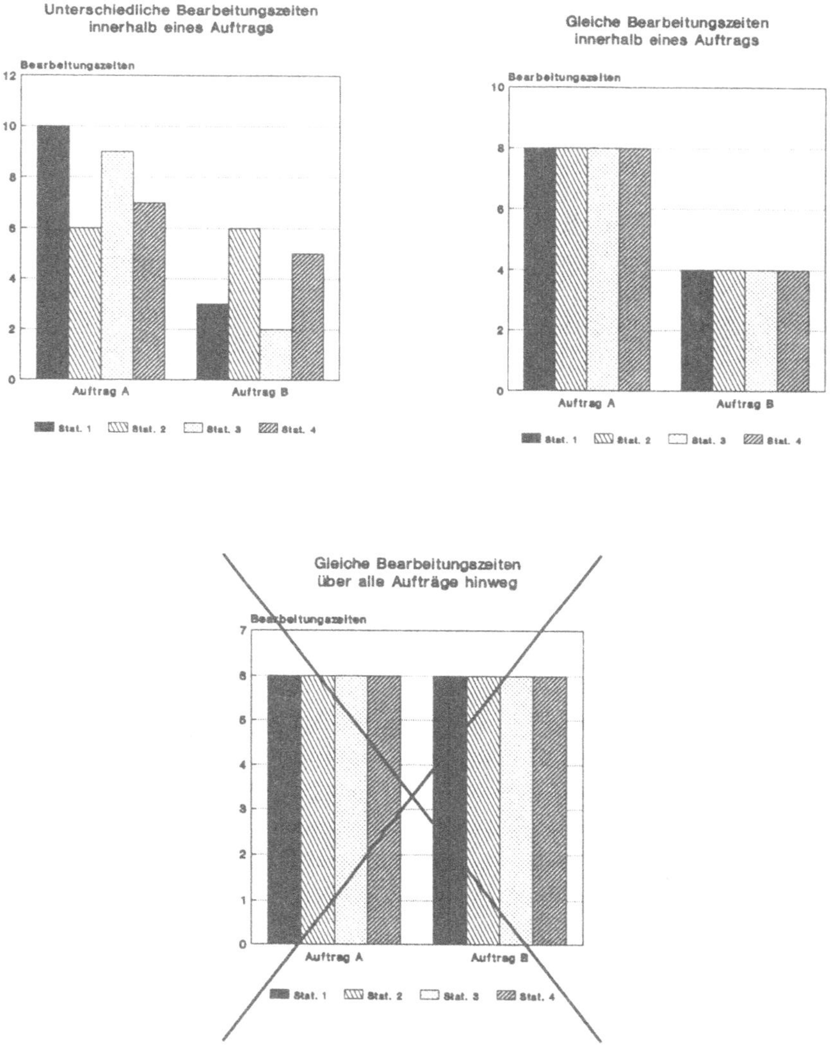

Abb. 5.1: Harmonisierung von Bearbeitungszeiten

Die Grenzen eines solchen auftragsinternen Ausgleichs sind zum einen darin gegeben, daß normalerweise nicht jeder Arbeitsgang an jeder Station durchgeführt werden kann (d.h. nicht alle denkbaren Verschiebungen sind technologisch machbar), und zum andern, daß gewöhnlich nur ganze Arbeitsgänge verlagerbar sind. Damit kann der Durchschnittswert der Bearbeitungszeiten meistens nicht exakt realisiert werden. Welche Ergebnisse damit trotzdem erreicht werden können, zeigen die Abschnitte 5.4 und 5.5. Dabei zielt die im 4. Teil vorgestellte Heuristik mehr auf die nachträgliche Verschiebung von Arbeitsgängen, ist also vor allem auch für den Einsatz bei Störungen im Produktionsprozeß geeignet, während die zweite Heuristik im 5. Abschnitt sich mit der optimalen Zuordnung von Arbeitsgängen vor der Reihenfolgeplanung beschäftigt. Der erste Ansatz ist somit zwangsläufig reihenfolge- und der zweite auftrags- bzw. bearbeitungszeitbezogen (Rf/Anf und Rf/Ende).

Vor der Diskussion der konkreten Verfahren soll jedoch die Formulierung des Problems als Lineares Modell und ein Vergleich mit der Bestimmung optimaler Losgrößen bei Kapazitätsbeschränkungen erfolgen.

5.2. Formulierung als Lineares Modell

Im folgenden werden die zur mathematischen Beschreibung des oben dargestellten Problems der Arbeitsgangverschiebung benötigten Definitionen und Formeln angegeben. Da als Zielkriterium dabei letztlich eine möglichst gleichmäßige Auslastung angestrebt wird, versucht man, die Bearbeitungszeiten, so weit das aufgrund der (technologischen) Restriktionen durchführbar ist, aneinander anzugleichen.

Es soll also die in diesem Sinne optimale Zuordnung von Arbeitsgängen zu m Stationen für n Aufträge festgelegt werden. Dazu sei jedem Auftrag i eine Menge von h_i Arbeitsgängen $g_{i1}, ..., g_{ih_i}$ zugeordnet. Weiterhin ist für jeden Arbeitsgang g_{ik}, $i \in \{1, ..., n\}$, $k \in \{1, ..., h_i\}$, eine Menge von Stationen S_{ik} angegeben, an denen g_{ik} ausgeführbar ist ($S_{ik} = \{s_1, ..., s_{w_{ik}}\}$).

Da die Bearbeitungsdauer eines Arbeitsganges unterschiedlich sein kann, je nachdem wo er durchgeführt wird (anderes Werkzeug, ungeübtes Personal), sind den einzelnen Stationen j, $j \in S_{ik}$ gesonderte Bearbeitungszeiten q_{ik}^j zugeordnet. q_{ik}^j gibt also an, wieviel Zeit für den k-ten Arbeitsgang des Auftrags i an der Station j gebraucht wird. Die Arbeitsgänge werden bewußt nicht unabhängig von dem zugehörigen Auftrag betrachtet, da die Fertigungszeiten von der jeweiligen Auftragsspezifikation beeinflußt werden können, so daß der gleiche Arbeitsgang bei verschiedenen Aufträgen unterschiedliche Zeiten benötigt.

Man führt nun binäre Entscheidungsvariablen z_{ik}^j ein, die folgende Bedeutung besitzen:

$$(5.1) \qquad z_{ik}^j = \begin{cases} 1, & \text{Arbeitsgang } g_{ik} \text{ wird an Station } j \text{ durchgeführt,} \\ 0, & \text{sonst,} \end{cases}$$

$$i \in \{1, ..., n\}, \; k \in \{1, ..., h_i\}, \; j \in \{s_1, ..., s_{w_{ik}}\}.$$

Da jeder Arbeitsgang nur genau einer Station zugeordnet werden kann, erhält man als Restriktion:

$$(5.2) \qquad \sum_{j \in S_{ik}} z_{ik}^j = 1, \qquad i \in \{1, ..., n\}, \; k \in \{1, ..., h_i\}.$$

Weiterhin ergibt sich die Bearbeitungszeit b_{ij} eines Auftrags i an einer Station j als Summe der Fertigungszeiten der dieser Station zugeordneten Arbeitsgänge von i.

$$(5.3) \qquad b_{ij} = \sum_{k=1}^{h_i} z_{ik}^j \cdot q_{ik}^j, \qquad i \in \{1, ..., n\}, \; j \in \{1, ..., m\}.$$

Zusätzlich müßten noch Vorangbeziehungen berücksichtigt werden, auf die jedoch wegen der ohnehin nur begrenzt möglichen Verschiebbarkeit verzichtet werden kann. Das Modell wird dadurch rechentechnisch einfacher handhabbar. Es handelt sich also um eine relaxierte Vorgehensweise, die jedoch vertretbar ist, da erstens derartige Bedingungen durch geringfügige Verschiebungen nicht gravierend verletzt werden können, so daß im Einzelfall eine nachträgliche Korrektur leicht anbringbar ist, und zweitens bei tatsächlichem Bedarf Vorangbeziehungen in den Algorithmen ohne Schwierigkeiten ergänzbar sind. Durch Berücksichtigung solcher Restriktionen würden sich die numerischen Ergebnisse etwas verschlechtern, da die Menge der möglichen Verlagerungen verringert würde.

Um einen gleichmäßigen Durchfluß der Aufträge durch die Fertigung zu erzielen, sollten die Bearbeitungszeiten an den einzelnen Stationen von der Taktzeit $\underline{t}$ nicht allzu sehr abweichen. Daher ergibt sich als zu minimierendes Zielkriterium:

$$(5.4) \qquad \sum_{i=1}^{n} \sum_{j=1}^{m} |b_{ij} - \underline{t}| \longrightarrow \text{Min.}$$

beziehungsweise:

$$\sum_{j=1}^{m} |b_{ij} - \bar{b}_i| \longrightarrow \text{Min.} \qquad \forall\, i = 1, \ldots, n, \tag{5.5}$$

wobei $\bar{b}_i = \frac{1}{m} \sum_{j=1}^{m} b_{ij}$ der Durchschnitt der Bearbeitungszeiten eines Auftrags ist.

Die Zielfunktion (5.4) versucht, Arbeitsgänge so zuzuordnen, daß ein globaler Ausgleich erzielt wird, der unter Umständen auf Kosten der Harmonisierung innerhalb eines Auftrags geht, während mit der Formel (5.5) ein Ausgleich innerhalb der einzelnen Aufträge angestrebt wird. Bei Minimierung nach (5.5) kann das Lineare Problem in n kleinere LP's aufgesplittet werden, d.h. für jeden Auftrag ist ein gesondertes LP zu lösen.

Falls die q_{ij}^k für ein bestimmtes i und k konstant sind, d.h. die Fertigungszeiten sich nicht nach der Station unterscheiden, an der ein bestimmter Arbeitsgang ausgeführt wird, dann ist, wie man sich leicht klarmachen kann, die optimale Lösung für (5.5) auch eine optimale Lösung für (5.4). Wenn die durchschnittliche Bearbeitungszeit eines Auftrags unterhalb von $\underline{t}$ liegt, dann würde die Verschiebung eines Arbeitsganges von einer Station j_1 auf j_2 in der Lösung von (5.5) bedeuten, daß sich bei j_1 der Abstand der Bearbeitungszeit von $\underline{t}$ um die Fertigungszeit dieses Arbeitsganges verschlechtert, während die Verbesserung bei j_2 *höchstens* genausoviele Einheiten beträgt. Umgekehrt würde, wenn die durchschnittliche Bearbeitungszeit größer als $\underline{t}$ ist, eine analoge Verschiebung bedeuten, daß bei j_2 eine Verschlechterung eintritt, die durch die Verbesserung bei j_1 nicht mehr als aufgehoben werden kann.

Die obige Formulierung (5.1-4) (bzw. (5.5)) ist zunächst unabhängig von einer bestimmten Reihenfolge. Sie eignet sich daher auch zur Lösung der optimalen Arbeitsgangzuordnung vor der Auftragseinplanung mittels geeigneter LP-Methoden.[5] Bei Hinzunahme der entsprechenden Nachfolgerbeziehungen entspricht sie dem Problem des Bandausgleichs bei Variantenfließfertigung (vgl. Kapitel 2, die Zielfunktion (5.4) würde dabei eher der Austaktung eines Mischauftrags und die Zielfunktion (5.5) der Einzelaustaktung entsprechen).

Die nachträglich zu verschiebenden Arbeitsgänge erhält man, indem man die oben gefundene Lösung mit der ursprünglichen Zuordnung für eine

---

[5] Die Beträge in der Zielfunktion können leicht durch entsprechende Variablensubstitution beseitigt werden.

gegebene Reihenfolge vergleicht. Eine begrenzte Verschiebbarkeit wird durch Wahl entsprechender Stationenmengen S_{ik} repräsentiert.

5.3. Vergleich mit der Losgrößenplanung

In Kapitel 4 konnte eine Analogie zwischen der Pufferplazierung und der Bestimmung optimaler Bestellzeitpunkte in der Lagerhaltung gezogen werden. Eine ähnliche Entsprechung findet man auch hier bei der Arbeitsgangzuordnung und -verlagerung zur Losgrößenoptimierung unter Kapazitätsrestriktionen. Faßt man wiederum die Stationen als Perioden in der Losgrößenplanung auf, so entspricht die Menge von Arbeitsinhalten, die für einen Auftrag i einer Station j zugeordnet werden, der Größe eines Loses von Produkt i, das in Periode j zu fertigen ist.

Bei der Losgrößenbestimmung mit beschränkter Produktionskapazität in den einzelnen Perioden wird in der Regel für jedes Produkt zunächst eine Ausgangslösung ohne Kapazitätsgrenzen (z.B. mit Hilfe des Wagner/Whitin-Algorithmus oder einer geeigneten Heuristik) berechnet und anschließend Lose verschoben, zusammengefaßt, etc., um die Einhaltung der Kapazitätsrestriktionen zu erzwingen (Dixon/Silver[1981], Günther[1987]). Der Ausgangslösung entspricht im vorliegenden Fall die Zuordnung der Arbeitsgänge zu Stationen, wie sie aufgrund des mittelfristigen Bandabgleichs vorgegeben wird. Eine nachträgliche Anpassung der "Lose" erfolgt durch die Verschiebung von Arbeitsgängen, so daß die Arbeitsinhalte innerhalb eines Auftrags an allen Stationen möglichst gleich sind.[6] Dies läßt sich in der Losgrößenbestimmung dadurch erzwingen, daß die Bedarfe nach einem Produkt i in allen Perioden auf den gleichen Wert (der dem Gesamtbedarf von i dividiert durch die Periodenanzahl entspricht)[7] und die Rüstkosten = 0 gesetzt werden. Letzteres ist nicht nur formal, sondern auch sachlich begründbar, da die Tatsache, ob an einer Station überhaupt Arbeitsgänge eines Auftrags ausgeführt werden oder nicht, keinen Einfluß auf die Zielwerte hat. (Ein solcher Einfluß bestünde allenfalls in der dadurch bewirkten ungleichmäßigen Zuordnung von Arbeitsinhalten, die zu lokalen Überlastungen führen kann. Dies ist jedoch bereits durch die Ansetzung eines durchschnittlichen "Bedarfes" vermieden.) Somit fallen keine Rüstkosten an.

---

6 vgl. Abschnitt 5.1

7 Diese Vorgehensweise ist allerdings insofern problematisch, als "Fehlbestände" u.ä. manchmal sinnvoll sein können, wenn dadurch der Ausgleich bei anderen Aufträgen wesentlich erleichtert wird.

Damit sind jedoch die in der Literatur diskutierten Vorschläge zur Losgrößenanpassung weitgehend nicht anwendbar (z.B. benötigt Günther[1987] für sein Verfahren, das auf der Heuristik von Groff[1979] beruht, Rüstkosten > 0) oder sie entsprechen den in den folgenden Abschnitten vorzustellenden einfachen Heuristiken.

5.4. Reihenfolgebezogene Arbeitsgangverschiebung (Rf/Anf)

5.4.1. Beschreibung der Heuristik

Das im 2. Abschnitt angegebene ganzzahlige LP-Modell ist bei einer realistischen Größenordnung (100 Aufträge, 15 Fertigungsstationen und ca. 50 Arbeitsgänge pro Auftrag ergäben 75000 Entscheidungsvariablen und 5000 Restriktionen des Typs (5.2) sowie 1500 des Typs (5.3)) kaum in vertretbarer Zeit lösbar. Daher werden einige Relaxationen vorgenommen. Zunächst wird vorausgesetzt, daß eine Zuordnung von Arbeitsgängen bereits erfolgt ist und die für diese Bearbeitungszeiten optimale Reihenfolge vorliegt. Weiterhin nimmt man an, daß an jeder Station ein gewisser Prozentsatz der dort zu erledigenden Arbeitsinhalte verschiebbar ist. Dieser Satz wird im folgenden mit vp bezeichnet. Es wird – um die Darstellung zu vereinfachen – eine Spanne sp definiert, welche die Anzahl der Vorgänger- und Nachfolgerstationen angibt, auf die ein Arbeitsgang verschoben werden kann. $sp = 2$ beispielsweise bedeutet also, daß Arbeitsinhalte einer Station sowohl an den beiden vorangehenden, als auch an den beiden nachfolgenden Stationen (sofern es sich bei der betrachteten Station nicht um die Anfangs- oder Endstation der Fertigungslinie handelt) durchgeführt werden können.[8] Die Fertigungszeiten der Arbeitsgänge seien an allen jeweils in Frage kommenden Stationen konstant. Letztere Annahme ist vertretbar, da die Schwankungen in der Regel geringfügig sein dürften. Bezogen auf den lokalen Springereinsatz repräsentiert sp die Stationen, von denen Mitarbeiter kurzfristig zur Aushilfe abgezogen werden, und vp das Ausmaß der Arbeitsinhalte, welches diese an anderen Stationen miterledigen können.

Es werden daher neue Entscheidungsvariablen v_{jl}^{i} ($j, l \in \{1, ..., m\}$, $i \in \{1, ..., n\}$) eingeführt, die angeben, wie viele Arbeitsinhalte (in Zeiteinheiten) bei Auftrag i von Station j nach Station l verschoben wurden.

---

[8] Allgemein handelt es sich hierbei um 4 beliebige "Nachbarstationen".

Damit erhält man folgende Restriktionen:

$$(5.6) \qquad v^i_{jl} \geq 0, \qquad j,l \in \{1,...,m\},\ i \in \{1,...,n\},$$

$$(5.7) \qquad \sum_{l=\max(1,j-sp)}^{\min(m,j+sp)} v^i_{jl} \leq vp \cdot b_{ij}, \qquad j \in \{1,...,m\},\ i \in \{1,...,n\},$$

$$(5.8) \quad b^{neu}_{ij} = b_{ij} + \sum_{l=\max(1,j-sp)}^{l=\min(m,j+sp)} (v^i_{lj} - v^i_{jl}), \quad j \in \{1,...,m\},\ i \in \{1,...,n\}.$$

Die Bedingung (5.7) stellt sicher, daß nicht mehr als vp% des Arbeitsinhalts an einer Station verschoben wird. In (5.8) werden die sich aus der Verlagerung ergebenden neuen Bearbeitungszeiten bestimmt. Als Zielfunktion sind die Überhänge zu minimieren.

Das obige Problem wird heuristisch gelöst. Hierzu werden an geeigneter Stelle Arbeitsinhalte (in "Stücken" zu jeweils 5%)[9] verschoben. Die Minimierung des Zielwertes kann dort aufsetzen, wo die Bearbeitungszeit, der Überhang oder der Überhangszuwachs maximal ist. Alle 3 Möglichkeiten werden getestet, indem zunächst für jeden Auftrag in der Reihenfolge jeweils das Maximum des entsprechenden Wertes über alle Stationen gesucht wird. Man versucht dann eine Verschiebung von 5% der Bearbeitungszeit durchzuführen, falls das zulässige Verschiebepotential vp für diesen Auftrag an der entsprechenden Station dadurch nicht überschritten wird. Die Arbeitsgänge werden auf diejenige Station in dem durch sp definierten Stationenbereich mit der geringsten Belastung transferiert. Die Verlagerung ist akzeptabel, wenn sich dadurch ein geringerer Gesamtüberhang ergibt, daher wird die Heuristik als reihenfolgebezogen bezeichnet. Diese Aktionen werden solange durchgeführt, bis entweder keine Verbesserung im Zielwert mehr zu erzielen ist oder alle Verschiebemöglichkeiten ausgeschöpft sind. Da nur aussagekräftige Ergebnisse erzielt wurden, wenn dort Arbeitsinhalte verlagert wurden, wo die Bearbeitungszeiten sehr hoch waren, wurden größere Simulationen ausschließlich mit dieser Alternative laufen gelassen. Dies erscheint auch sinnvoll, da die Bearbeitungszeiten ja primärer Verursacher von Überhängen sind, d.h. ein Ansatz hier muß

---

[9] Bei dieser Vorgehensweise handelt es sich um eine Relaxation. Tatsächlich müßte die Fertigung eines Auftrags an einer Station in einzelne Arbeitsgänge aufgespalten werden. Für die numerischen Ergebnisse ist dies jedoch unerheblich.

die größte Wirkung zeigen. Abbildung 5.2 zeigt die Vorgehensweise als Flußdiagramm.

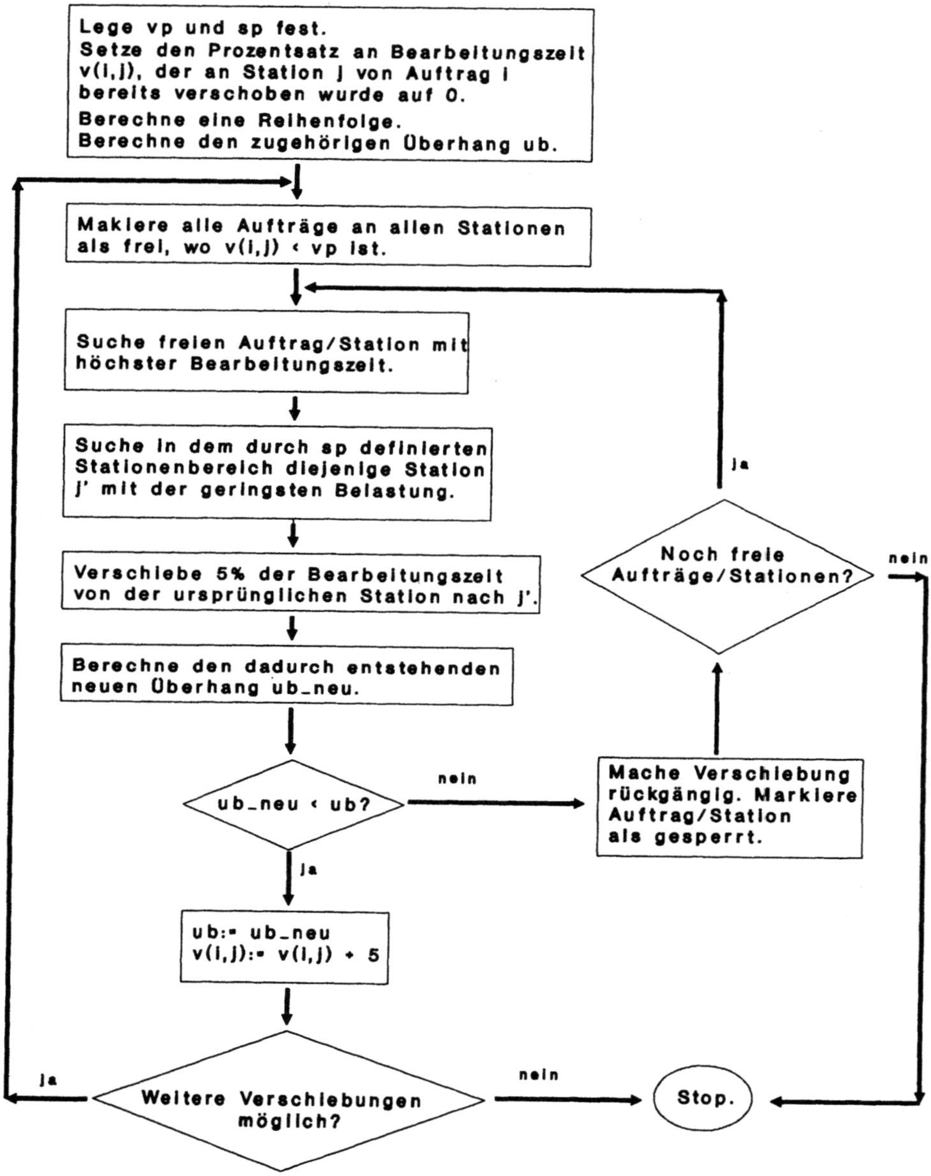

Abb. 5.2: Arbeitsgangverschiebung, Flußdiagramm für Rf/Anf

Soll nicht an den Stellen mit den höchsten Bearbeitungszeiten primär verschoben werden, sondern z.B. dort, wo die Überhänge am größten werden, so ist der dritte Anweisungskasten im Diagramm entsprechend abzuändern.

5.4.2. Darstellung der Ergebnisse

Die Arbeitsgangverschiebung wurde mit einem Verschiebepotential von vp = 5-25% und einer Verschiebespanne von sp = 1-3 getestet. Alle Simulationen umfaßten jeweils 100 Läufe mit den bekannten Auftrags- und Stationenkonfigurationen. Die folgenden Grafiken geben die dabei erzielten wichtigsten Ergebnisse bezüglich der Überhänge und Gesamtdurchlaufzeiten wieder. Sämtliche berechneten Werte finden sich in den ausführlichen Tabellen A2.1-8 im Anhang.

Nach der Verschiebung der Arbeitsgänge wurde mit den daraus resultierenden neuen Bearbeitungszeiten, also einer veränderten Problemstellung, eine erneute Reihenfolgeberechnung vorgenommen. In den Abbildungen 5.3-10 sind die dabei erzielten Zielwerte ("neue Reihenfolge") denjenigen gegenübergestellt, die sich nach Abschluß der Arbeitsgangverlagerung eingestellt hatten ("alte Reihenfolge"). Die ersten vier Grafiken stellen den Einfluß des Verschiebepotentials auf die Überhänge und die Durchlaufzeiten bei beiden Auftragsmengen dar. Die Verschiebespanne hat den konstanten Wert 1, d.h. Arbeitsgänge können um nicht mehr als eine Station nach vorne oder hinten verschoben werden. Als Referenzwert sind die Zielwerte mit angegeben, die man erhält, wenn keinerlei Möglichkeiten zur Arbeitsgangverlagerung genutzt werden können, also $vp/sp = 0/0$ ist. Natürlich erübrigt es sich dabei, zwischen alter und neuer Reihenfolge zu unterscheiden.

Abb. 5.3 und 5.4 zeigen die Auswirkung des Verschiebepotentials auf die Überhänge. Bei den homogenen Aufträgen erkennt man zwar eine deutliche Verringerung gegenüber dem Wert bei 0/0 (Reduktion um über 25% bei vp = 20%), doch insgesamt schwanken die Ergebnisse sehr stark und es kann keinesfalls die Aussage getroffen werden, daß mit wachsendem Verschiebepotential auch die Zielwerte sich verbessern. Dies hängt damit zusammen, daß bei dieser Auftragsmenge die Bearbeitungszeiten eines Auftrags über alle Stationen hinweg schon einigermaßen austariert sind, so daß eine zusätzliche Verlagerung von Arbeitsgängen kaum noch weitere Verbesserungen bewirken kann. Anders sieht die Situation bei den heterogenen Aufträgen aus. Hier sinken die Überhänge mit steigendem vp, da die Ungleichmäßigheiten innerhalb eines Auftrags stärker ausgeprägt sind, selbstverständlich insbesondere an den Bruchstellen 5/6 und 10/11. Es läßt sich ebenfalls eine signifikante Verringerung gegenüber dem Referenzwert feststellen (z.B. um fast 30% bei $vp = 25\%$). Ein analoges Bild liefern die Werte für $sp = 2$, bzw. $sp = 3$ (vgl. Tab. A2.1 und A2.5).

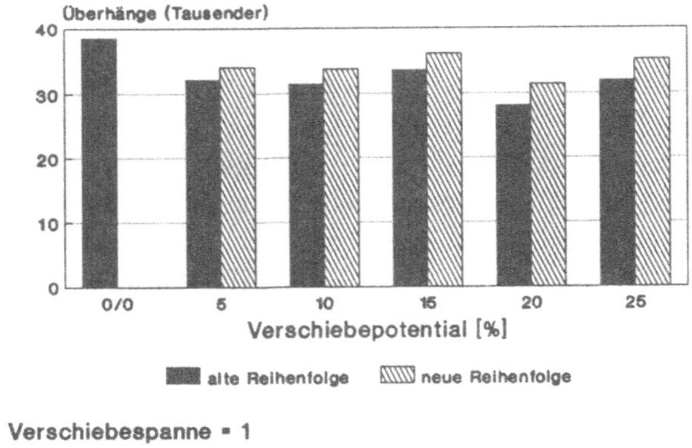

Abb. 5.3: Einfluß von vp auf die Überhänge, Rf/Anf, HOM

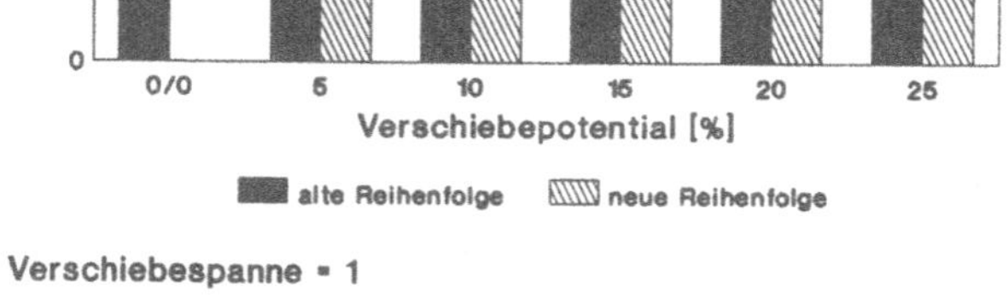

Abb. 5.4: Einfluß von vp auf die Überhänge, Rf/Anf, HET

Bei erneuter Reihenfolgeberechnung verschlechterten sich die Zielwerte wieder. Die Überhänge sind bei der neuen Reihenfolge deutlich höher als bei der alten. Dies kann nur dadurch erklärt werden, daß die Arbeitsgangverlagerung nur dort vorgenommen wurde, wo sich bezüglich der ursprünglichen Reihenfolge eine Verbesserung ergab. Wird diese Reihenfolge verändert, stimmt die Abstimmung der Verschiebungen, bzw. der Bearbeitungszeiten nicht mehr und die Überhänge steigen wieder.

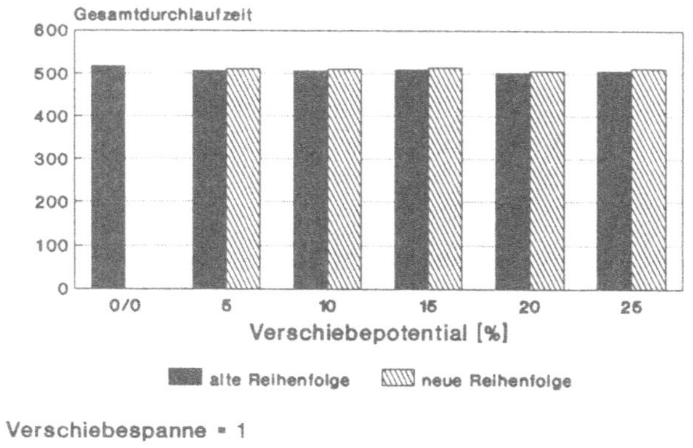

Abb. 5.5: Einfluß von *vp* auf die Gesamtdurchlaufzeit, Rf/Anf, HOM

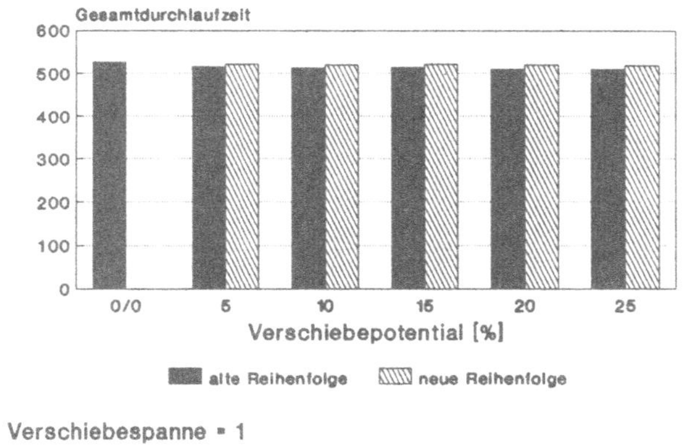

Abb. 5.6: Einfluß von *vp* auf die Gesamtdurchlaufzeit, Rf/Anf, HET

Bei den Durchlaufzeiten sind kaum Zielwertveränderungen festzustellen, da bereits vor der Arbeitsgangverschiebung eine recht niedrige Gesamtdurchlaufzeit erreicht war, so daß kaum Verbesserungspotential besteht. Auch hier liegen die Werte für die neue Reihenfolge etwas höher als diejenigen, die für die alte berechnet wurden.

Die folgenden vier Abbildungen zeigen die Auswirkungen, die eine veränderte Verschiebespanne (1, 2 oder 3 Vorgänger- und Nachfolgerstationen)

bei konstantem Verschiebepotential (5%) bewirkt. Abgesehen davon, daß die Werte vor allem bei den Überhängen wieder deutlich unter den Vergleichswerten bei 0/0 liegen, bedeutet eine Erhöhung von *sp* offenbar keine signifikante Verbesserung der Zielwerte (bei den heterogenen Aufträgen ist ein schwacher Trend nach unten zu erkennen).

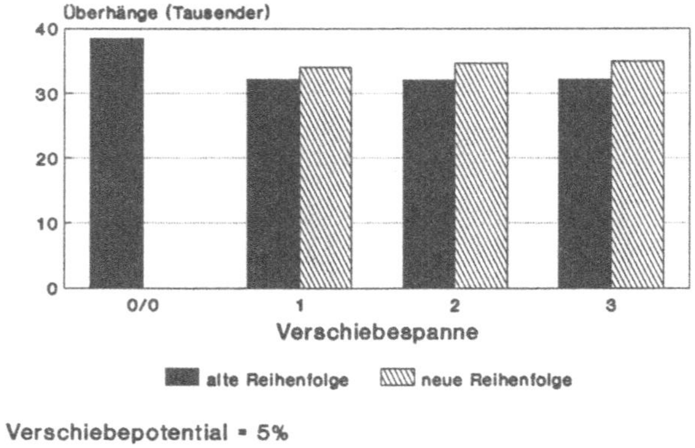

Abb. 5.7: Einfluß von *sp* auf die Überhänge, Rf/Anf, HOM

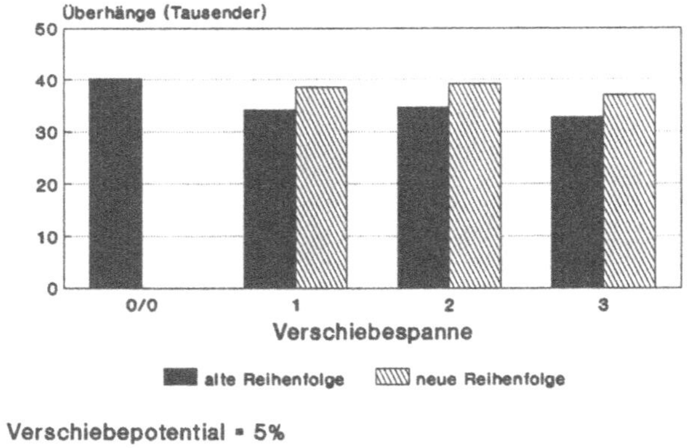

Abb. 5.8: Einfluß von *sp* auf die Überhänge, Rf/Anf, HET

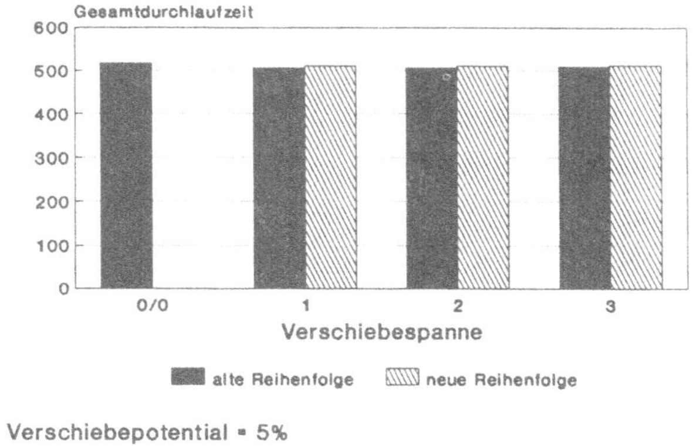

Abb. 5.9: Einfluß von *sp* auf die Gesamtdurchlaufzeit, Rf/Anf, HOM

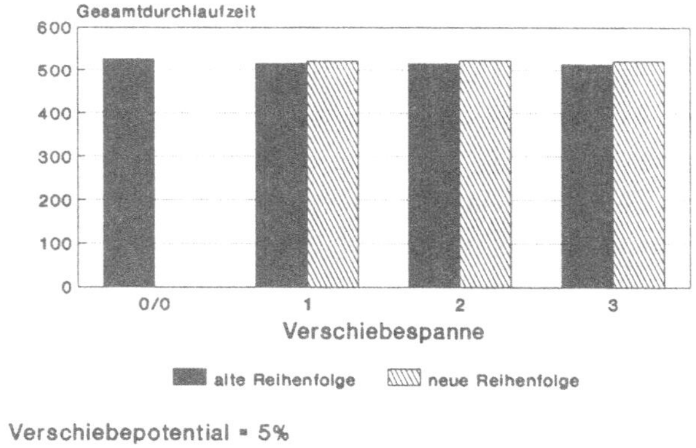

Abb. 5.10: Einfluß von *sp* auf die Gesamtdurchlaufzeit, Rf/Anf, HET

Damit kann zusammenfassend festgestellt werden, daß bei Anwendung dieser Heuristik eine deutliche Zielwertverbesserung bereits bei geringem Verschiebepotential erwartet werden kann. Die Erhöhung dieses Potentials zeigt nur bei den heterogenen Aufträgen, also bei Aufträgen mit stark unterschiedlichen Bearbeitungszeiten Auswirkungen. Es genügt, wenn die Arbeitsgänge um eine Station nach vorne oder hinten verlagert werden können. Eine Vergrößerung der Verschiebespanne hat keinen signifikanten Einfluß auf die Ergebnisse.

5.5. Bearbeitungszeitbezogene Arbeitsgangverschiebung (Rf/Ende)

5.5.1. Beschreibung der Heuristik

Diese zweite Heuristik findet ihren spezifischen Ansatzpunkt bei der optimalen Zuordnung von Arbeitsgängen. Auch sie geht davon aus, daß ein bestimmtes Potential an Arbeitsinhalten variabel unterschiedlichen Stationen zuweisbar ist. Diese Größe soll in Anlehnung an die erste Heuristik mit *vp* bezeichnet werden. Weiterhin wird durch *sp* wieder die Spanne von Stationen beschrieben, um die ein Arbeitsgang seiner eigentlichen Station vor- oder nachgezogen werden kann. Es wird hier ebenfalls von der relaxierenden Annahme ausgegangen, daß die Bearbeitungszeiten einzelner Arbeitsgänge nicht von der Station, der sie zugeordnet werden, abhängen.

Für jeden Auftrag wird nun an jeder Station die Summe der Bearbeitungszeiten der nicht verschiebbaren Arbeitsgänge bestimmt. Anschließend werden die mehreren Stationen zuordnungsfähigen Arbeitsgänge der Größe nach sortiert. Sie werden dann sukzessive denjenigen Stationen zugewiesen, die (unter den aufgrund von *sp* überhaupt in Frage kommenden Arbeitsstationen) die gerade aktuell niedrigste Bearbeitungszeit besitzen. Folgendes Beispiel soll diese Vorgehensweise verdeutlichen:

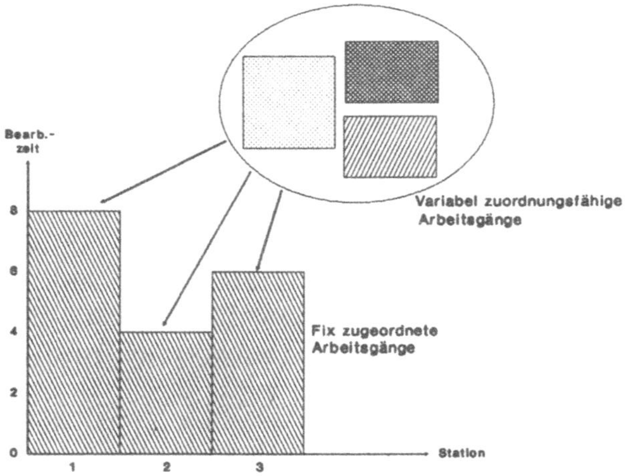

Abb. 5.11a: Zuordnung von Arbeitsgängen, Ausgangssituation

Einem Auftrag sind an drei Station Arbeitsgänge fest zugeordnet, die nicht verlagert werden können. Daraus resultieren bereits Bearbeitungszeiten in Höhe von 8 Zeiteinheiten an Station 1, 4 ZE an 2 und 6 ZE an Station 3. Weiterhin sind noch drei Arbeitsgänge mit 3, 2 und nochmals 2 ZE Bearbeitungsdauer variabel zuordnungsfähig, wobei zur Vereinfachung angenommen wird, daß diese an allen drei Stationen ausgeführt werden können.

Im 1. Schritt (Abb. 5.11b) wird nun der noch nicht zugeordnete Arbeitsgang mit der höchsten Dauer (im Beispiel derjenige mit 3 ZE) der Station mit der aktuell niedrigsten Bearbeitungszeit, also Station 2 zugewiesen, die anschließend eine Fertigungszeit von 7 ZE benötigt.

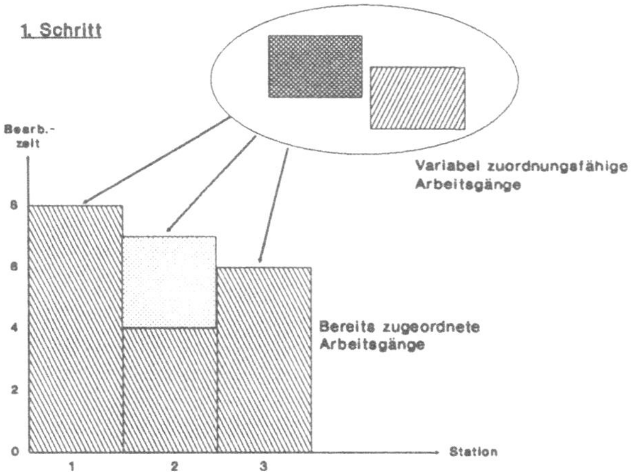

Abb. 5.11b: Zuordnung von Arbeitsgängen, 1. Schritt

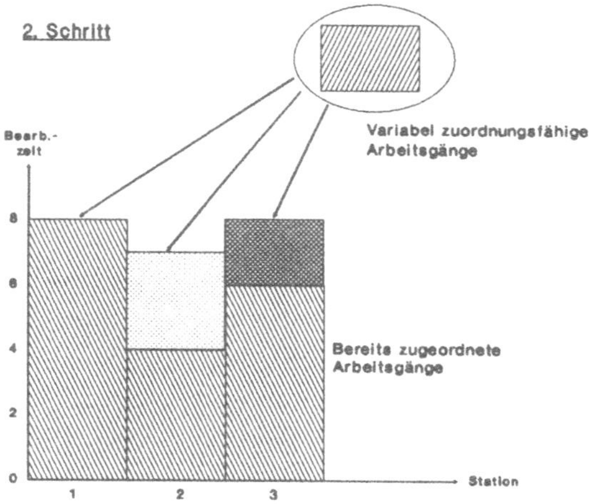

Abb. 5.11c: Zuordnung von Arbeitsgängen, 2. Schritt

Nun wird einer der Arbeitsgänge mit 2 ZE zugeordnet. Station 3 weist die niedrigste Bearbeitungszeit auf, daher erhält sie diese zusätzlichen Arbeitsinhalte, die Fertigungsdauer steigt damit an Station 3 auf 8 ZE (Abb. 5.11c).

Schließlich wird der letzte variable Arbeitsgang zugewiesen. Die Bearbeitungszeiten an den drei Stationen betragen jetzt 8, 9 und 8 ZE, sie sind also weitgehend gleichmäßig verteilt (Abb. 5.11d).

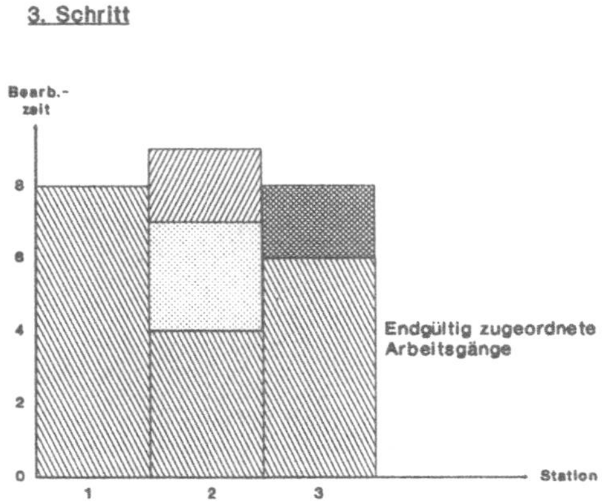

Abb. 5.11d: Zuordnung von Arbeitsgängen, 3. Schritt

Nachdem eine derartige Zuordnung für jeden Auftrag getroffen wurde, wird dann mit den so erhaltenen Bearbeitungszeiten eine Reihenfolgeberechnung durchgeführt.

Natürlich kann nicht immer gewährleistet werden, daß auf diese Art und Weise die bestmögliche gleichmäßige Verteilung der Bearbeitungszeiten je Auftrag erfolgt. Dies kann man sich leicht an folgendem Beispiel klarmachen: einem Auftrag wurden an zwei Stationen bereits nicht verschiebbare Arbeitsgänge zugeordnet, aus denen Bearbeitungszeiten von 2 und 4 ZE resultieren. Weiterhin seien noch variable Arbeitsgänge mit den Dauern 4, 3 und 3 ZE zuzuweisen. Dann werden bei der obigen heuristischen Vorgehensweise zunächst die 4 ZE der ersten Station zugeordnet, so daß deren Fertigungsdauer auf 6 ZE steigt. Anschließend erhält die zweite Station einen Arbeitsgang mit 3 ZE und zum Schluß die erste Station nochmals 3 ZE. Insgesamt ergibt sich somit eine Fertigungsdauer von 9 ZE für die erste Station und 7 ZE für die zweite. Optimal wäre jedoch eine Zuordnung der beiden 3er-Arbeitsgänge zur ersten und des Arbeitsgangs mit 4 ZE Dauer zur zweiten Station gewesen, weil sich dann Bearbeitungszeiten von jeweils 8 ZE eingestellt hätten.

Die Heuristik liefert jedoch für eine grundsätzliche Aussage darüber, welche Zielwerte mit einer bearbeitungszeitorientierten Betrachtungsweise erreicht werden können, hinreichend gute Ergebnisse. Im konkreten Fall kann selbstverständlich ein verfeinerter Zuordnungsalgorithmus implementiert werden, der gleichmäßigere Bearbeitungszeiten garantiert. Ein solches verbessertes Verfahren müßte jedoch dann mit höheren Rechenzeiten bezahlt werden.

5.5.2. Darstellung der Ergebnisse

Es wird von den Bearbeitungszeit ausgegangen, die ein Auftrag an einer Station bei "normaler" Arbeitsgangzuweisung hat. Anschließend werden von diesen Arbeitsinhalten 5-25% als variabel erklärt (in 5%-Schritten), sie umfassen also das Verschiebepotential *vp*. Die mögliche Verschiebespanne *sp* wird wiederum von 1 bis 3 variiert. Für alle damit bildbaren Konfigurationen werden 100 Simulationsläufe mit den Auftragsmengen HOM und HET durchgeführt. Die kompletten Ergebnisse dazu finden sich im Anhang in den Tabellen A2.9-12. Im folgenden sind analog Abschnitt 5.4.2. nur einige grundsätzliche Ergebnisse bezüglich der Überhänge und der Gesamtdurchlaufzeit grafisch dargestellt.

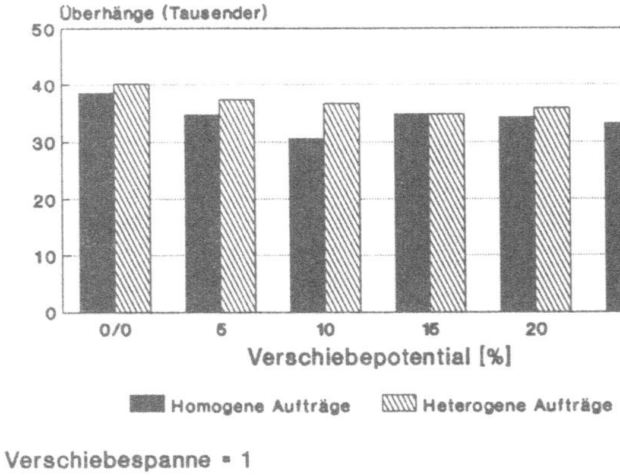

Abb. 5.12: Einfluß von *vp* auf die Überhänge, Rf/Ende

Die beiden ersten Grafiken 5.12 und 5.13 geben den Einfluß des Verschiebepotentials auf die Ergebnisse für beide Auftragsmengen wieder, als Verschiebespanne wurde $sp = 1$ gewählt. Ein Vergleich mit dem Referenzwert 0/0 zeigt, daß auch hier deutliche Zielwertverbesserungen, insbesondere bei den Überhängen erzielt werden (ca. 20% bei den homogenen Aufträgen und knapp 15% bei den heterogenen Aufträgen). Diese Verbesserung ist jedoch nicht signifikant von der Höhe des Verschiebepotentials abhängig. Im Durchschnitt werden bei den homogenen Aufträgen (vgl. hierzu auch Tab. A2.9 im Anhang) die besten Ergebnisse bereits bei etwa 10% ermittelt, eine weitere Erhöhung von *vp* lohnt sich hier nicht. Bei den heterogenen Aufträgen sollten etwa 15% der Arbeitsinhalte verlagerbar sein (vgl. Tab. A2.11).

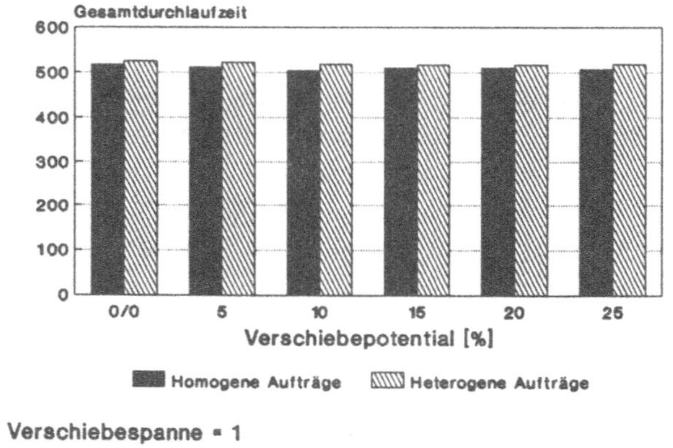

Abb. 5.13: Einfluß von *vp* auf die Gesamtdurchlaufzeit, Rf/Ende

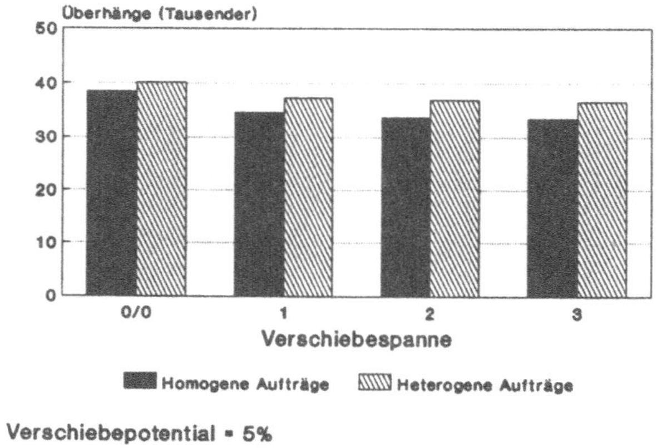

Abb. 5.14: Einfluß von *sp* auf die Überhänge, Rf/Ende

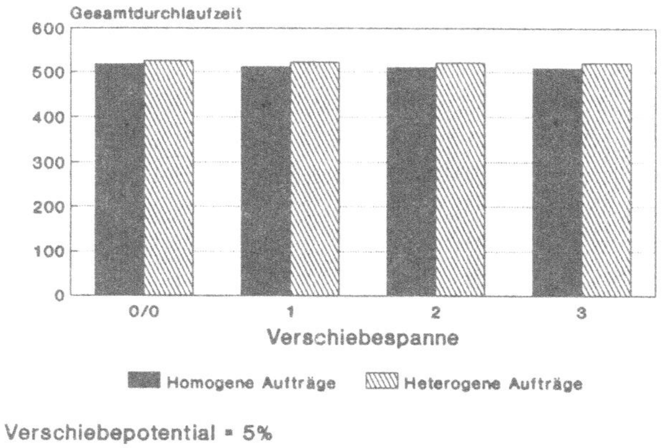

Abb. 5.15: Einfluß von *sp* auf die Gesamtdurchlaufzeit, Rf/Ende

Bei der Untersuchung der Auswirkungen, die eine Veränderung der Verschiebespanne nach sich zieht, zeigte sich, daß eine Erhöhung von *sp* bei dieser Heuristik leichte Zielwertverbesserungen bewirkt. Man vergleiche hierzu auch die übrigen Werte in Tab. A2.9 und A2.11, z.B. sinkt der Überhang bei den heterogenen Aufträgen bei $vp = 10\%$ von 36666,50 Einheiten (sp=1) über 35733,69 Einheiten (sp=2) auf schließlich 34349,77 Einheiten (sp=3). Bei den Durchlaufzeiten ist wiederum kaum eine Veränderung spürbar.

5.6. Vergleich der Ergebnisse

Zunächst kann festgestellt werden, daß die Bearbeitungszeit-orientierte Heuristik deutlich schneller ist, da nicht ständig die sehr zeitintensiven Überhangsberechnungen durchgeführt werden müssen. Sie benötigt damit weniger als 10% der Rechenzeit der Reihenfolge-orientierten Heuristik. Allerdings sind die Ergebnisse auch signifikant schlechter, wie die folgenden Grafiken 5.16-23 zeigen. Dabei sind für Rf/Anf nur die Werte bezüglich der alten Reihenfolge dargestellt, da diese stets besser waren als diejenigen bei der nachträglichen "Optimierung".

Sowohl bezogen auf das Verschiebepotential (Abb. 5.16-19) als auch auf die Verschiebespanne (Abb. 5.20-23) weist Rf/Ende stets die höheren Überhänge (Abb. 5.16-17 und 5.20-21) und die etwas größere Gesamtdurchlaufzeit (Abb. 5.18-19 und 5.22-23) auf. Der Unterschied beträgt bei den Überhängen durchschnittlich 5% bei den homogenen Aufträgen und 10% bei HET (bezogen auf die Ergebnisse bei Rf/Anf). Allerdings kann vermutet werden, daß mit einem verbesserten Zuordnungsmechanismus (z.B. unter Verwendung des von Rachamadugu/Talbot[1989] vorgeschlagenen Algorithmus) bei der zweiten Heuristik die Zielwerte sich der Reihenfolge-orientierten Vorgehensweise angleichen werden.

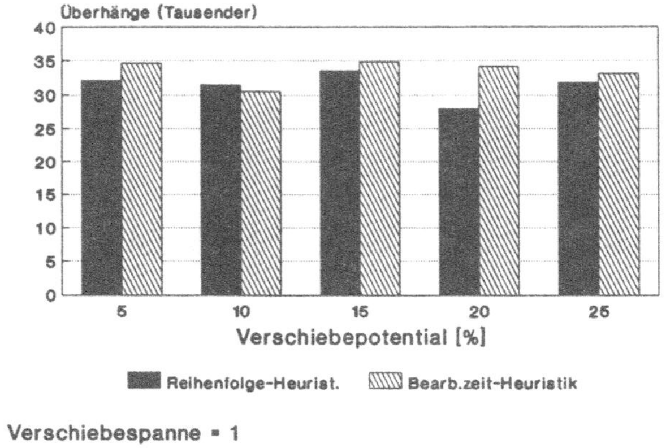

Abb. 5.16: Einfluß von *vp* auf die Überhänge, Vergleich, HOM

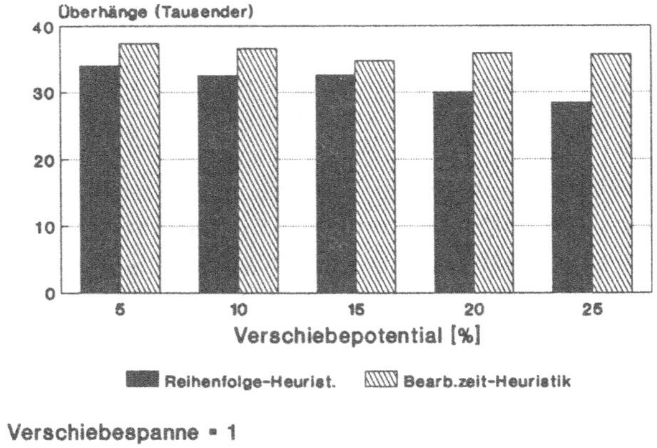

Abb. 5.17: Einfluß von *vp* auf die Überhänge, Vergleich, HET

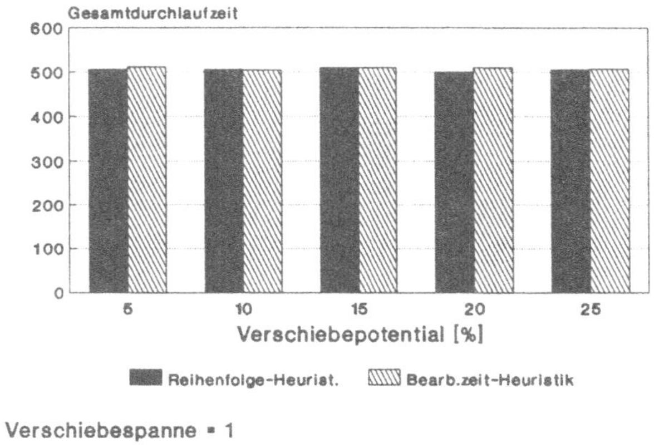

Abb. 5.18: Einfluß von *vp* auf die Gesamtdurchlaufzeit, Vergleich, HOM

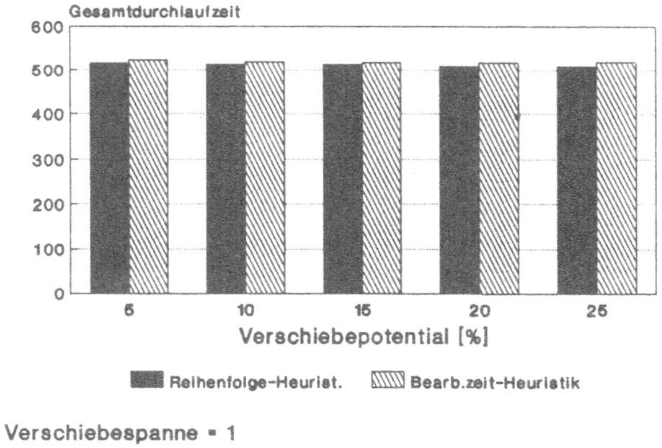

Abb. 5.19: Einfluß von *vp* auf die Gesamtdurchlaufzeit, Vergleich, HET

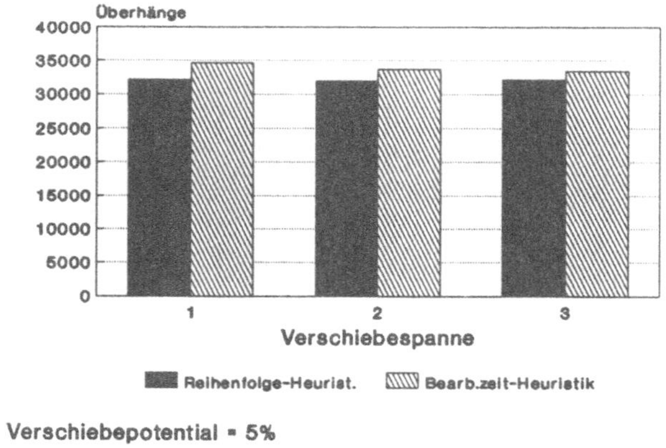

Abb. 5.20: Einfluß von *sp* auf die Überhänge, Vergleich, HOM

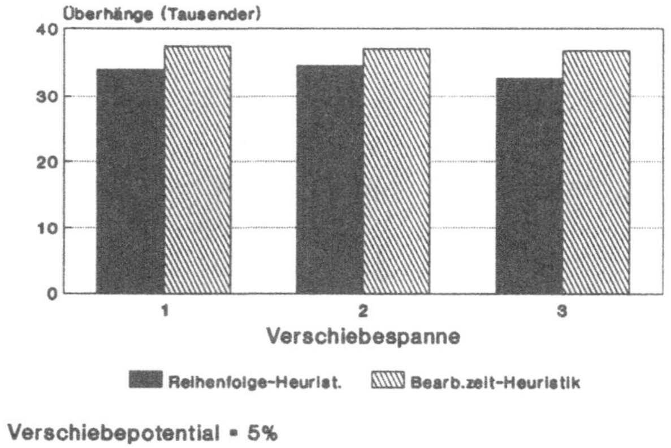

Abb. 5.21: Einfluß von *sp* auf die Überhänge, Vergleich, HET

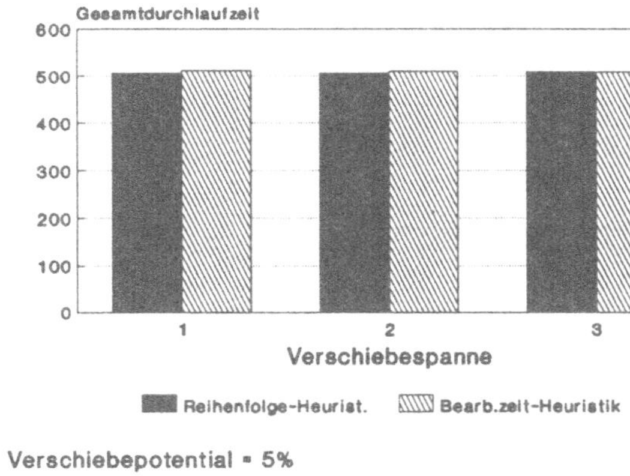

Abb. 5.22: Einfluß von *sp* auf die Gesamtdurchlaufzeit, Vergleich, HOM

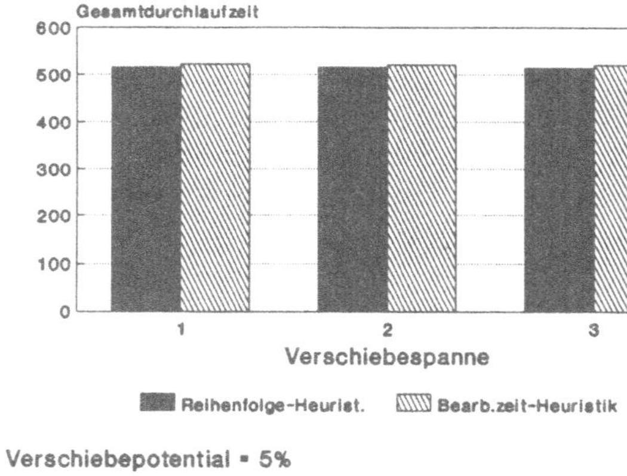

Abb. 5.23: Einfluß von *sp* auf die Gesamtdurchlaufzeit, Vergleich, HET

Insgesamt bleibt festzuhalten, daß mit der Möglichkeit, Arbeitsinhalte unterschiedlichen Stationen zuzuweisen, der Unternehmung ein recht mächtiges Instrument zur Verfügung steht. Zudem kann damit auch besser auf Maschinenausfälle reagiert werden, da in diesem Fall zumindest ein Teil der Arbeitsgänge auf andere Maschinen verlagert und somit vielleicht ein kompletter Produktionsstillstand verhindert wird. Allerdings müssen diesen Vorteilen die Kosten dafür gegenübergestellt werden, daß das Personal bei Bedarf an Nachbarstationen aushelfen kann. Dieser Punkt wird auch in Kapitel 7 noch einmal angesprochen.

6. Externe Springer

6.1. Darstellung der Problematik

Die Anpassung des Kapazitätsangebots hängt bei der Variantenfließfertigung in großem Ausmaß von der flexiblen Handhabung und Verteilung der Personalkapazität ab.[1] Auf mittel- bis langfristiger Planungsebene sind dabei Modelle der Arbeitszeitgestaltung und -flexibilisierung zu diskutieren. Diese bestimmen das der operativen Planung und Steuerung zur Verfügung stehende Kapazitätsvolumen. Da die konkrete Gestaltung solcher Arbeitszeitmodelle jedoch ein sehr komplexes Thema ist und weit über die speziellen Fragestellungen der Variantenfertigung hinausreicht, sei diesbezüglich auf die Arbeiten von Günther[1989], der einen umfassenden Überblick bietet, und Wild/Schneeweiß[1992], die in einem hierarchischen Ansatz ein Dynamisches Programm zur Verteilung der Arbeitszeit beschreiben, verwiesen.

Auf der kurzfristigen Ebene kann die Personalkapzität vor allem durch Springer variiert werden. Unter externen Springern soll im folgenden zusätzliches Personal (z.B. aus anderen Fertigungsbereichen oder von außerhalb der Unternehmung) verstanden werden, das an verschiedenen Stationen einsetzbar ist. Ständig verfügbare Mitarbeiter, die nur bei Bedarf die Arbeitsgänge benachbarter Stationen miterledigen können, wurden bereits im vorangegangenen Kapitel erörtert. Das generelle Zuordnungsproblem von Personal zu Stationen wird nicht diskutiert, da dieses in den Aufgabenbereich des Bandabgleichs fällt.[2]

---

1 vgl. auch das vorangegangene Kapitel

2 Ein Personalzuordnungsproblem für nicht ausgetaktete Bänder wird in Jacobson/Sadowski[1977] und Sadowski/Jacobson[1978] beschrieben. Ziel ist es dort, unter Kostengesichtspunkten die Bestände in der Produktion zu minimieren und den Ausstoß zu maximieren. Iskander/Chou[1990] bestimmen für ein ähnliches Problem zunächst über ein ganzzahliges LP die Anzahl von Mitarbeitern je Station und nehmen dann mit einem Netzflußalgorithmus die konkrete Zuordnung vor.

Voraussetzung für den Einsatz von Springern[3] ist ein entsprechendes Ausbildungsniveau, da diese mehrere Arbeitsgänge beherrschen müssen, um an unterschiedlichen Arbeitsplätzen einsetzbar zu sein. Dieses Potential wird daher vor allem im strategischen und mittelfristigen Bereich geschaffen, indem eine entsprechende Einstellungs- und Weiterbildungspolitik geplant wird. Durch Schulungsmaßnahmen u.ä. fallen einmalige Kosten an, zudem können durch Lohnzuschläge bei den höher qualifizierten Mitarbeitern sich die laufenden Personalkosten erhöhen. Diese Aufwendungen sind bei der Bewertung des Springereinsatzes auf jeden Fall zu berücksichtigen. Dem stehen jedoch neben dem Flexibilitätszuwachs Vorteile gegenüber, die sich z.B. in einer erhöhten Motivation bei den besser ausgebildeten und vielseitiger eingesetzten Arbeitskräften ausdrücken. Allerdings sind derartige Faktoren kaum quantifizierbar.

Springer werden auf unterschiedliche Art und Weise in der Fertigung genutzt. So können sie beispielsweise zum Ausgleich von Bearbeitungszeiten gezielt von einzelnen Stationen angefordert werden, wenn dort Überlastungen oder Terminüberschreitungen drohen. Andererseits lassen sich Springer auch bestimmten großen oder kritischen Aufträgen zuordnen, die sie dann über die gesamte Fertigungslinie hinweg oder einen Teilbereich begleiten, um die betroffenen Arbeitsstationen während der Bearbeitung dieser Aufträge generell zu entlasten. Schließlich ist noch die Möglichkeit zu nennen, Springer gezielt für solche Arbeitsgänge auszubilden, die spezielle Fertigkeiten erfordern oder nur selten anfallen. Da in diesem Fall der Springereinsatz jedoch eher technologisch bedingt ist und nicht zum Ziel hat, über die Kapazitätserhöhung die Reihenfolgeplanung zu unterstützen, soll dieser Aspekt hier ausgeklammert bleiben. Ähnliches gilt für die Behandlung von Springern, die als Ersatzkapazität bei Fehlzeiten, Urlaub, Krankheit, etc. eingeplant sind, da diese dann die Funktion des normalerweise eingesetzten Personals einnehmen, das die Grundlage der Planung bildet.[4]

Bei dem Einsatz von Springern stehen mehr Personen für die Fertigung be-

---

[3] Mit Springern sind in diesem Kapitel stets externe Springer gemeint.

[4] Downey/Leonard[1992] beschreiben durch Puffer entkoppelte Fertigungslinien, bei denen weniger als ein Mitarbeiter pro Station zur Verfügung steht. Das Personal wird jeweils an der Station eingesetzt, wo die höchsten Arbeitsinhalte warten, bzw. wo der Puffer für die Versorgung nachfolgender Stationen leer zu werden droht. Zwar kann man auch in diesem Fall von Springern sprechen, jedoch muß die Personalkapazitätsplanung unter völlig anderen Voraussetzungen als bei der hier diskutierten Variantenfließfertigung erfolgen.

stimmter Arbeitsgänge zur Verfügung, d.h. Bearbeitungszeiten werden gesenkt.[5] Damit werden vor allem durchlaufzeitbezogene und am Fertigstellungstermin orientierte Ziele unterstützt. Durch eine geeignete Planung des Springereinsatzes können Aufträge gezielt "beschleunigt" werden.

Der folgende Abschnitt beschreibt zwei grundsätzliche Vorgehensweisen zur Nutzung externer Springer auf der kurzfristigen Planungsebene. Diese sollen derart eingesetzt werden, daß dabei das Zielkriterium der Reihenfolgeplanung, die Summe der Überhänge, minimiert wird, um so den Einfluß der Springer auf die Kapazitätsnutzung zu untersuchen.

6.2. Modelle für den Springereinsatz

Die Zuordnung von Springern kann – analog den Vorgehensweisen bei der Einplanung von Puffern oder der Zuordnung von Arbeitsgängen – grundsätzlich auf zwei Arten geschehen: **auftrags-** und **stationsbezogen**. Bei letzterem wird einer Station für eine bestimmte Zeiteinheit ein Springer zugewiesen, wenn sie eine unzulässig hohe Belastung aufweist und für diesen Zeitraum ein Springer zur Verfügung steht. Voraussetzung hierfür ist also, damit die Stationsbelastung berechnet werden kann, eine Reihenfolgebildung. Das Verfahren entspricht also der Vorgehensweise Rf/Anf. Bei der auftragsbezogenen Zuweisung bekommen die Aufträge mit den höchsten Bearbeitungszeiten einen Springer zugeordnet, der sie über das Band hinweg (oder zumindest über einen gewissen Teil davon) begleitet. Die Reihenfolgeplanung kann dann anschließend mit den geänderten Bearbeitungszeiten erfolgen (Rf/Ende).

6.2.1. Die stationsbezogene Vorgehensweise (Rf/Anf)

6.2.1.1. Darstellung des Modells

Zunächst erfolgt eine Reihenfolgeberechnung ohne Berücksichtigung von Springern. Die dazu benötigte Fertigungszeit wird dann in T äquidistante Zeitintervalle unterteilt. Die Springer werden jeweils für die Dauer eines

---

[5] Daß diesem Prozeß Grenzen gesetzt sind, wenn die Personalkräfte sich schließlich gegenseitig behindern, bedarf keiner näheren Erläuterung.

solchen Intervalles einer Station zugeordnet.[6] T muß so gewählt werden, daß sich einerseits nicht zu kleine Intervalle ergeben, die in einem häufigen Stationswechsel der Springer und damit entsprechender Unruhe im Fertigungsablauf resultieren, andererseits sollten die Intervalle klein genug sein, um das Charakteristikum der Springer, ihre unterschiedlichen Einsatzmöglichkeiten, auch nutzen zu können.

Es seien S externe Springer gegeben. Das Problem besteht nun darin, diese Springer während der Zeitintervalle $[t-1, t]$ $(t \in \{1, ..., T\})$ den Stationen so zuzuweisen, daß bei der Reihenfolgebewertung der Gesamtüberhang minimiert wird. Es wird dabei angenommen, daß die externen Springer während des gesamten Planungszeitraums zur Verfügung stehen. Sollte dies nicht der Fall sein, so läßt sich eine begrenzte Einsatzfähigkeit durch Hinzunahme entsprechender Restriktionen leicht berücksichtigen. Der Unterschied zu den lokalen Springern in Kapitel 5 besteht darin, daß die externen Springer als Kapazitätserhöhung und nicht als deren Verlagerung aufgefaßt werden. Außerdem sind sie vielseitiger (an allen Stationen) einsetzbar, dafür sind die Einsatzzeiträume länger. Externe Springer bewirken eine Glättung der Kapazitätsnutzung durch die Vergrößerung des Kapazitätsangebots, während dies bei den lokalen Springern durch eine Umverteilung geschieht. Ein Ausgleich der Bearbeitungszeiten innerhalb eines Auftrags, wie er insbesondere bei der auftragsbezogenen Vorgehensweise in Abschnitt 5.5 beschrieben wurde, ist somit hier nicht durchzuführen, sondern nur eine Senkung des Bearbeitungszeitniveaus.

Man führt nun binäre Entscheidungsvariablen y_{ts}^{j} ein, die angeben, ob der Station j der Springer s im Zeitintervall t zugewiesen wird ($j \in \{1, ..., m\}$, $s \in \{1, ..., S\}$, $t \in \{1, ..., T\}$). In jedem Zeitintervall muß dann gelten:

$$\text{(6.1)} \qquad \sum_{s=1}^{S} \sum_{j=1}^{m} y_{ts}^{j} = S, \qquad t \in \{1, \dots T\}.$$

Die Bearbeitungszeiten aller Aufträge, die während dieses Zeitintervalls an einer mit zusätzlichen Springern besetzten Station gefertigt werden, sinken dann um einen Faktor r_s, der empirisch ermittelt werden muß. Voraussetzung für die Bestimmung der betroffenen Aufträge ist selbstverständlich,

[6] Diese Zuordnung der Springer während fester Intervalle stellt natürlich bereits eine Einschränkung aller denkbaren Vorgehensweisen ein. Eine Aufteilung der Fertigungszeit in unterschiedlich lange Intervalle wäre jedoch bei der Modellbildung und insbesondere auch rechnerisch kaum handhabbar gewesen.

daß bereits eine Auftragsfolge vorliegt. Es gilt:

$$(6.2) \qquad y^j_{ts} = 1 \quad \Longrightarrow \quad b^{neu}_{n_i,j} := b^{alt}_{n_i,j} - r_s \cdot f(b^{alt}_{n_i,j}),$$

wobei $f(b^{alt}_{n_i,j})$ den Anteil der Bearbeitungszeit beschreibt, der bei Reduzierung der Bearbeitungszeiten in das Intervall $[t-1,t]$ fällt,[7] also:

$$(6.3) \quad f(b^{alt}_{n_i,j}) = \frac{1}{1-r_s} \cdot \max\{0, (\min\{t, c_{ij}\} - \max\{c_{ij} - b^{alt}_{n_i,j}, t-1\})\}.$$

Die Division in (6.3) durch $(1-r_s)$ berücksichtigt, daß durch die Reduzierung aufgrund des Einsatzes eines Springers ein größerer Teil der Bearbeitungszeit in das Intervall $[t-1,t]$ fällt, also von dem externen Springer profitiert. Der Term $\min\{t, c_{ij}\}$ ermittelt, ob das Bearbeitungsende des i-ten Auftrags sich in dem Intervall t befindet. Entsprechend betrachtet $\max\{c_{ij} - b^{alt}_{n_i,j}, t-1\}$ den Bearbeitungsbeginn. Die Differenz aus beiden ergibt, sofern sie größer als Null ist, den Anteil, welcher in $[t-1,t]$ zu liegen kommt. Ist die Differenz kleiner als Null, dann wird der i-te Auftrag während $[t-1,t]$ nicht an Station j gefertigt, d.h. seine Bearbeitungszeit wird dort nicht durch den Springereinsatz reduziert. Für die neuen Bearbeitungszeiten kann dann die Reihenfolge erneut auf ihre Überhänge hin ausgewertet werden. Zu minimieren ist der Gesamtüberhang.

Ist auch die Springeranzahl S eine Entscheidungsvariable, so muß die Zielfunktion additiv um die Kosten je Springer SK[8] erweitert werden:

$$(6.4) \qquad \text{ges-ubhg} + SK \cdot S \quad \longrightarrow \quad \text{Min!}.$$

Begrenzte Einsatzmöglichkeiten der Springer können leicht durch zusätzliche Restriktionen modelliert werden. Wird ein Springer häufig wechselnden oder weit entfernt liegenden Stationen zugeordnet, so kann dies Abstimmungsprobleme und Unruhe im Fertigungsablauf verursachen. Daher sollte die Anzahl der Stationswechsel, bzw. die Laufweite der Springer zwischen den Stationen beim Übergang von einem Zeitintervall in das nächste, durch weitere Restriktionen oder entsprechende Strafkosten in der Zielfunktion begrenzt werden.

---

[7] $b_{n_i,j}$ bezeichnet die Bearbeitungszeit des i-ten Auftrags in der Reihenfolge. Dieser trägt die Auftragsnummer n_i.

[8] Selbstverständlich könnten auch Springer mit unterschiedlichen Kosten SK_s berücksichtigt werden.

Man sieht, daß es sich um ein zweidimensionales Zuordnungsproblem handelt, bei dem die Springer bestimmten Stationen für bestimmte Zeiträume zugewiesen werden. Die Binärvariablen und vor allem die rekursive und nicht-lineare Definition der Überhänge entziehen das Problem jedoch einer einfachen mathematischen Lösung. Daher soll die folgende heuristische Vorgehensweise gewählt werden: Für jedes Zeitintervall und für jede Station wird nach der ersten Reihenfolgeplanung (ohne Springer) die aktuelle Belastungssituation, d.h. die Anzahl der Aufträge, die zu diesem "Zeitpunkt" sich an der Station befinden (in Bearbeitung oder wartend) berechnet. Derjenigen Station mit der höchsten Belastung wird ein Springer zugeordnet, sofern in dem betroffenen Intervall ein solcher noch zur Verfügung steht. Damit sinken die Bearbeitungszeiten analog (6.2-3) an der entsprechenden Stelle, und es ergibt sich insgesamt ein neues Belastungsgebirge, das auch die nachfolgenden Stationen und Zeitintervalle betrifft.

Es wird erneut versucht, eine Spitze durch eine Springerzuordnung zu eliminieren. Dies geschieht solange, bis alle Springer für alle Zeitintervalle verplant sind. In Abbildung 6.1 ist die Vorgehensweise als Flußdiagramm dargestellt.

Da einmal getätigte Springerzuweisungen nicht mehr rückgängig gemacht werden, handelt es sich um eine myopische und damit heuristische Vorgehensweise. Würde man die Zuordnung von Springern zu Stationen, die zu Beginn des Verfahrens durchgeführt wurden, später wieder aufheben, so würde sich dadurch die Belastungssituation an den einzelnen Stationen im Zeitablauf wieder so gravierend ändern, daß auch die nachfolgenden Entscheidungen revidiert werden müßten. Eine Konvergenz des Verfahrens hinsichtlich einer stabilen Springerzuordnung wäre damit in Frage gestellt.

Bei sehr großen Problemen kann man noch weiter vereinfachen, indem das Verfahren für die Springer sukzessive ausgeführt wird. Dabei bestimmt man zunächst für einen Springer die Zuordnung zu einer Station für jedes Intervall, berechnet erst dann die sich daraus ergebende Belastungssituation (in der oben vorgestellten Version muß nach **jeder** Zuweisung eines beliebigen Springers in einem beliebigen Intervall diese neu bestimmt werden) und verfährt mit den nächsten Springern analog, bis alle Springer eingesetzt sind. Die Lösung wird hierdurch weiter suboptimal, da beispielsweise durch die Zuweisung des Springers im ersten Intervall sich die Belastungssituation für die Folgeintervalle verändert und somit unter Umständen dort eine falsche Zuordnung getätigt wurde. Analoges gilt für eine sukzessive Einplanung der Zeitintervalle.

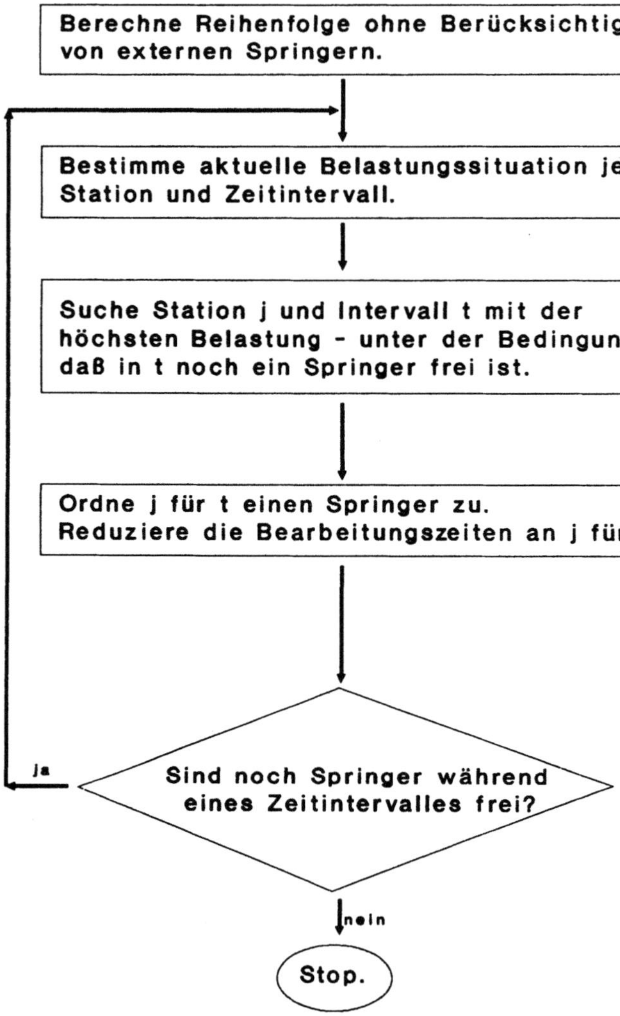

Abb. 6.1: Flußdiagramm für den Einsatz externer Springer, Rf/Anf

Man erhält als Ergebnis einen Plan, der für jedes Zeitintervall und jede Station angibt, wie viele Springer dort beschäftigt sind. Da implizit angenommen wird, daß jeder Springer an jeder Station einsatzfähig ist,[9] kann nun ein weiterer Optimierungsschritt folgen, indem bestimmt wird, welche Person konkret an den einzelnen Stationen einspringt. Hierbei wird man die Anzahl der Stationenwechsel, bzw. die Laufweite zwischen den Einsatz-

[9] Sollte dies nicht der Fall sein, so muß die begrenzte Einsatzfähigkeit durch entsprechende Nebenbedingungen berücksichtigt werden.

stationen zu minimieren suchen. Werden also beispielsweise den Stationen 1 und 2 für das erste und zweite Zeitintervall jeweils ein Springer zugewiesen, so ist es sicherlich günstiger, Springer A in beiden Zeiteinheiten an Station 1 arbeiten zu lassen und Springer B an Station 2 als nach dem ersten Intervall die Personen an den Stationen zu wechseln.

6.2.1.2. Ergebnisse

Für die numerischen Untersuchungen wird angenommen, daß der Fertigungszeitraum in Intervalle mit einer Länge von jeweils 20 Zeiteinheiten aufgeteilt ist. Bei Zuweisung eines Springers an eine Station sollen dort die Bearbeitungszeiten um r_s = 10% oder 20% sinken. Für 1 bis 10 zur Verfügung stehende Springer wurden die damit erzielbaren Überhänge und Durchlaufzeiten ermittelt. Insbesondere bei einer hohen Springeranzahl wäre die simultane Berücksichtigung von Zeitintervallen und Springern zu aufwendig gewesen (bei 10 Springern und ca. 30 Intervallen hätte die Belastungssituation je Simulationslauf 300mal durchgerechnet werden müssen), daher wurde generell, um die Ergebnisse vergleichbar zu halten, die vereinfachte Vorgehensweise gewählt. Hierdurch müssen nur noch maximal 10 Belastungsgebirge pro Lauf bestimmt werden.

Die folgenden Abbildungen geben die Resultate in Abhängigkeit von der Springeranzahl für die unterschiedlichen Auftragsmengen und Bewertungskriterien wieder:

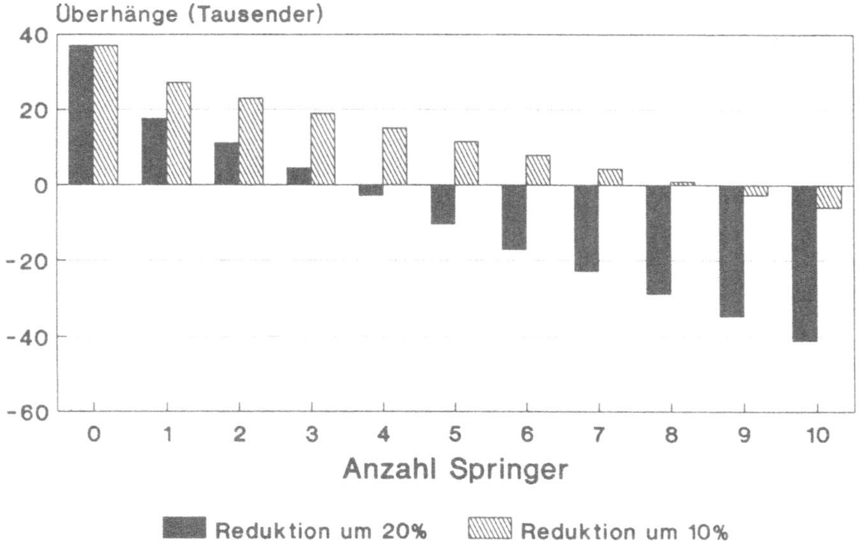

Abb. 6.2: Überhänge, HOM

Die Werte bei Springeranzahl = 0 sind als Referenzdaten für eine Situation ohne externe Springer anzusehen. Man erkennt, daß bereits durch den Einsatz weniger Springer drastische Verbesserungen bei den Überhängen erreicht werden können, selbst wenn durch einen Springer nur 10% der Bearbeitungszeit eingespart werden.

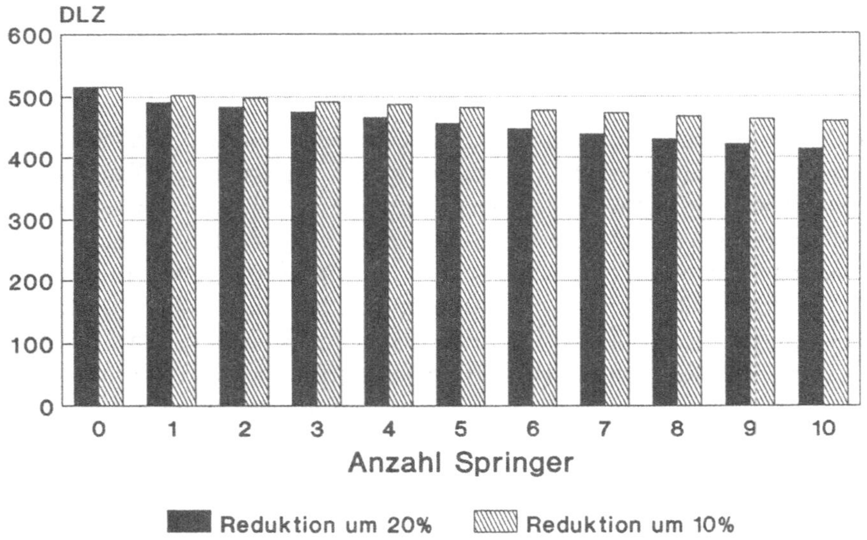

Abb. 6.3: Durchlaufzeiten, HOM

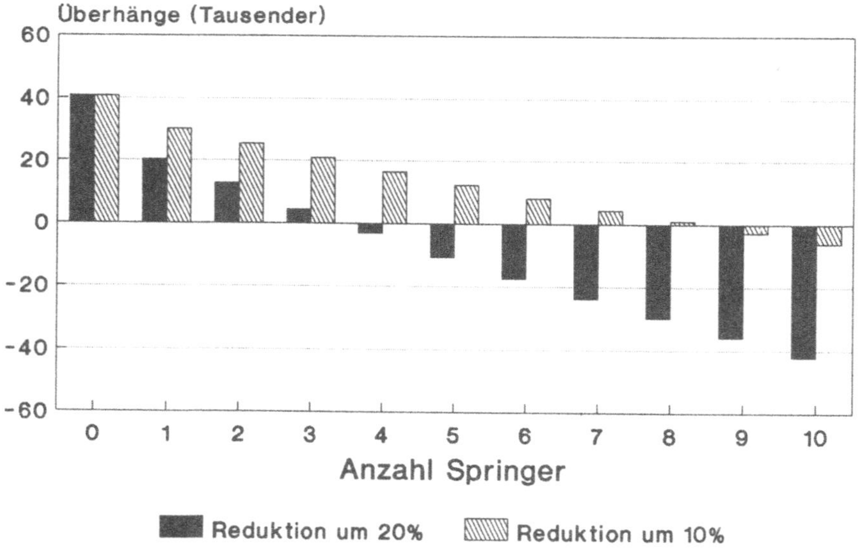

Abb. 6.4: Überhänge, HET

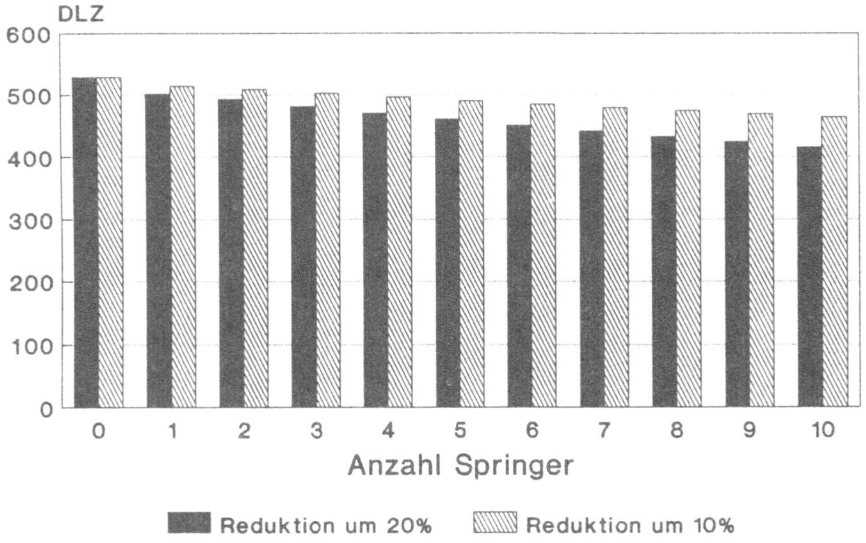

Abb. 6.5: Durchlaufzeiten, HET

Die Durchlaufzeit wird weniger deutlich beeinflußt, da diese ohnehin schon recht niedrig war. Eine Analyse der Springerverteilung zeigt, daß abgesehen von der Fertigungsanfangs- und -endphase, wo sich die Springer auf die Anfangs- bzw. Endstationen konzentrieren, die Springer weitgehend gleichmäßig über die Stationen verteilt sind. D.h. bei 10 Springern haben die einzelnen Stationen in der Regel 0-2 Personen zugewiesen bekommen, sehr selten 3 oder 4. Wie zu erwarten war, fällt die Verbesserung in den Überhangswerten bei einer Reduktion der Bearbeitungszeiten um 20% bei Springereinsatz höher aus als bei lediglich 10%. Der Typ der Auftragsmenge hat keinerlei Einfluß auf die Ergebnisse.

6.2.2. Die auftragsbezogene Vorgehensweise (Rf/Ende)

6.2.2.1. Darstellung des Modells

Bei der auftragsbezogenen Einplanung werden Springer den bearbeitungszeitintensivsten Aufträgen zugeordnet und begleiten diese über die gesamte Fertigungsstrecke hinweg. Es werden also für alle Aufträge die Summe ihrer Bearbeitungszeiten ermittelt und bei einer angenommenen Anzahl von S Springern bekommen die S größten Aufträge jeweils einen

Springer zugewiesen.[10] Anschließend erfolgt die Berechnung der "optimalen" Reihenfolge.

Führt man folgende ganzzahlige Entscheidungsvariablen ein:

$$(6.5) \qquad y_{is} = \begin{cases} 1, & \text{Springer } s \text{ wird Auftrag } i \text{ zugewiesen,} \\ 0, & \text{sonst,} \end{cases}$$

$$i \in \{1, ..., n\}, \; s \in \{1, ..., S\},$$

so ergeben sich die neuen Bearbeitungszeiten als:[11]

$$(6.6) \qquad b_{ij}^{neu} := (1 - r_s) \cdot b_{ij}^{alt} \cdot y_{is} + b_{ij}^{alt} \cdot (1 - y_{is}),$$

$$i \in \{1, ..., n\}, \; j \in \{1, ..., m\},$$

womit dann eine Reihenfolgeplanung durchgeführt wird.

Auch hier werden wieder der Gesamtüberhang oder die Springerkosten plus dem Gesamtüberhang minimiert.

Eine nachträgliche Verkleinerung der Springerzahl ergibt sich dadurch, daß sich die Arbeitszeiten der Springer nicht überlappen müssen. Wird beispielsweise dem ersten Springer der Auftrag A zugeordnet, dessen Fertigung zum Zeitpunkt 5 beginnt und bei 15 endet, und dem zweiten Springer der Auftrag B mit Fertigungszeit 20-35, so wird de facto nur ein Springer tatsächlich benötigt. Eine Teilüberlappung, die etwa zur Folge hätte, daß ein bestimmter Auftrag zu unterschiedlichen Zeitpunkten verschiedene Springer zugewiesen bekommt, wird nicht in die Optimierung einbezogen.

Falls ein Springer mehreren Aufträgen (z.B. dem i-ten und l-ten Auftrag in der Reihenfolge) zugeordnet wird ($y_{n_i,s} = y_{n_l,s} = 1$), muß also gelten:

$$(6.7) \qquad c_{im} \leq (c_{l,1} - b_{n_l,1}) \quad \text{oder} \quad c_{lm} \leq (c_{i,1} - b_{n_i,1}),$$

---

10 Es wird nicht berücksichtigt, daß ein Auftrag auch dann noch zu den größten zählen kann, wenn ihm bereits ein Springer zugewiesen, d.h. seine Bearbeitungszeit verringert wurde. Einem solchen Auftrag müßten dann konsequenterweise 2 oder mehr Springer zugeordnet werden. Dieser Fall kann jedoch bei der vorliegenden Auftragsstruktur als ausgeschlossen gelten und hätte nur einen wesentlich erhöhten Rechenaufwand zur Folge gehabt.

11 Ist $y_{is} = 1$ so wird der erste Term in der Summe aktiv, d.h. b_{ij} wird reduziert, ansonsten entsprechen aufgrund des zweiten Terms die neuen Bearbeitungszeiten den alten Werten.

d.h. der i-te Auftrag muß vor dem Beginn des l-ten beendet sein oder der l-te vor dem i-ten Auftrag.

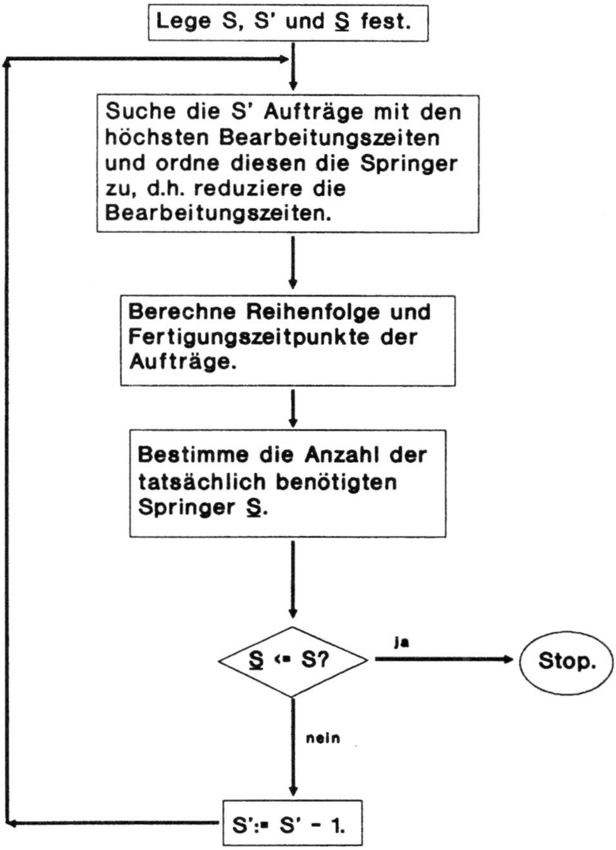

Abb. 6.6: Flußdiagramm für den Einsatz externer Springer, Rf/Ende

Die Anzahl der tatsächlich benötigten Springer kann also erst berechnet werden, wenn mit der ursprünglichen Zuweisung eine Auftragsreihenfolge bestimmt wurde. Eine Analyse der Bearbeitungsanfangs- und -endzeitpunkte der einzelnen Aufträge ergibt dann, ob ein Springer mehreren Aufträgen zugeordnet werden kann. In einem weiteren Optimierungsschritt könnte man die dadurch freiwerdenden Springer anderen Aufträgen zuweisen, um so die Überhänge weiter zu senken. Davon wurde jedoch in den numerischen Untersuchungen abgesehen. Generell empfiehlt es sich eher bei einer bestimmten Anzahl verfügbarer Springer S das Verfahren zunächst mit einer deutlich höheren Springerzahl S' zu starten (d.h. S' Aufträge werden über das Band begleitet), die tatsächlich benötigte Anzahl $\underline{S}$ zu berechnen und S' sukzessive abzusenken, bis $\underline{S} = S$ ist. Die Abbildung 6.6 gibt diese Vorgehensweise als Flußdiagramm wieder.

6.2.2.2. Ergebnisse

In den numerischen Untersuchungen wurde jeweils für eine bestimmte Springeranzahl die Zuordnung zu den bearbeitungsintensivsten Aufträgen vorgenommen, mit den so reduzierten Fertigungszeiten eine Reihenfolgeplanung durchgeführt und die sich daraus ergebenden Überhänge und Gesamtdurchlaufzeiten sowie die tatsächlich benötigte Springeranzahl berechnet. Die folgenden Tabellen geben diese Ergebnisse für eine Reduktion der Bearbeitungszeiten um 10% und 20% wieder:

Springer	tats. benötigt		Überhang		Gesamtdurchlaufzeit	
	20%	10%	20%	10%	20%	10%
0	0,00	0,00	36974,89	36974,89	515,38	515,38
1	1,00	1,00	35438,19	36027,27	513,38	514,15
2	1,60	1,60	33656,67	34937,12	511,28	512,87
3	2,41	2,41	31975,18	33927,91	509,18	511,54
4	3,01	3,01	30431,65	33039,16	506,97	510,21
5	3,76	3,77	28908,63	32148,72	504,86	508,94
6	4,34	4,35	27360,63	31267,11	502,82	507,76
7	5,06	5,08	25942,52	30475,65	500,67	506,51
8	5,79	5,82	24353,73	29591,20	498,35	505,11
9	6,50	6,53	22628,88	28628,73	496,17	503,87
10	7,21	7,23	20858,87	27683,93	493,95	502,68
11	7,73	7,76	18889,00	26706,00	491,42	501,43
12	8,29	8,32	17072,57	25743,17	489,09	500,13
13	8,88	8,90	15266,89	24891,42	486,71	499,02
14	9,39	9,42	13512,98	24098,13	484,31	497,88
15	10,00	10,01	11900,32	23381,56	482,30	496,98
16	10,52	10,51	10476,92	22727,16	480,17	496,03
17	11,00	11,00	9080,16	22102,28	478,15	495,11
18	11,39	11,33	7868,55	21529,88	476,26	494,24
19	11,73	11,70	6551,19	20905,26	474,57	493,45
20	12,13	12,09	5317,14	20356,84	472,70	492,68
21	12,38	12,39	4053,26	19791,42	470,95	491,91
22	12,67	12,70	2907,11	19266,02	469,39	491,18
23	12,89	12,97	1794,63	18765,37	467,76	490,46
24	13,32	13,36	745,52	18292,26	466,23	489,77
25	13,55	13,59	-333,34	17798,85	464,72	489,12
26	13,72	13,76	-1469,67	17288,60	463,14	488,45
27	13,88	13,93	-2496,41	16818,93	461,67	487,80
28	14,03	14,07	-3480,54	16366,92	460,19	487,17
29	14,13	14,18	-4378,82	15953,77	458,85	486,57
30	14,23	14,27	-5320,50	15509,91	457,56	485,99

Tab. 6.1: Zielwerte bei HOM

Springer	tats. benötigt		Überhang		Gesamtdurchlaufzeit	
	20%	10%	20%	10%	20%	10%
0	0,00	0,00	40609,85	40609,85	528,31	528,31
1	1,00	1,00	38810,38	39524,43	525,75	526,68
2	1,43	1,43	37056,01	38505,84	523,20	525,17
3	2,04	2,04	35635,79	37714,85	521,46	524,19
4	2,57	2,58	34319,77	36965,44	519,65	523,11
5	3,19	3,21	32851,89	36190,05	518,12	522,27
6	3,68	3,73	31456,97	35441,93	516,48	521,37
7	4,29	4,33	30203,48	34794,29	514,81	520,50
8	4,71	4,73	29067,01	34209,77	513,08	519,63
9	5,17	5,22	27859,49	33610,13	511,63	518,94
10	5,55	5,60	26789,02	33061,03	510,15	518,18
11	5,92	5,98	25716,82	32509,73	508,64	517,42
12	6,31	6,36	24740,66	32023,87	507,35	516,79
13	6,61	6,65	23608,88	31447,50	505,91	516,05
14	7,04	7,06	22552,85	30907,19	504,58	515,38
15	7,49	7,54	21497,71	30380,85	503,33	514,74
16	7,93	7,96	20524,95	29882,64	502,07	514,12
17	8,34	8,36	19540,61	29386,58	500,75	513,46
18	8,73	8,74	18700,95	28956,21	499,48	512,82
19	9,03	9,03	17763,87	28470,48	498,18	512,13
20	9,41	9,40	16771,25	27955,70	496,88	511,44
21	9,65	9,64	15855,82	27487,12	495,65	510,79
22	9,90	9,91	14983,80	27042,21	494,51	510,16
23	10,19	10,15	14175,21	26620,75	493,47	509,61
24	10,50	10,43	13154,01	26117,17	492,24	509,01
25	10,73	10,65	12291,87	25688,44	491,00	508,41
26	11,05	10,96	11386,80	25234,25	489,80	507,81
27	11,36	11,29	10489,19	24784,41	488,60	507,18
28	11,63	11,57	9578,80	24324,80	487,43	506,61
29	11,91	11,84	8744,07	23917,37	486,30	506,04
30	12,13	12,02	7882,34	23491,39	485,25	505,50

Tab. 6.2: Zielwerte bei HET

In Tabelle 6.2 werden also beispielsweise bei einer Einplanung mit 16 Springern nur ca. 8 tatsächlich benötigt. Dies bewirkt eine Verringerung der Überhänge um bis zu 50% (bei Reduktion der Bearbeitungszeiten um 20%), wohingegen die Durchlaufzeit nur um etwa 5% geringer ausfällt. Letzteres Phänomen ist jedoch auf den schon bei der stationsbezogenen Vorgehensweise in Abschnitt 6.2.1.2 angesprochenen Sachverhalt zurückzuführen, daß die Durchlaufzeit ohnehin schon einen niedrigen Wert aufweist.

Die Reduzierung der Überhänge fällt insgesamt etwas geringer aus als bei der Vorgehensweise Rf/Anf. Das liegt daran, daß dort die Springer in **jedem** Zeitintervall aktiv waren, während sie hier nur während der Bearbeitungsintervalle der ihnen zugeordneten Aufträge die Fertigungszeiten verringern und damit die Ergebnisse verbessern. Man könnte in einem zweiten Optimierungsschritt, die "Leerzeiten" der Springer stationsbezogen einplanen und so die Zielwerte weiter optimieren. Allerdings würde das einen hohen organisatorischen Aufwand in der Fertigung bewirken, da dem Personal detaillierte Anweisungen gegeben werden müßten, wann es an welcher Station arbeitet sowie wann es einem bestimmten Auftrag zu folgen hat. In diesem Fall würden sich die Ergebnisse beider Verfahren jedoch angleichen.

Insbesondere die Überhänge sind auch hier bei einer angenommenen Reduktion der Bearbeitungszeiten um 20% überproportional besser als bei 10%. Eine Verdoppelung von r_s bewirkt in den meisten Fällen (vgl. die beiden Tabellen) eine deutlichere Zielwertverbesserung als eine Verdoppelung der Springerzahl. Der Prozentsatz r_s ist jedoch durch die Ausbildung der Springer (Anzahl der beherrschten Arbeitsgänge und entsprechendes Training) beeinflußbar. Es lohnt sich also für den Betrieb, Anstrengungen in dieser Hinsicht zu unternehmen. Die tatsächlich benötigte Springeranzahl ist dagegen unabhängig von dem Reduktionsfaktor, weil diese nur durch die Reihenfolgebildung und die Wahrscheinlichkeit, mit der sich begleitete Aufträge in der Reihenfolge überlappen, bestimmt wird. Selbstverständlich ist bei allen erzielten Werten zu berücksichtigen, daß der Springereinsatz auch Kosten bewirkt, die den Verbesserungen gegenübergestellt werden müssen.

7. Vergleich und hierarchische Einordnung der Instrumente

In den vorangegangenen Kapiteln wurden die Maßnahmen, welche die Kapazitätsanpassung und damit insbesondere die Reihenfolgeplanung bei Variantenfließfertigung unterstützen, unabhängig voneinander untersucht. Nun sollen zunächst die Ergebnisse miteinander verglichen werden und anschließend in Abschnitt 7.4 einige Überlegungen hinsichtlich der Einordnung der Instrumente in einen hierarchischen Planungsansatz folgen.

7.1. Puffer versus externer Springereinsatz

Der Einsatz externer Springer wurde sowohl auftrags- als auch stationsbezogen analysiert. Bei ersterem waren die erzielten Überhänge etwas höher, da die Springer nicht während des gesamten Planungszeitraumes eingesetzt wurden. Die folgenden Grafiken 7.1 und 7.2 stellen diese beiden Möglichkeiten des Springereinsatzes den Ergebnissen gegenüber, die sich bei der Pufferplanung einstellten.

Grundlage hierfür sind die Tabellen 4.42-44 für die homogenen Aufträge und 4.48-50 für die heterogene Auftragsmenge. Aus diesen Tabellen ergeben sich die Überhänge bei 1, 2 und 4 Puffern[1] unter Verwendung der Einlastungsstrategie Warten und Distanzen ohne Korrekturfaktor. Es finden sowohl die Werte bei getrennter Berechnung der Reihenfolge (Zeile: "Einzel") als auch bei Verwendung von 10er-Paketen Berücksichtigung. (Bei "Einzel" hat man die niedrigsten Überhänge, dafür große Puffer, während bei 10er-Paketen die Puffergröße gering ist zu Lasten der Überhänge.)

Anhand der Tabellen 6.1 bzw. 6.2 sowie der Grafiken 6.2 bzw. 6.4 kann berechnet werden, wie viele externe Springer man benötigt, um den gleichen Überhangswert zu erzielen. Dabei wird jedoch nur die Reduktion der Bearbeitungszeiten um 20% bei Springereinsatz in Betracht gezogen (bei

[1] Da die Ergebnisse in Kapitel 4 eine gleichmäßige Verteilung der Puffer über das Band empfehlen, eignen sich diese Tabellen mit Puffern hinter Station 7, bzw. 5 und 10 sowie 3, 6, 9 und 12 sehr gut zum Vergleich.

10% stellen sich die gleichen Ergebnisse – verschoben um einen konstanten Wert – ein).

Beispielsweise findet man in Tab. 4.42 einen Überhang von 16708,97 Einheiten für die homogenen Aufträge bei getrennter Einplanung der Stationenbereiche mit einem Puffer hinter Station 7. Vergleicht man diesen Wert mit der auftragsbezogenen Springerplanung, so sieht man in Tab. 6.1, daß dieser Überhang dort bei Einsatz von etwa 8,5 Springern erreichbar ist.[2] Diese Zahl wird also in Grafik 7.1 der Pufferzahl 1 bei "HOM-getrennte Einpl." zugeordnet. D.h. der Einsatz von 8,5 Springern, die auftragsbezogen eingeplant werden, hätte den gleichen Effekt wie die Anlage eines Puffers bei der gegebenen Einlastungsstrategie. Analog ergeben sich die übrigen Werte der dargestellten Kurven.

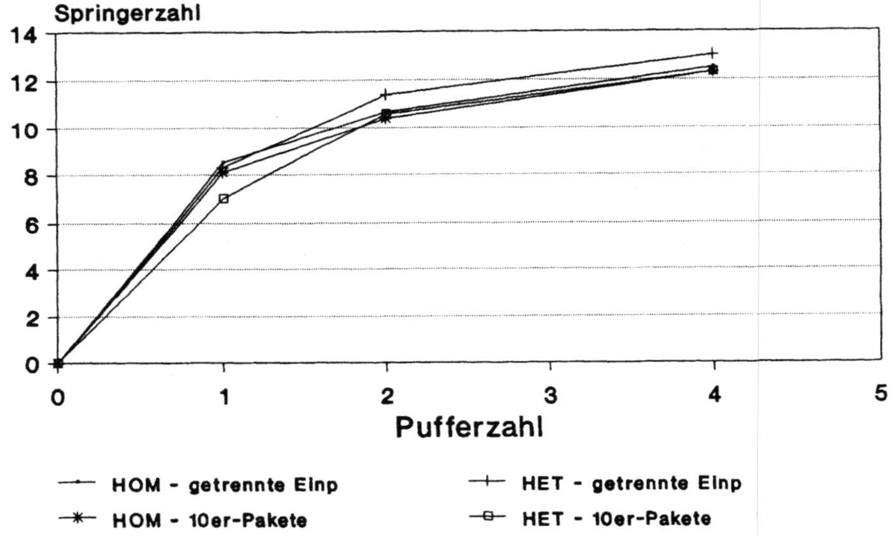

Abb. 7.1: Pufferzahl vs. Springerzahl, Springereinplanung nach Rf/Ende

Man erkennt anhand der Grafiken, daß die Substitutionsrate Springer/Puffer für beide Auftragsmengen und für beide Einlastungsstrategien jeweils fast identisch ist. Bei der auftragsbezogenen Springereinplanung werden mehr Springer benötigt, um einen Puffer zu ersetzen, da hier die Springer – wie bereits oben und im Kapitel 6 dargelegt – nicht über den gesamten Zeitraum hinweg eingesetzt werden. Bei einer zusätzlichen Nut-

---

2 Selbstverständlich muß hier mit der Spalte "tats. benötigt" verglichen werden!

zung der Springerleerzeit bei Rf/Ende würden sich die Kurven jedoch annähern.

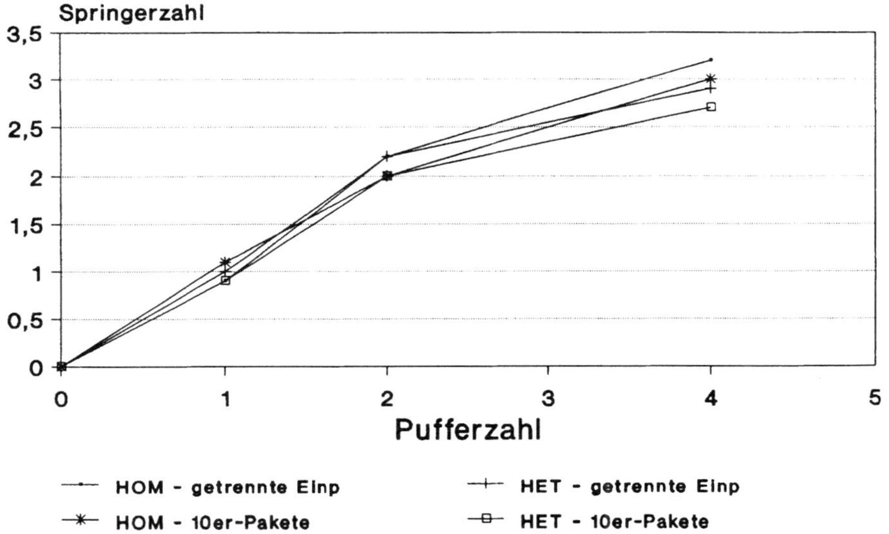

Abb. 7.2: Pufferzahl vs. Springerzahl, Springereinplanung nach Rf/Anf

Interessanterweise differieren die Ergebnisse nicht bezüglich der Auftragsmenge. Wie Kapitel 4 zeigte, ist die Einrichtung von Puffern besonders bei Aufträgen mit Strukturbrüchen sinnvoll. Die Auftragsmenge HET sollte also viel mehr von einem Puffer profitieren als HOM. Daß jedoch mit externen Springern der gleiche Sachverhalt, d.h. die deutlichere Zielwertverbesserung bei der unausgeglicheneren Auftragsmenge HET, erzielt werden kann, war nicht ohne weiteres vorhersehbar.

Vor allem die zweite Grafik vermittelt darüber hinaus den Eindruck eines fast linearen Zusammenhanges zwischen Puffer- und Springerzahl. Allerdings beruhen die Ergebnisse auf zu wenigen Berechnungen (insbesondere müßten noch höhere Pufferzahlen untersucht werden, was aber nur einem unrealistisch hohen Springerangebot gegenübergestellt werden könnte), um diese Hypothese endgültig bestätigen zu können. Man sollte sich auch bewußt machen, daß der obige Vergleich sich nur auf die Überhangswerte bezieht. Der Ansatz von Kosten für die Einrichtung von Puffern und für den Springereinsatz, bzw. den Aufbau eines Springerpools, ist im konkreten Anwendungsfall für einen Vergleich der Instrumente und eine Entscheidung bezüglich ihrer Vorteilhaftigkeit unbedingt erforderlich!

7.2. Externer Springereinsatz versus Arbeitsgangverschiebung (Lokale Springer)

Auch bei der Arbeitsgangverschiebung wurden die Strategien Rf/Anf und Rf/Ende untersucht. Für beide erfolgte jeweils eine Variation der Verschiebespanne *sp*, also der Stationenanzahl um die Arbeitsgänge verschoben werden konnten, und des Verschiebepotentials *vp*, d.h. des Anteils der Bearbeitungszeit, der sich auf andere Stationen übertragen läßt. *sp* wurde im Bereich 1-3 Vorgänger- und Nachfolgerstationen und *vp* zwischen 5 und 25% betrachtet. Die hierbei erzielten Überhänge werden nun wiederum – analog Abschnitt 7.1 – denjenigen gegenübergestellt, die sich bei der Verwendung externer Springer eingestellt haben.

Zum Vergleich kann jedoch nur die auftragsbezogene Springereinplanung (Rf/Ende) mit einer angenommenen Reduktion der Bearbeitungszeiten um 10% je Springer herangezogen werden. Bei der stationsbezogenen Springerplanung sanken die Überhänge schon bei Einsatz nur eines externen Springers deutlich unter den günstigsten Wert bei der Arbeitsgangverschiebung (z.B. 17672 Einheiten bei HOM gegenüber 26746,40 Einheiten bei $sp = 2$ und $vp = 10$, Rf/Anf), so daß hier eine weitere Untersuchung sinnlos wäre.

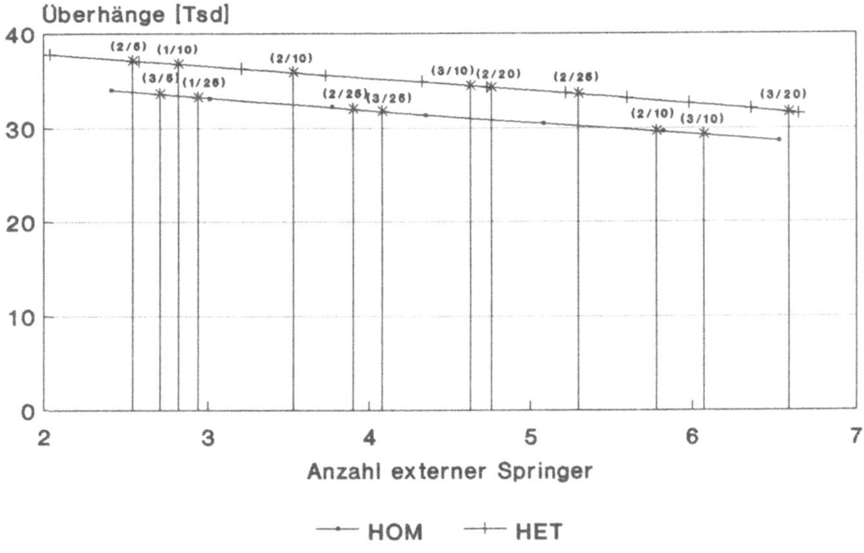

Abb. 7.3: Externe Springer Rf/Ende vs. Arbeitsgangverschiebung Rf/Ende

Die Grafiken 7.3 und 7.4 zeigen daher nur den Vergleich der auftragsbezogenen externen Springerplanung mit der Arbeitsgangverschiebung.[3] Es sind für die externen Springer die erzielten Überhänge in Abhängigkeit von der Auftragsmenge abgetragen. An diesen Kurven ist vermerkt, mit welchen (sp/vp)-Werten der gleiche Überhang erreicht wurde. Der Eintrag (2/5) in der ersten Grafik bedeutet also beispielsweise, daß unter Verwendung von Auftragsmenge HET bei einer Verschiebespanne von 2 Stationen und einem Verschiebepotential von 5% sich ein genauso hoher Zielwert einstellt wie bei Einsatz von etwa 2,5 externen Springern. Da auch bei der Arbeitsgangverschiebung Rf/Anf bessere Ergebnisse lieferte als Rf/Ende, werden in Abb. 7.4 mehr externe Springer benötigt, um bei den (sp/vp)-Konfigurationen jeweils die gleichen Überhänge zu erreichen.

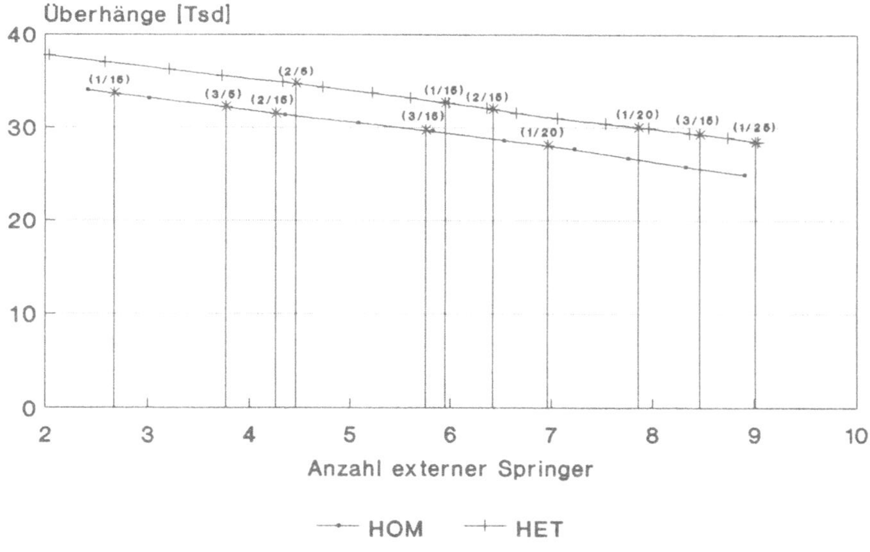

Abb. 7.4: Externe Springer Rf/Ende vs. Arbeitsgangverschiebung Rf/Anf

Selbstverständlich nimmt der Überhang mit einer steigenden Zahl von externen Springern ab. Analoges gilt für eine Erhöhung von *sp* und *vp*. Allerdings ist letzterer Zusammenhang nicht sehr stark ausgeprägt, wie bereits in Kapitel 5 gezeigt wurde. Daher sind externe Springer und die Arbeitsgangverschiebung nur bedingt vergleichbar. Außerdem zeigen bereits

---

[3] Die der Arbeitsgangverschiebung zugrundeliegenden Daten findet man in den Tabellen A2.1, A2.5, A2.9 sowie A2.11 im Anhang.

wenige externe Springer die gleichen Effekte wie die untersuchten Potentiale bei der Arbeitsgangverlagerung. Sollten daher die externen Springer nicht wesentlich kostenintensiver sein als die Arbeitsgangverschiebung, so ist diesem Instrument eindeutig der Vorzug zu geben.

7.3. Pufferzahl versus Arbeitsgangverschiebung (Lokale Springer)

Ein Vergleich dieser beiden Instrumente hat bei dem vorliegenden Datenmaterial keinen Sinn, da die bereits bei Einrichtung eines einzigen Puffers gewonnenen Zielwertverbesserungen diejenigen der Arbeitsgangverschiebung weit übertreffen. Beispielsweise hat man bei den gleichartigen Aufträgen, einem Puffer und getrennter Einplanung nach Tabelle 4.42 nur noch einen Überhang von 16708,97 Einheiten, während der beste Wert bei der Arbeitsgangverschiebung 26746,40 Einheiten bei $sp = 2$ und $vp = 10\%$ beträgt.

7.4. Einordnung der Instrumente in einen hierarchischen Planungsansatz

Aus den vorangegangenen Ausführungen ist hervorgegangen, daß die Arbeitsgangverschiebung – sofern dem nicht extreme Kostenvorteile gegenüberstehen – dasjenige Flexibilisierungsinstrument ist, das die geringsten Zielwertverbesserungen ermöglicht. Zwischen Puffern und externen Springern bestehen hingegen Substitutionsraten, die kostenmäßig bewertet werden müßten, um die Vorteilhaftigkeit der einen oder anderen Maßnahme zu bestimmen.

Weiterhin sind bei der Arbeitsgangverschiebung und den externen Springern die reihenfolge- bzw. stationsorientierten Modelle günstiger als die auftragsbezogenen. Allerdings gilt hier insbesondere für die externen Springer, daß bei letzterem noch nicht alle Potentiale ausgeschöpft sind.[4] Bei der Bestimmung der Pufferlage kann keine Priorität zwischen reihenfolge- und bearbeitungszeitorientierter Vorgehensweise festgelegt werden.

Grundsätzlich sind jedoch mit allen Instrumenten Verbesserungen bei den Zielwerten der Reihenfolgeplanung festzustellen. Daher sollen nun einige Überlegungen folgen, wie die einzelnen Maßnahmen im Rahmen eines

[4] vgl. hierzu Kapitel 6

hierarchisch strukturierten Planungsansatzes kombiniert eingesetzt werden könnten. Eine detaillierte Diskussion der hierarchischen Planung an sich würde jedoch an dieser Stelle zu weit führen, man vergleiche hierzu die Arbeiten von Schneeweiß[1989], Dempster et al.[1981] und insbesondere Schneeweiß[1992].

Abbildung 7.5 stellt die hierarchische Anordnung der Instrumente und ihre gegenseitige Beeinflussung zusammenfassend dar. Gestrichelte Linien zeigen dabei schwächere Einflußfaktoren. Die einzelnen Aspekte dieser Anordnung werdén im folgenden detailliert erläutert.

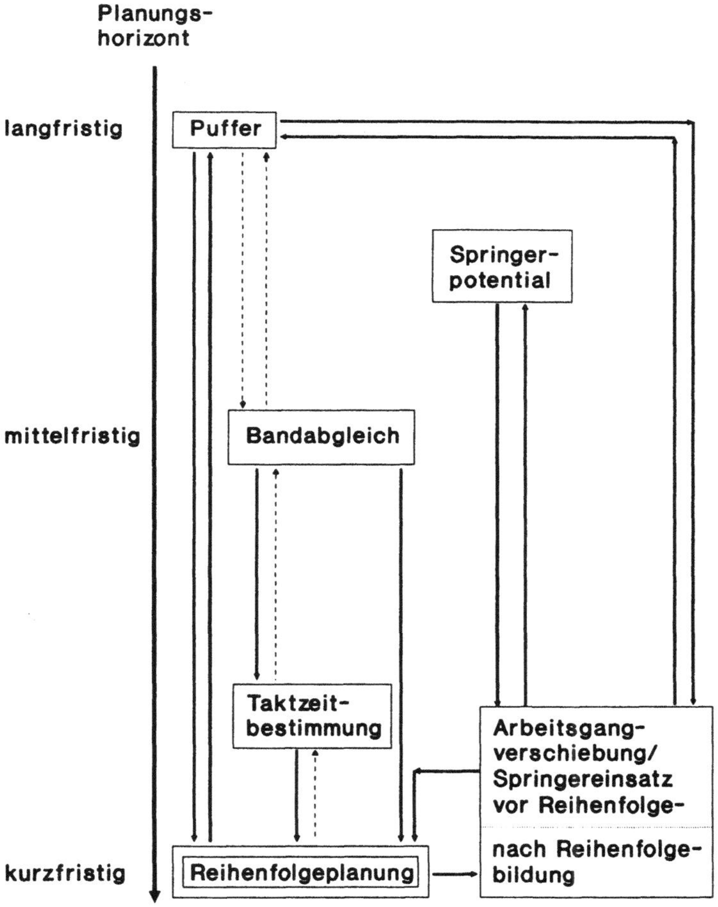

Abb. 7.5: Hierarchische Anordnung der Instrumente

Unter zeitlichen Gesichtspunkten sind Puffer dasjenige Instrument, das am langfristigsten geplant werden muß, nämlich schon bei der Festlegung des Fabriklayouts. Hierbei sind simultan eine Reihe weiterer Aspekte zu beachten, wie beispielsweise die Einrichtung von Puffern aufgrund technologischer Restriktionen (z.B. Qualitätsprüfung). Diese dürften – vor allem hinsichtlich der Pufferlage – in der Praxis häufig schwerer wiegen als Überlegungen hinsichtlich der Reihenfolge. Die Reihenfolge wird zusätzlich bei der Dimensionierung der Puffer beeinflußt, da hiervon die später wählbare Einlastungsstrategie abhängig ist. (Bei kleinen Puffern müssen Paketlösungen o.ä. gewählt werden, die zu schlechteren Zielwerten führen.)

Zum Zeitpunkt der Pufferplanung während der taktischen Planungsphase liegen noch keine Aufträge vor, d.h. alle Entscheidungen müssen aufgrund stochastischer Daten erfolgen. Dagegen kann man bei der Reihenfolgefestlegung auf konkrete Aufträge zurückgreifen,[5] man befindet sich hier also in einer deterministischen Situation. Da die Festlegung der Pufferlage und -größe i.d.R. unter langfristigen Gesichtspunkten geschieht, muß bei der Verwendung von Reihenfolgekriterien für die Pufferplanung sichergestellt sein, daß auf der taktischen Stufe alle denkbaren Situationen der kurzfristigen Planung berücksichtigt werden. Dies geschieht im vorliegenden Fall zum einen durch die Simulationsläufe mit zufällig generierten Daten, wodurch geringfügige Schwankungen in den Auftragszusammensetzungen repräsentiert werden, und zum andern durch die Analyse zweier verschiedener Auftragsmengen. Sind in einem konkreten Fall mehr als zwei "typische" Auftragsmengen denkbar, so sind diese selbstverständlich alle zu berücksichtigen. Ein Puffer an der falschen Stelle verursacht jedoch keine zusätzlichen Kosten, sondern bringt nur eine geringere Zielwertverbesserung, wie in Kapitel 4 bereits ausgeführt wurde. Außerdem können fehlende Puffer durch den Einsatz externer Springer (vgl. Abschnitt 7.1) ausgeglichen werden.

Die Pufferplanung integriert die Reihenfolgeplanung durch die Berechnung von Überhängen als Kriterium für die Pufferentscheidungen. Es handelt sich hier also um eine Einflußnahme der unteren Ebene auf die hierarchisch übergeordnete Stufe.[6] Faßt man die Pufferkosten als Lenk-

---

[5] vgl. die Fallstudien in Kapitel 1

[6] Dies entspricht einem feed-forward bottom-up Einfluß bei Schneeweiß[1989].

kosten[7] auf und erhöht diese beispielsweise, falls aufgrund der Reihenfolgeplanung zu viele Puffer eingerichtet werden, so kann in einem iterativen Prozeß mit veränderten Pufferkosten eine zufriedenstellende Lösung gesucht werden. Die Nutzung der Puffer geschieht erst durch die Reihenfolgeplanung, indem dort Auftragsfolgen geändert werden können (top-down-Einfluß). Daher wurde das Instrument im Text bei den kurzfristigen kapazitätsglättenden Maßnahmen eingeordnet.

Über den Bandabgleich findet auf der mittelfristigen Ebene eine Kapazitätsanpassung statt. Wie in Kapitel 2 näher ausgeführt wurde, muß auch dieser Planungsschritt mit stochastischen Daten erfolgen. Eine Adaptionsmöglichkeit an die konkrete deterministische Situation bietet auf der kurzfristigen Planungsstufe die Arbeitsgangverschiebung, die einen lokalen nachträglichen Bandausgleich erlaubt. Abgesehen von diesem Handlungsspielraum kann die grundsätzliche Zuordnung von Arbeitsgängen zu Stationen bei der Reihenfolgeplanung als Konstante angesehen werden. Selbstverständlich gilt, daß mit einem guten Bandabgleich, also weitgehend geglätteten Bearbeitungszeiten die Kapazitätsnutzung und damit die Reihenfolgeplanung verbessert wird. Da bei den typischen Einsatzgebieten der Variantenfließfertigung die Fertigungszeiten an einer Station im wesentlichen von deren personeller Ausstattung abhängen, kann durch Personalumsetzungen ebenfalls nachträglich Einfluß auf den Bandabgleich genommen werden. Dies erfordert jedoch gut ausgebildete und flexible Mitarbeiter, welche viele verschiedene Arbeitsgänge beherrschen. Die gleiche Voraussetzung wurde schon bei der Diskussion lokaler und externer Springer getroffen, so daß diese kurzfristige Anpassungsmaßnahme unter diese beiden Gesichtspunkte subsummiert werden kann.

Der Bandabgleich kann über die Bestimmung der Stationenzahl, bzw. -größe auch langfristige Layoutentscheidungen berühren. Außerdem ist die Frage zu erörtern, ob durch eine veränderte Arbeitsgangzuordnung die Lage der Puffer wesentlich beeinflußt werden kann. Puffer sollen vor allem dort plaziert werden, wo Strukturbrüche in den Bearbeitungszeiten auftreten. Solche Brüche sind jedoch i.d.R. mit bestimmten Bearbeitungsphasen verbunden (z.B. Übergang in die Lackierei, in die Endmontage, etc.), die auch im Rahmen des Bandabgleichs durch entsprechende Nachfolgerestriktionen beachtet werden müssen. Daher ist die Wahrscheinlichkeit, daß sich gravierende Strukturbrüche verschieben und damit eine veränderte Pufferlage nach sich ziehen, als sehr gering einzustufen.

---

[7] Zum Begriff der Lenkkosten vergleiche Abschnitt 4.2.

Kurzfristig[8] ist festzulegen, wie viele Aufträge pro Tag oder Schicht gefertigt werden sollen, da hiervon der Takt, bzw. das Auflageintervall abhängt. So könnte z.B. bei hohen Abwesenheitsraten des Personals und daraus resultierenden höheren Bearbeitungszeiten ein längerer Takt gewählt werden, was natürlich zur Folge hätte, daß insgesamt weniger Aufträge produziert würden. Auch wäre es denkbar, zeitintensive Varianten an bestimmten Tagen mit geändertem Takt gebündelt zu produzieren. In diesen Fällen ist die Frage zu stellen, ob davon die langfristigen Pufferentscheidungen berührt werden. Die Pufferlage kann keinesfalls beeinflußt sein, da diese (s.o.) aufgrund von Strukturbrüchen in den Bearbeitungszeiten bestimmt wird. Eine Änderung der Taktzeit bewirkt jedoch nicht einen solchen Bruch, sondern erhöht oder senkt lediglich die Höhe der Bearbeitungszeiten allgemein. D.h. ein Auftrag, der vorher bearbeitungsintensiv war, ist dies auch nach einer Anpassung der Taktzeit – nur auf einem anderen Niveau. Es kann durch eine Erhöhung der Taktzeit (und damit weniger Aufträgen pro Planungsperiode) jedoch die Puffergröße tangiert werden, da bei weniger Aufträgen im System die Umstellungsmöglichkeiten geringer und damit kleinere Puffer nötig sind. Auf der anderen Seite tendieren diese Aufträge dazu, länger im Puffer zu verweilen, weil die Bearbeitungszeiten länger sind, so daß der Einfluß auf die Puffergröße insgesamt wohl eher marginal sein dürfte.

Eine offene Frage ist, ob die Verringerung der Auftragsanzahl sich nachteilig auf die Güte der Reihenfolgeplanung auswirkt, da die Wahrscheinlichkeit, für jeden Auftrag einen "passenden" Nachfolger zu finden, niedriger ist. Bei gleichbleibendem Kapazitätsangebot würde eine Erhöhung der Taktzeit bedeuten, daß für die einzelnen Aufträge an den Stationen mehr Zeit zur Verfügung steht. Hierdurch könnten Bereichsüberschreitungen verhindert und damit Überhänge abgebaut werden, allerdings würden auch die Leerzeiten steigen und der Bandausstoß sich verringern.

Ist die Fähigkeit, Arbeitsgänge zu verschieben, maschinenabhängig, so ist diese Maßnahme langfristig zu sehen, weil sie dann schon bei der Einrichtung der Fertigungsanlage berücksichtigt werden muß. Hängt dieses Potential dagegen mehr von dem eingesetzten Personal ab, so können hierbei auch mittelfristig durch entsprechende Ausbildungsmaßnahmen oder Einstellungspolitiken ebenso wie beim Aufbau eines externen Springerpotentials Verbesserungen erzielt werden. Investitionen in diesem Bereich lohnen jedoch nur, wie die Ergebnisse gezeigt haben, wenn dadurch ein deutlicher Anteil der Arbeitsgänge über eine große Spanne von Stationen

---

[8] aber mit dem Bandabgleich zusammenhängend, vgl. Kap. 2

hinweg verschiebbar wird. In diesem Fall stellt dieses Instrument auch eine hervorragende Möglichkeit dar, um auf Maschinenausfälle reagieren zu können, da dann die entsprechenden Arbeitsinhalte weitgehend an anderen Stationen erledigt werden.

Aufgrund der Arbeitsgangverschiebung erfolgt eine Glättung der Bearbeitungszeiten. Legt man diese neuen Werte noch einmal der Pufferplanung (vor allem der Dimensionierung) zugrunde, so können sich hier u.U. Einsparungen ergeben. Beispielsweise würde sich dann eine verringerte Paketgröße mit geglätteten Zeiten weniger dramatisch auf die Zielwerte auswirken, so daß die Puffergröße reduziert werden kann. Die Pufferlage könnte nur beeinflußt werden, wenn durch die Arbeitsgangverschiebung Strukturbrüche in den Bearbeitungszeiten generell überlagerbar wären.

Die Arbeitsgangverschiebung nimmt ebenso wie die externen Springer als kurzfristige Kapazitätsanpassungsmaßnahme Einfluß auf die Kapazitätsnutzung bei der Reihenfolgeplanung, indem der Einsatz dieser Instrumente anhand der Bearbeitungszeiten bereits vor der Reihenfolgegenerierung (Rf/Ende) oder anhand der sich aufgrund einer bestimmten Reihenfolge ergebenden Belastungssituation (Rf/Anf) geplant wird. Deutliche Zielwertverbesserungen können vor allem durch die externen Springer bewirkt werden. Dieses Instrument wird mittel- bis kurzfristig aufgebaut, indem man das Personal entsprechend vielseitig ausbildet (z.B. durch job rotation, etc.) oder zusätzliche Mitarbeiter einstellt. Somit gilt auch hier wie schon bei der Pufferplanung, daß Aufbau und Nutzung des Potentials auf unterschiedlichen Planungsstufen erfolgen.

Selbstverständlich sind sämtliche Ergebnisse stets kostenmäßig zu bewerten. Dies gilt vor allem, wenn beispielsweise externe Springer nur fallweise aus anderen Fertigungsbereichen abgezogen werden. Es muß dann deren Fehlen an ihren eigentlichen Arbeitsplätzen bewertet und den Verbesserungen bei der neuen Einsatzstelle am Band gegenübergestellt werden. Werden die Springer aus einem nicht fest zugeordneten Pool abgezogen, so ist zu berücksichtigen, wie diese eingesetzt werden können, wenn am Band kein Bedarf nach externen Springern besteht – insbesondere, falls hierdurch Leerzeiten für die Springer entstehen. Die Kosten für die Einrichtung eines solchen Pools (Ausbildung, laufende Personalkosten, etc.) sind daher unbedingt mit den Vorteilen, die an den jeweiligen Einsatzorten bewirkt werden können, zu vergleichen.

Die bisherigen Ausführungen machten deutlich, daß Entscheidungen bezüglich der einzelnen Instrumente unterschiedliche Planungshorizonte betreffen, wenn auch Rückkopplungen über die dargestellten Schleifen möglich sind. Aus diesem Grund sind simultane Modelle wenig geeignet. (Durch den mittel- bis kurzfristigen externen Springereinsatz können beispielsweise – wie dargestellt wurde – ungünstige Pufferfestlegungen abgefangen werden.) Eine gleichzeitige Berechnung der "optimalen" Pufferlage und -größe, der "günstigsten" Arbeitsgangverlagerungen sowie der "besten" Springerzahl dürfte auch bei praktischen Größenordnungen aus Komplexitätsgründen scheitern.[9] Außerdem liegen auf langfristiger Planungsstufe noch keine konkreten Auftragsmengen vor, so daß dort Entscheidungen unter Unsicherheit getroffen werden, während man bei den kurzfristigen Planungsaufgaben auf deterministische Daten zurückgreifen kann. Es wäre also unsinnig, hier schon auf taktischer Stufe Festlegungen zu treffen, die erstens auf dieser Ebene keinen Erkenntniszuwachs bringen würden und sich zweitens bei Vorlage der tatsächlichen Aufträge als komplett falsch erweisen könnten. Die unterschiedliche Informationslage sollte daher auch in einer sukzessiven Vorgehensweise ihre Entsprechung finden.

Es muß also zunächst auf taktischer Ebene die Pufferlage und -dimensionierung entschieden werden. Falls an die Möglichkeit gedacht wird, Puffer gegebenenfalls durch externe Springer zu substituieren, so kann dies in erhöhten Pufferkosten Ausdruck finden. Mittel- bis kurzfristig erfolgt der Bandabgleich nach einer der in Kapitel 2 diskutierten Methoden. Die externen und lokalen Springer, bzw. die Arbeitsgangverlagerungen werden kurzfristig auf Grundlage konkreter Daten vor oder nach Bestimmung der Auftragsreihenfolge eingeplant – je nachdem, ob die auftrags- oder stationsorientierte Verfahrensart (Rf/Ende oder Rf/Anf) gewählt wird. Eine solche hierarchisch gestaffelte Vorgehensweise erlaubt es auch, kurzfristige Entscheidungen – wie z.B. bezüglich des Springereinsatzes – auf untergeordnete betriebliche Hierarchieebenen zu delegieren. Bei einer Simultanplanung müßten diese von derjenigen übergeordneten Stelle getroffen werden, die auch für die langfristigen Planungsaufgaben verantwortlich zeichnet.[10]

---

[9] Das Argument der Rechenzeit bzw. des Speicheraufwandes gilt insbesondere auch für den Einsatz eines stochastischen DP's, das beispielsweise die noch unbekannte kurzfristige Planungsstufe bei der Pufferplanung berücksichtigen könnte.

[10] vgl. Stadtler[1988], S.21ff

8. Schluß

Die vorliegende Arbeit befaßte sich mit dem Problem der Variantenfertigung. Kennzeichnend hierfür sind Aufträge mit unterschiedlichen Bearbeitungszeiten, die jedoch um die gleichen Fertigungseinheiten konkurrieren. Aufgrund der Vielzahl möglicher Varianten ist eine Zusammenfassung gleichartiger Aufträge zu Losen nicht möglich, d.h. es wird mit Losgröße 1 produziert. Aus den unterschiedlichen Auftragsspezifikationen resultiert eine ungleichmäßige Belastung der einzelnen Arbeitsstationen. Um Stauungen durch bearbeitungsintensive Varianten oder den Einsatz zusätzlichen Personals an einzelnen Stationen zu vermeiden, sind Kapazitätsanpassungsmaßnahmen erforderlich. Da die Reihenfolge der Aufträge den tatsächlichen Kapazitätsbedarf während eines Tages oder einer Schicht konkret festlegt, spielt die Reihenfolgeplanung eine zentrale Rolle bei der Glättung der Kapazitätsnachfrage. Häufig kann jedoch auch durch eine sorgfältige Reihenfolgegenerierung nicht allein gewährleistet werden, daß wichtige Zielkriterien wie z.B. kurze Durchlaufzeiten oder eben eine gleichmäßige Kapazitätsauslastung hinreichend gut erfüllt werden. In diesem Fall müssen weitere Maßnahmen getroffen werden, von denen diese Untersuchung die wichtigsten vorstellte.

Durch die Einrichtung von Puffern, die eine Umstellung der Reihenfolge bei gravierenden Änderungen in den Bearbeitungszeiten der Aufträge erlauben und daher ebenfalls glättend auf den Kapazitätsbedarf wirken, können bereits beträchtliche Zielwertverbesserungen erzielt werden. Sie betrugen in der durchgeführten Simulation bei nur einem Puffer schon über 50%. Ähnlich positive Ergebnisse zeigte der Einsatz von externen Springern als Maßnahme zur Anpassung des Kapazitätsangebotes, wodurch Bearbeitungsspitzen abgebaut werden konnten. Als schwächeres Instrument ist die Möglichkeit, Arbeitsgänge zu verschieben beziehungsweise an anderen Stationen auszuhelfen, zu beurteilen. Hierdurch werden die Bearbeitungszeiten innerhalb eines Auftrags geglättet, die Auswirkungen auf die Zielwerte betrugen im Beispiel jedoch selten mehr als 25%. Es zeigte sich, daß eine Erhöhung der Anzahl an Stationen, auf die Arbeitsgänge hin verlagert werden können, geringere Effekte aufweist, als eine Vergrößerung des Verschiebepotentials.

Selbstverständlich sind zu den untersuchten Flexibilisierungsmaßnahmen noch weitere hinzuzufügen. Insbesondere ist hierbei – wie bereits in Kapitel 1 angedeutet wurde – an die Einrichtung von Sonderfertigungsbereichen oder Sonderschichten für seltene oder sehr zeitintensive Varianten zu denken, welche die normale Reihenfolge über Gebühr belasten. Damit hängt auch die Frage nach der Auswahl der einzulastenden Aufträge zusammen, die im Hinblick auf die einzelnen Instrumente näher zu analysieren wäre.

Alle Maßnahmen wurden sowohl reihenfolge- als auch auftragsbezogen betrachtet. Bei den auftragsorientierten Verfahren erfolgte der Einsatz der Instrumente anhand einer Analyse der Bearbeitungszeiten, beispielsweise wurden den Aufträgen mit den höchsten Fertigungszeiten zuerst Springer zugewiesen. Dagegen fand bei den reihefolgeorientierten Methoden insbesondere die für eine bestimmte Reihenfolge gegebene Auslastungssituation an den Arbeitsstationen Beachtung. So wurde dort z.B. der Station mit der größten Belastung zu einem bestimmten Zeitpunkt ein Springer zugeordnet. Eine noch zu leistende Arbeit wäre die Kombination beider Verfahren, so könnte etwa ein Teil der Springer zunächst auftragsbezogen eingesetzt werden und der Rest würde reihenfolgeorientiert eingeplant.

Für die Bewertung der einzelnen Instrumente wurde ein Zielkriterium entwickelt, das eine gleichmäßige Kapazitätsauslastung beschreibt und mit einer Reihe weiterer Zielkriterien positiv korreliert ist. Es war Grundlage aller Simulationsläufe, die für eine beispielhafte Konfiguration mit 100 Aufträgen und 15 Stationen durchgeführt wurden.

Die Frage nach der Anpassung von Kapazitätsangebot und -nachfrage stand somit auf unterschiedlichen Planungsebenen im Mittelpunkt der Überlegungen. Letztlich ging es dabei stets um die optimale Verteilung von Ressourcen (Pufferplätze, Personalkapazität durch Springereinsatz und lokales Aushelfen an Nachbarstationen). Es handelte sich also durchgängig um Allokationsprobleme bezüglich der zur Verfügung stehenden Kapazität. Auch der Bandabgleich kann unter diesem Gesichtspunkt gesehen werden, da die Zuordnung von Arbeitsgängen zu Stationen den späteren Kapazitätsbedarf dort determiniert. Die Allokation findet auf unterschiedlichen Stufen statt. Durch die Pufferplätze erfolgt eine langfristige grobe Ressourcenverteilung. Der mittelfristige Bandabgleich legt die Kapazitätsnutzung für jede Station detaillierter fest, während der kurzfristige Springereinsatz eine Feinabstimmung aufgrund vorliegender konkreter Auftragsmengen erlaubt. Die Arbeit endete folglich mit der Einordnung der untersuchten Maßnahmen in einen hierarchischen Planungsansatz. Weitergehende Simulationen, die einen kombinierten Einsatz der Instrumente in einer solchen Planungsumgebung zum Gegenstand haben, eventuell verbunden mit einer praktischen Anwendung, wären sicherlich von großem Interesse.

Die einzelnen Instrumente sind auch unter dem Aspekt "Aufbau von Flexibilitätspotentialen" zu betrachten, da sie der Unternehmung die Möglichkeit eröffnen, sich auf eine nicht konstante Situation, d.h. vor allem die Bewältigung unterschiedlicher Bearbeitungszeiten, einzustellen. Hierdurch ergeben sich zusätzliche Spielräume, um auf Störungen (Maschinenausfälle, Stochastik in der Nachfrage, etc.) oder neue Zielsetzungen (z.B. JIT-Gedanke) besser reagieren zu können. Es ist zu unterscheiden zwischen dem Nutzen, der sich durch die Bereitstellung des Potentials an sich ergibt, und dem Glättungseffekt aufgrund der Aufteilung des Potentials. Bei der Pufferplanung wurden in Kapitel 4 im letzten Abschnitt der Einfluß dieser beiden Komponenten getrennt untersucht. Dabei zeigte sich, daß allein die Einrichtung eines Puffers – ohne dessen Nutzung zu Reihenfolgeumstellungen – bereits zu einer deutlichen Kapazitätsglättung führt. Eine analoge Analyse könnte man für das Springerpotential durchführen. Hierbei entspricht der Einsatz der lokalen Springer der konkreten Aufteilung dieses Potentials, während die Hinzunahme externer Springer, also die Erhöhung des Kapazitätsangebotes, die Einrichtung des Springerpotentials darstellt. Um beide Effekte jedoch unabhängig voneinander auszuweisen, müßten zunächst die Einsatzmöglichkeiten (Länge des Zeitintervalls, das ein Springer an einer Station verbringt, und die Anzahl der Stationen, an denen er eingesetzt werden kann)[1] vergleichbar gemacht werden.

Die Ergebnisse dieser Arbeit können ebenfalls zur Beantwortung weiterführender Fragestellungen herangezogen werden. Beispielsweise signalisiert ein Puffer einen Strukturbruch in den Bearbeitungszeiten und damit eine neue Fertigungsphase. Bei der Einrichtung von Gruppenarbeit wäre dies eine derjenigen Stellen, wo der Arbeitsbereich einer Gruppe enden sollte, um nicht zu heterogene Aufgabenstellungen innerhalb einer Gruppe zu vereinigen. Somit könnten die Verfahren der Pufferplanung für die Gruppendefinition genutzt werden. Ähnliches gilt für den Bereich der flexiblen Fertigungssysteme, wo die mit den in Kapitel 4 vorgestellten Algorithmen gefundenen Puffer die Grenzen zwischen Fertigungszellen repräsentieren. Zwar wird bei den flexiblen Fertigungssystemen aufgrund der fehlenden Taktgebundenheit das Problem der Ka-

---

[1] In der vorliegenden Abhandlung wurden die externen Springer für längere Zeitintervalle den einzelnen Stationen zugewiesen, sie waren dafür aber an einer größeren Stationenzahl einsetzbar.

pazitätsglättung über Puffer kaum thematisiert, doch muß auch dort zumindest ein grober Abgleich erfolgen. Die Ergebnisse bezüglich des Aushelfens an Nachbarstationen (bzw. der Arbeitsgangverschiebung) erlauben Rückschlüsse – sofern man von der Taktgebundenheit des Springereinsatzes bei der Variantenfließfertigung absieht – auf das Ausmaß der Flexibilität, das bei Einführung flexibler Fertigungseinrichtungen angestrebt werden sollte, da dort diese Möglichkeiten durch variable Werkzeugzuordnung, etc. in ähnlicher Weise ebenfalls vorhanden sind.

Anhang

A1. Zielbeziehungen

In diesem Anhang soll gezeigt werden, daß die Überhangsminimierung, wie sie in Kapitel 3 beschrieben wurde, mit einer Reihe weiterer wichtiger Zielfunktionen in der Ablaufplanung in Beziehung steht.

A1.1. Ziele in der Ablaufplanung

Die hier betrachteten Ziele lassen sich in auftrags- und stationsbezogene Ziele einteilen. Die Klassifizierung bezieht sich dabei im wesentlichen auf die zur Auswertung der Zielfunktion benötigten Größen.

Die auftragsbezogenen Zeitziele hängen von den Bearbeitungszeiten der Aufträge an den einzelnen Stationen sowie dem Einlastungs- und geplanten Fertigstellungstermin eines Auftrages ab. Eine wichtige Rolle spielen hierbei die an der Durchlaufzeit orientierten Ziele. Man betrachtet in der Regel die Gesamtdurchlaufzeit, d.h. die Zeitspanne, die zwischen der Einlastung des ersten Auftrags bis zur Fertigstellung des letzten verstreicht, die mittlere Durchlaufzeit, die Summe der gewichteten Einzeldurchlaufzeiten oder die maximale Durchlaufzeit eines Auftrags.

Terminbezogene Ziele sind besonders im Zusammenhang mit nach Just-in-Time-Prinzipien ausgerichteter Fertigung interessant. Hier kann z.B. die mittlere, maximale, gewichtete oder gesamte Terminüberschreitung als Kriterium gewählt werden. Seltener ist die Minimierung derjenigen Zeitspanne, die ein Auftrag zu früh fertig ist, obwohl gerade dieses Ziel im Hinblick auf den Abbau von Lagerbeständen wichtig ist. Da der deutsche Ausdruck "Verfrühung eines Auftrags" etwas seltsam anmutet, wird im folgenden für diesen Sachverhalt das englische Äquivalent "Earliness" benutzt. Allerdings kann diese Gruppe von Zielen in der Reihenfolgeplanung in der Regel nicht beeinflußt werden, da Fertigstellungstermine meistens tagesgenau angegeben werden, so daß die Position in der (Schicht)-Reihenfolge keine Auswirkung auf die Zielerfüllung hat, sondern nur die Tatsache, ob ein bestimmter Auftrag sich in der Auftragsmenge des entsprechenden Tages befindet oder nicht. D.h. derartige Ziele sind von einem vorgelagerten Planungsschritt, der Bestimmung der Auftragszusammensetzung, zu beachten.

Analog zu den Durchlaufzeiten der Aufträge können Leer- oder Auslastungszeiten der Stationen untersucht werden. Man bildet auch hier mittlere, gesamte und gewichtete Leerzeiten einer oder mehrerer Stationen. Weiterhin muß als stationsbezogenes Zeitziel die Rüstzeitenminimierung angeführt werden, die jedoch bei der Variantenfertigung selten eine Rolle spielt.

Die obigen Zielvorstellungen können auch mit Kosten bewertet werden. Allerdings tritt dabei das Problem der Quantifizierbarkeit einerseits und der Zurechenbarkeit von Kosten andererseits auf. Zur Beurteilung von Reihenfolgen sollten deswegen in der Regel Zeitziele gewählt werden, die dann zu Kostenzielen auf übergeordneten Planungsstufen in komplementärem Verhältnis stehen.[1]

Weitere Ziele, auf die hier nur am Rande eingegangen werden kann, können sich etwa auf die Qualifikation des Personals, d.h. wie viele Mitarbeiter können wie viele Tätigkeiten verrichten, die Zufriedenheit der Belegschaft, die Minimierung von Ausschuß, usw. beziehen. Derartige Kriterien stehen durchaus in einem Bezug zur Ablaufplanung, da durch ungünstige Arbeitssituationen, wie z.B. häufige Überlastung, Streß und Unzufriedenheit erzeugt werden, was sich wiederum in steigenden Durchlaufzeiten oder vermehrten Bearbeitungsfehlern bemerkbar machen kann. Da aber die genannten Kriterien teilweise kaum formal erfaßbar und andererseits als eher nebengeordnete Ziele zu verstehen sind, wird hier auf eine weiterführende Diskussion verzichtet.

Einige der wichtigsten Ziele sollen nun mit der in Kapitel 3 eingeführten Notation formal dargestellt werden:

Gesamtdurchlaufzeit:

(A1.1) $$\text{ges-dlz} = c_{nm} \quad \longrightarrow \quad \text{Min!}.$$

Die Gesamtdurchlaufzeit entspricht durch die Skalierung mit 0 als Anfangszeitpunkt dem Bearbeitungsende des letzten, also n-ten Auftrags an

---

[1] Diese Vorgehensweise kann als Relaxation der übergeordneten Modellstufe interpretiert werden, die das Ziel Gewinnmaximierung oder Kostenminimierung verfolgt. Vgl. hierzu auch Schneeweiß[1992].

der letzten Station m. (Ganz allgemein war c_{ij} das Bearbeitungsende des i-ten Auftrags an der j-ten Station.)

Die Durchlaufzeit des i-ten Auftrags der Reihenfolge berechnet sich (unter der Voraussetzung, daß an Station 1 sofort nach Beendigung eines Auftrags der Folgeauftrag gefertigt wird) durch:

$$\text{(A1.2)} \qquad \mathrm{dlz}_i = \begin{cases} c_{1,m}, & i = 1, \\ c_{im} - c_{i-1,1}, & i \in \{2, ..., n\}. \end{cases}$$

D.h. die Durchlaufzeit ergibt sich als Differenz zwischen dem Fertigungsende des aktuellen Auftrags an der letzten Station und dem Ende des Vorgängerauftrags an der ersten Station (= dem Beginn des aktuellen Auftrags an Station 1).

Damit erhält man für die *durchschnittliche Durchlaufzeit*:

$$\text{(A1.3)} \qquad \text{mit-dlz} = \frac{1}{n} \sum_{i=1}^{n} \mathrm{dlz}_i \longrightarrow \text{Min!}.$$

Die *Leerzeiten* der Stationen erhält man über die Differenz zwischen dem Bearbeitungsende eines Auftrags an einer Station und dem Bearbeitungsende seines Nachfolgers an der Vorgängerstation, da dieser an der aktuellen Station erst eingelastet werden kann, wenn die vorangegangenen Arbeitsinhalte erledigt sind. Die Wartezeit lz_{ij} einer Station j auf den i-ten Auftrag (= Leerzeit) berechnet sich also folgendermaßen:[2]

$$\text{(A1.4)} \quad \mathrm{lz}_{ij} = \max\{0,\, c_{i,j-1} - c_{i-1,j}\}, \qquad i \in \{2, ..., n\},\ j \in \{2, ..., m\}.$$

Mit Hilfe dieser Terme lz_{ij} lassen sich dann für einzelne Stationen und für den gesamten Fertigungsbereich mittlere, summierte und maximale Leerzeiten angeben.

---

[2] Dabei ist berücksichtigt, daß an der ersten Station, bzw. beim ersten Auftrag keine Leerzeiten auftreten können.

A1.2. Beziehungen zwischen der Überhangsminimierung und anderen Zielkriterien

Es soll nun gezeigt werden, daß das Überhangkriterium – insbesondere in der in (3.10-11) entwickelten Form – mit einigen anderen im Rahmen der Reihenfolgeplanung häufig verfolgten Zielsetzungen in Zusammenhang steht. Dazu formt man zunächst die Definition (3.11) etwas um, indem (3.10) in diese eingesetzt wird. Man erhält dann:

$$\text{(A1.5)}\qquad \begin{aligned} \text{ges-ubhg} &= \sum_{i=1}^{n}\sum_{j=1}^{m} \text{ubhg}_{ij} \\ &= \sum_{i=1}^{n}\sum_{j=1}^{m} c_{ij} - \underline{t}\cdot\sum_{i=1}^{n}\sum_{j=1}^{m}(i-1) - \underline{t}\cdot\sum_{i=1}^{n}\sum_{j=1}^{m} j \\ &= \sum_{i=1}^{n}\sum_{j=1}^{m} c_{ij} - \underline{t}\cdot m\cdot\sum_{i=0}^{n-1} i - \underline{t}\cdot n\cdot\sum_{j=1}^{m} j \\ &= \sum_{i=1}^{n}\sum_{j=1}^{m} c_{ij} - \frac{\underline{t}\cdot m\cdot n^2 + \underline{t}\cdot n\cdot m^2}{2}. \end{aligned}$$

Der zweite Term auf der rechten Seite von Gleichung (A1.5) ist konstant, da er nur von $\underline{t}$, m und n abhängt. Er ist also für die Minimierung des Gesamtüberhangs uninteressant und kann daher weggelassen werden. Somit hängt der Überhang letztlich von den Fertigsstellungszeitpunkten der Aufträge an den einzelnen Stationen ab. Bei deren analytischer Beurteilung stört allerdings die Maximumbildung in Definition (3.9). Diese soll daher nun durch einen äquivalenten Ausdruck ersetzt werden.

Es sei v_{ij} ($i \in \{1, ..., n\}$, $j \in \{1, ..., m\}$) die Verweilzeit des Auftrags Nr. i an der Station j und analog w_{ij} die Wartezeit dieses Auftrags an Station j. D.h. es muß gelten:

$$\text{(A1.6)}\qquad v_{ij} = w_{ij} + b_{ij}, \qquad i \in \{1, ..., n\}, j \in \{1, ..., m\}.$$

Damit kann der Fertigstellungstermin des i-ten Auftrags[3] an der j-ten

---

[3] Der i-te Auftrag der Reihenfolge sollte nicht mit dem Auftrag Nr. i verwechselt werden!

Station c_{ij} in (3.9) ersetzt werden durch:

$$
\begin{aligned}
c_{ij} &= c_{i,j-1} + b_{n_i,j} + w_{n_i,j} \\
&= c_{i,j-2} + b_{n_i,j-1} + w_{n_i,j-1} + b_{n_i,j} + w_{n_i,j} \\
&\vdots \\
&= c_{i,1} + \sum_{k=2}^{j} (b_{n_i,k} + w_{n_i,k}) \qquad \text{(A1.7)} \\
&= c_{i-1,1} + \sum_{k=1}^{j} (b_{n_i,k} + w_{n_i,k}) \\
&= \sum_{l=1}^{i-1} b_{n_l,1} + \sum_{k=1}^{j} (b_{n_i,k} + w_{n_i,k}),
\end{aligned}
$$

$$i \in \{1, ..., n\},\ j \in \{1, ..., m\}.$$

Es müssen die Bearbeitungszeiten aller Vorgängeraufträge an der ersten Station aufaddiert (unter der Annahme, daß dort keine Wartezeiten entstehen, ansonsten ist der erste Term entsprechend zu modifizieren) und schließlich die Verweilzeiten des aktuellen Auftrags an allen Stationen bis j summiert werden.

Da die Bearbeitungszeiten fest vorgegeben sind, können, wenn man (A1.7) in (A1.5) einsetzt, dort nur noch die Terme w_{ij} minimiert werden, d.h. die Wartezeiten der Aufträge. Es soll nun gezeigt werden, daß man sich damit insbesondere über den Term c_{nm} einer Untergrenze für die Gesamtdurchlaufzeit annähert. Für die Gesamtdurchlaufzeit gilt, daß diese nicht kürzer sein kann als die Summe der Bearbeitungszeiten über alle Aufträge an einer beliebigen Station. Diese Grenze kann noch verschärft werden, indem man zu ihr noch die Bearbeitungszeiten des letzten Auftrags an den nachfolgenden Stationen addiert. Somit gilt mit (A1.1):

$$\text{(A1.8)} \qquad \text{ges-dlz} = c_{nm} \geq \max_{j=1..m} \{ \sum_{i=1}^{n} b_{ij} + \sum_{k=j+1}^{m} b_{n_n,k} \}$$

Der erste Summenterm addiert die Bearbeitungszeiten aller Aufträge an einer Station j auf. Diese Zeit muß – unabhängig von einer bestimmten Reihenfolge – mindestens für die Fertigung aufgewendet werden. Der

Index n_n gibt die Nummer des n-ten Auftrags in einer konkreten Reihenfolge. Dessen Bearbeitungsinhalte an den Stationen nach j müssen, nachdem dieser Auftrag die Station j verlassen hat, anschließend noch erledigt werden. Dadurch erhöht sich die untere Grenze für die Durchlaufzeit um den zweiten Summenterm.

Somit ergibt sich speziell für $j = 1$:

$$c_{nm} \geq \sum_{i=1}^{n} b_{i,1} + \sum_{k=2}^{m} b_{n_n,k}. \tag{A1.9}$$

Für $i = n$ und $j = m$ erhält man jedoch in (A1.7):

$$\begin{aligned} c_{nm} &= \sum_{l=1}^{n-1} b_{n_l,1} + \sum_{k=1}^{m}(b_{n_n,k} + w_{n_n,k}) \\ &= \sum_{l=1}^{n} b_{n_l,1} + \sum_{k=2}^{m} b_{n_n,k} + \sum_{k=1}^{m} w_{n_n,k} \\ &= \sum_{l=1}^{n} b_{l,1} + \sum_{k=2}^{m} b_{n_n,k} + \sum_{k=1}^{m} w_{n_n,k}. \end{aligned} \tag{A1.10}$$

Man erkennt, daß durch die Minimierung der w_{ij},[4] also letztlich der Überhangsminimierung, wie in (A1.5-6) gezeigt wurde, auch die Gesamtdurchlaufzeit minimiert wird, da der Ausdruck (A1.10) dann gegen die Untergrenze (A1.9) strebt.

Analoges läßt sich noch deutlicher für die mittlere Durchlaufzeit über alle Aufträge zeigen, wenn man berücksichtigt, daß die Durchlaufzeit eines Auftrags der Summe seiner Bearbeitungs- und Wartezeiten entspricht. Somit ergibt sich:

$$\text{mit-dlz} = \frac{1}{n} \sum_{i=1}^{n} \sum_{j=1}^{m} (b_{ij} + w_{ij}). \tag{A1.11}$$

Eine Minimierung der Terme w_{ij} führt auch hier zu einer Optimierung des Kriteriums.

---

4 Man beachte, daß die Terme $w_{n_n,k}$ von den Wartezeiten w_{ij} der vorausgegangenen Aufträge abhängen.

Über das übergeordnete Ziel der Taktzeitminimierung, um den Ausstoß des Bandes zu erhöhen, steht das Überhangkriterium auch im Bezug zur Leerzeitminimierung. Wird die Taktzeit sehr niedrig gewählt, so muß bei der Reihenfolgeplanung besonders sorgfältig auf eine gleichmäßige Auslastung geachtet werden, da sich sonst recht schnell sehr hohe Überhänge aufbauen. Dagegen erlaubt eine höhere Taktzeit größere Spielräume bei der Reihenfolgewahl, weil durchschnittlich mehr Zeit pro Auftrag zur Verfügung steht. Umgekehrt läßt sich folgern, daß die Minimierung der Überhänge es erlaubt, eine kürzere Taktzeit zu wählen, was den Ausstoß vergrößert und folglich die Leerzeiten des Bandes eliminiert.

Zusammenfassend läßt sich also sagen, daß das Ziel gleichmäßige Auslastung, bzw. Überhangsminimierung sich zu einer Vielzahl anderer Kriterien komplementär verhält und damit besondere Aufmerksamkeit verdient.

A2. Arbeitsgangverschiebung

Die folgenden Tabellen geben für die untersuchten Heuristiken die erzielten Überhänge, Überhangszuwächse, Gesamtdurchlaufzeit und Wartezeit sowie die Leerzeiten an den Stationen wieder. Die Wartezeiten beziehen sich auf die Aufträge, sie stellen die Zeitspanne dar, die diese vor einer Station auf Bearbeitung warten müssen, summiert über alle Aufträge und Stationen. Die Leerzeiten sind diejenigen Zeiträume, in welchen die Stationen auf den nächsten Auftrag warten. Jede Zeile einer Tabelle entspricht einer Parameterkonfiguration von *sp* und *vp*. Das Verschiebepotential *vp* ist dabei in % von der ursprünglichen Bearbeitungszeit eines Auftrags an einer Station angegeben.

Zwischen Überhängen, Überhangszuwächsen und der Gesamtdurchlaufzeit ist jeweils eine deutliche positive Korrelation feststellbar. Die Leerzeiten sind pro Tabelle nahezu konstant. Bei den Wartezeiten ist kein eindeutiger Zusammenhang zu den übrigen Werten zu erkennen. Zur weiterführenden Interpretation vergleiche man die Ausführungen im Kapitel 5.

sp/vp	Überhang	Übhgs.-zuwachs	DLZ	Wartezeit
1/5	32165,21	377,66	506,41	4745,02
1/10	31449,37	373,81	506,50	4814,78
1/15	33544,98	420,67	509,70	4762,54
1/20	28043,29	310,67	501,01	4555,16
1/25	31869,06	387,79	506,47	4605,59
2/5	31991,36	379,52	505,89	4636,75
2/10	26746,40	276,70	498,69	4647,61
2/15	31402,06	372,01	504,67	4541,40
2/20	32315,90	392,17	507,91	4826,70
2/25	33801,95	440,00	510,81	4763,88
3/5	32147,37	393,11	508,31	4860,65
3/10	33141,59	410,79	509,21	4829,19
3/15	29670,80	335,27	503,77	4886,18
3/20	32142,12	388,56	507,45	4813,44
3/25	33090,37	408,70	508,75	4793,30

Tab. A2.1: Zielwerte, Rf/Anf, HOM

Station *sp/vp*	1	2	3	4	5	6	7	8	9	10	11	12	13	14	15
1/5	0,0	6,6	14,1	21,1	28,4	35,3	42,2	48,9	56,1	62,5	69,6	75,9	82,9	89,4	96,3
1/10	0,0	6,7	14,7	22,8	29,5	36,5	43,6	50,5	57,0	64,0	71,1	77,8	84,5	91,7	98,4
1/15	0,0	6,5	14,3	21,7	29,2	35,9	43,3	50,1	56,7	64,0	70,7	77,6	84,5	90,7	97,4
1/20	0,0	5,8	12,8	19,2	26,1	32,5	39,2	45,9	52,2	58,9	65,4	72,1	78,8	85,0	91,4
1/25	0,0	6,0	12,9	19,6	26,4	33,0	39,6	46,0	52,5	59,1	65,6	72,4	78,8	85,2	92,4
2/5	0,0	6,8	13,5	20,5	27,5	34,3	41,0	47,8	54,9	61,8	68,5	75,0	81,5	88,2	94,4
2/10	0,0	6,2	12,6	19,6	26,2	32,7	39,6	46,2	52,7	59,4	65,9	72,5	79,0	85,4	91,7
2/15	0,0	5,9	12,5	19,3	25,9	32,3	38,9	45,5	52,2	58,7	65,2	71,5	78,1	84,7	91,3
2/20	0,0	6,4	13,6	20,6	27,9	34,4	41,6	48,9	55,2	61,9	69,1	75,3	82,7	89,3	96,1
2/25	0,0	6,8	13,7	21,2	28,4	35,8	42,6	50,0	55,9	63,4	69,9	77,1	83,5	90,1	97,1
3/5	0,0	7,4	14,4	21,6	28,8	35,7	42,7	49,6	56,9	63,3	70,9	76,8	83,8	90,8	97,5
3/10	0,0	6,9	13,8	20,6	27,9	34,9	41,6	49,3	55,8	63,1	69,1	76,0	83,2	89,5	95,8
3/15	0,0	7,0	14,2	21,0	28,5	36,1	42,6	50,0	56,3	63,8	69,9	76,7	83,0	89,8	96,8
3/20	0,0	7,0	13,8	20,4	28,4	35,2	42,3	49,2	56,0	62,8	69,3	75,8	82,5	88,5	94,9
3/25	0,0	6,9	13,8	20,6	27,9	35,0	42,1	48,2	55,1	61,6	68,6	75,8	82,3	89,2	95,8

Tab. A2.2: Leerzeiten, Rf/Anf, HOM

sp/vp	Überhang	Übhgs.-zuwachs	DLZ	Wartezeit
1/5	34016,37	419,63	509,85	4846,30
1/10	33724,27	415,69	510,27	4953,82
1/15	36070,33	461,72	513,19	4891,87
1/20	31431,70	370,20	506,48	4798,02
1/25	35108,18	445,85	511,95	4775,12
2/5	34681,33	426,89	510,32	4823,59
2/10	29522,06	334,01	503,88	4836,50
2/15	34284,27	432,37	510,10	4679,73
2/20	34892,08	440,38	512,20	4967,57
2/25	36938,12	481,71	514,90	4896,33
3/5	34992,01	431,34	511,78	4995,31
3/10	35924,04	455,03	513,47	5011,86
3/15	31775,99	373,55	507,58	5023,58
3/20	34461,95	433,05	511,57	4973,65
3/25	35498,39	454,29	512,98	4916,89

Tab. A2.3: Nachträgliche Optimierung, Zielwerte, Rf/Anf, HOM

Station *sp/vp*	1	2	3	4	5	6	7	8	9	10	11	12	13	14	15
1/5	0,0	7,8	16,0	23,5	31,0	38,2	45,3	52,3	59,4	66,1	73,0	79,6	86,4	93,0	99,7
1/10	0,0	7,8	16,5	25,1	32,0	39,3	46,6	53,7	60,4	67,5	74,7	81,4	88,3	95,5	102,1
1/15	0,0	7,7	16,1	23,7	31,6	38,5	46,4	53,3	60,1	67,5	74,4	81,2	88,1	94,3	100,8
1/20	0,0	7,2	15,0	22,2	29,6	36,5	43,3	50,3	57,1	63,9	70,5	77,4	84,2	90,7	96,8
1/25	0,0	7,6	15,2	22,5	29,8	36,7	43,7	50,4	57,1	63,9	70,6	77,5	84,2	90,5	97,8
2/5	0,0	7,8	15,2	22,9	30,3	37,6	44,5	51,5	58,7	65,7	72,6	79,2	85,8	92,5	98,8
2/10	0,0	7,4	15,1	22,7	29,9	36,8	43,8	50,6	57,2	64,0	70,7	77,5	84,1	90,6	96,9
2/15	0,0	7,3	14,8	22,4	29,6	36,4	43,3	50,1	57,0	63,6	70,4	76,9	83,6	90,2	96,8
2/20	0,0	7,4	15,4	22,8	30,7	37,5	44,8	52,5	59,3	66,1	73,5	79,8	87,2	93,9	100,3
2/25	0,0	7,8	15,3	23,3	30,8	38,5	45,4	53,1	59,4	66,8	73,7	80,8	87,2	94,0	101,0
3/5	0,0	8,2	15,9	23,7	31,1	38,5	45,6	52,6	60,1	66,4	74,0	80,2	87,1	94,4	101,0
3/10	0,0	8,0	15,5	22,6	30,4	37,6	44,7	52,8	59,4	67,0	73,1	80,1	87,1	93,5	100,0
3/15	0,0	7,9	15,5	22,8	30,6	38,4	45,1	52,9	59,4	67,1	73,4	80,4	86,7	93,5	100,5
3/20	0,0	8,0	15,5	22,6	31,0	38,1	45,5	52,5	59,5	66,4	73,3	80,0	86,7	92,6	98,9
3/25	0,0	7,9	15,7	22,9	30,6	38,0	45,3	51,6	58,5	65,4	72,6	80,0	86,6	93,5	100,0

Tab. A2.4: Nachträgliche Optimierung, Leerzeiten, Rf/Anf, HOM

sp/vp	Überhang	Übhgs.-zuwachs	DLZ	Wartezeit
1/5	34046,01	465,28	515,23	4712,38
1/10	32527,86	443,71	512,59	4462,71
1/15	32558,15	441,53	513,35	4778,47
1/20	29997,29	400,85	509,34	4532,95
1/25	28401,14	373,43	508,94	4596,40
2/5	34606,14	478,55	515,68	4881,11
2/10	34586,37	490,04	515,55	4677,14
2/15	31899,23	430,57	514,16	4978,97
2/20	30601,77	415,58	511,29	4815,17
2/25	31597,44	438,34	512,91	4761,89
3/5	32702,90	444,98	513,92	4837,06
3/10	31677,26	436,19	512,54	4778,61
3/15	29278,96	389,77	510,29	4845,14
3/20	29982,21	406,14	511,93	4781,71
3/25	28882,30	379,35	508,70	4806,80

Tab. A2.5: Zielwerte, Rf/Anf, HET

Station *sp/vp*	1	2	3	4	5	6	7	8	9	10	11	12	13	14	15
1/5	0,0	5,7	13,2	20,1	26,3	39,2	47,8	53,8	59,4	65,0	71,5	79,2	84,3	90,0	96,1
1/10	0,0	4,9	11,0	17,5	24,7	35,7	46,5	52,5	58,1	60,8	66,8	75,5	80,2	84,9	90,9
1/15	0,0	4,9	11,4	18,3	24,6	34,5	42,8	49,1	55,4	61,0	72,1	81,2	86,2	92,3	97,7
1/20	0,0	4,5	10,6	16,7	22,7	30,0	39,8	45,8	51,2	55,0	62,6	73,3	79,8	85,9	92,1
1/25	0,0	4,9	11,1	17,7	23,8	32,0	41,6	47,4	52,9	56,2	61,9	70,8	77,1	82,7	88,7
2/5	0,0	6,2	12,1	19,0	25,6	37,0	44,6	53,0	58,2	63,2	72,9	80,6	87,1	93,1	99,1
2/10	0,0	5,7	11,6	18,4	25,4	37,3	45,5	54,0	57,9	63,5	70,9	78,1	85,9	91,0	97,0
2/15	0,0	5,7	11,7	18,7	25,6	35,9	44,3	52,6	57,0	61,8	67,4	74,0	81,8	86,8	92,6
2/20	0,0	5,2	10,9	17,6	23,6	32,7	40,6	48,3	53,3	59,0	67,3	75,0	82,5	88,7	93,3
2/25	0,0	5,8	11,3	18,5	25,1	35,6	43,7	52,5	57,0	62,0	68,7	75,9	82,6	88,4	93,9
3/5	0,0	6,8	13,0	18,7	26,2	39,6	47,5	54,7	61,2	64,9	71,0	76,8	83,3	90,7	96,4
3/10	0,0	5,5	11,0	16,4	23,1	32,3	39,5	46,9	53,2	59,0	67,5	73,6	80,8	89,4	93,6
3/15	0,0	5,4	11,0	16,7	22,9	32,9	41,2	48,1	55,2	60,4	66,9	73,2	79,6	86,9	92,8
3/20	0,0	5,5	11,2	17,2	23,5	31,8	39,1	46,4	52,8	58,4	64,4	70,5	77,6	84,7	90,5
3/25	0,0	5,3	11,2	17,5	23,7	31,7	39,3	46,1	52,6	58,4	64,4	71,2	78,8	86,7	91,4

Tab. A2.6: Leerzeiten, Rf/Anf, HET

sp/vp	Überhang	Übhgs.-zuwachs	DLZ	Wartezeit
1/5	38474,64	537,41	521,79	5027,31
1/10	36784,62	520,14	519,37	4898,95
1/15	37144,82	525,26	521,36	5123,40
1/20	35965,05	496,06	518,86	5030,81
1/25	34994,08	470,90	518,30	4948,26
2/5	39109,96	545,98	522,32	5149,25
2/10	39240,71	566,53	523,28	5062,12
2/15	36296,22	502,30	520,84	5238,84
2/20	36632,40	500,76	520,17	5188,37
2/25	36804,17	515,47	520,50	5182,22
3/5	37044,59	512,37	520,58	5142,59
3/10	37718,56	519,45	521,39	5187,53
3/15	35012,91	472,97	518,45	5201,97
3/20	35884,00	491,48	519,77	5197,38
3/25	34299,63	460,76	516,65	5195,62

Tab. A2.7: Nachträgliche Optimierung, Zielwerte, Rf/Anf, HET

Station sp/vp	1	2	3	4	5	6	7	8	9	10	11	12	13	14	15
1/5	0,0	7,9	16,4	24,1	30,7	43,6	53,1	59,6	65,2	70,6	77,1	85,5	90,7	96,5	102,7
1/10	0,0	6,9	14,6	22,2	29,5	40,9	52,0	58,3	64,2	67,2	73,1	81,6	86,9	91,6	97,7
1/15	0,0	7,1	15,2	22,6	28,8	39,6	48,9	55,9	62,5	68,4	79,2	88,3	93,3	99,7	105,6
1/20	0,0	6,6	14,5	21,4	27,4	35,8	46,3	52,9	58,9	63,0	71,0	82,0	88,8	95,0	101,7
1/25	0,0	7,2	14,8	22,1	28,7	38,2	48,6	55,1	61,0	64,9	70,8	79,5	85,7	91,6	98,1
2/5	0,0	7,9	14,8	21,9	29,1	40,8	49,5	58,1	63,7	68,8	78,9	86,7	93,4	99,7	105,6
2/10	0,0	7,2	14,5	21,7	29,5	42,2	50,7	59,8	64,1	70,0	77,7	85,3	93,2	98,5	104,5
2/15	0,0	7,5	14,7	22,0	29,6	40,7	50,1	58,4	63,0	67,7	73,0	80,1	88,2	93,3	99,1
2/20	0,0	7,2	13,9	21,2	28,0	37,7	46,1	54,5	59,6	65,5	75,2	83,6	91,2	97,5	102,0
2/25	0,0	7,7	14,7	22,5	29,5	40,6	49,3	58,4	62,8	68,0	75,0	82,8	89,8	95,9	101,4
3/5	0,0	8,2	15,4	21,7	29,8	43,6	52,1	59,9	66,9	71,0	76,9	83,0	89,7	97,2	103,0
3/10	0,0	7,0	13,7	20,1	27,6	37,2	45,4	53,0	59,8	65,9	74,8	81,1	89,1	98,1	102,3
3/15	0,0	7,2	14,0	20,4	27,2	37,9	47,0	54,5	62,2	67,6	73,9	80,8	87,9	95,2	100,9
3/20	0,0	7,4	14,0	21,0	28,0	37,3	45,6	53,4	60,0	65,9	71,8	78,1	85,4	92,5	98,2
3/25	0,0	7,0	14,1	21,2	28,0	36,5	44,9	52,2	59,0	65,2	71,9	79,0	86,6	94,8	99,2

Tab. A2.8: Nachträgliche Optimierung, Leerzeiten, Rf/Anf, HOM

sp/vp	Überhang	Übhgs.-zuwachs	DLZ	Wartezeit
1/5	34638,85	430,89	510,90	4937,23
1/10	30528,65	355,34	505,11	4895,95
1/15	34825,60	443,00	510,43	4762,89
1/20	34224,79	434,18	509,87	4731,16
1/25	33142,13	409,32	507,87	4700,26
2/5	33733,54	420,04	509,67	4872,59
2/10	29635,13	340,69	503,47	4801,32
2/15	34481,78	429,21	509,22	4647,46
2/20	33664,52	416,24	508,11	4607,89
2/25	31955,65	387,73	505,88	4595,35
3/5	33479,46	416,47	509,29	4806,01
3/10	29245,76	336,69	503,19	4749,53
3/15	34053,90	422,50	508,59	4602,99
3/20	33843,93	410,18	507,60	4586,24
3/25	31683,87	377,93	505,21	4562,79

Tab. A2.9: Zielwerte, Rf/Ende, HOM

Station *sp/vp*	1	2	3	4	5	6	7	8	9	10	11	12	13	14	15
1/5	0,0	8,0	17,2	24,9	32,5	40,3	46,4	53,7	61,3	68,4	74,6	81,3	87,6	93,8	103,8
1/10	0,0	7,0	16,2	23,5	31,2	37,8	44,7	51,6	58,1	65,6	72,2	79,1	85,1	90,6	101,2
1/15	0,0	6,7	15,8	22,6	30,3	37,1	44,0	50,8	57,7	64,4	71,1	77,5	84,8	89,1	100,4
1/20	0,0	6,6	16,8	22,7	30,0	36,8	43,4	50,1	56,7	63,5	70,2	76,6	84,4	88,2	100,0
1/25	0,0	6,6	17,4	22,5	30,1	36,6	43,7	50,4	57,1	63,3	70,2	76,2	84,5	88,1	100,8
2/5	0,0	8,7	16,0	24,2	31,8	39,4	45,9	52,9	60,2	67,4	73,4	80,2	86,1	94,6	102,1
2/10	0,0	7,4	14,6	22,7	30,3	36,5	43,7	50,5	57,1	64,2	71,1	77,6	83,0	91,1	99,0
2/15	0,0	6,9	13,8	22,1	29,4	35,9	42,8	49,6	56,3	63,1	70,2	76,6	82,2	90,3	99,2
2/20	0,0	6,8	13,5	22,4	29,3	35,7	42,1	48,7	55,2	61,9	68,9	75,3	80,7	89,0	98,5
2/25	0,0	6,6	13,2	22,3	29,5	35,4	41,8	48,7	55,1	61,7	69,0	75,1	80,0	89,0	98,6
3/5	0,0	9,1	16,4	23,6	31,2	38,9	45,5	52,5	59,8	67,0	72,9	79,8	86,8	94,6	101,4
3/10	0,0	7,6	14,9	21,8	29,6	36,2	43,4	50,0	56,8	64,2	70,5	76,9	83,7	91,0	98,3
3/15	0,0	7,2	14,0	20,7	28,7	35,7	42,5	49,2	56,0	62,5	69,2	75,1	82,6	90,1	98,2
3/20	0,0	6,9	13,5	20,2	28,2	35,3	41,9	48,6	55,0	61,7	67,9	73,9	81,7	89,3	97,7
3/25	0,0	6,7	13,3	19,8	28,1	35,1	41,6	48,2	54,8	61,1	67,2	72,9	80,8	88,9	97,4

Tab. A2.10: Leerzeiten, Rf/Ende, HOM

sp/vp	Überhang	Übhgs.-zuwachs	DLZ	Wartezeit
1/5	37360,19	528,99	522,81	5251,14
1/10	36666,50	515,12	519,24	4947,11
1/15	34764,68	486,43	517,80	4820,42
1/20	35878,08	512,89	516,80	4678,23
1/25	35709,75	504,60	519,26	4967,87
2/5	37019,21	518,41	521,79	5259,73
2/10	35733,69	499,64	517,88	4916,02
2/15	33123,33	461,04	514,85	4783,35
2/20	34170,16	486,01	514,88	4618,40
2/25	33491,75	481,07	516,48	4877,81
3/5	36694,55	512,31	521,64	5215,50
3/10	34349,77	483,41	516,79	4843,46
3/15	31742,01	441,89	513,86	4755,24
3/20	31558,93	452,35	512,53	4525,05
3/25	32355,94	454,21	514,11	4866,12

Tab. A2.11: Zielwerte, Rf/Ende, HET

Station *sp/vp*	1	2	3	4	5	6	7	8	9	10	11	12	13	14	15
1/5	0,0	7,3	16,4	25,4	28,4	41,0	51,6	57,0	64,3	67,4	77,7	87,5	92,3	97,5	106,3
1/10	0,0	6,4	15,7	22,7	26,4	38,7	51,0	56,4	63,4	63,9	75,6	87,3	92,4	96,4	105,6
1/15	0,0	5,7	15,1	20,9	23,6	38,4	51,7	57,4	62,9	63,0	71,3	82,6	88,9	92,4	102,3
1/20	0,0	5,7	15,7	21,3	24,7	40,7	55,3	61,6	66,3	63,5	69,3	81,3	87,8	90,0	100,5
1/25	0,0	5,6	15,6	20,7	24,0	35,2	49,2	55,8	60,2	59,5	69,6	83,1	90,7	92,8	103,9
2/5	0,0	8,8	15,0	22,5	26,6	39,4	51,1	59,4	63,0	64,9	75,4	85,1	92,0	100,2	106,0
2/10	0,0	7,1	13,3	18,9	24,3	37,2	50,6	58,4	61,8	61,3	72,4	83,7	91,6	99,7	106,3
2/15	0,0	6,1	11,3	17,4	21,8	36,2	50,3	57,8	61,4	59,5	67,1	79,1	86,3	94,6	102,1
2/20	0,0	5,7	11,1	17,7	22,3	37,3	52,8	59,9	63,8	60,2	65,2	79,1	85,0	94,4	102,0
2/25	0,0	5,5	10,9	17,5	22,1	33,1	49,6	55,5	59,7	56,7	64,0	79,8	86,7	96,5	104,8
3/5	0,0	9,0	14,6	20,7	26,4	38,6	49,4	56,8	61,8	64,1	76,1	84,0	92,6	101,7	107,3
3/10	0,0	7,2	13,0	17,7	23,6	35,0	46,4	53,8	58,3	59,7	73,0	82,4	92,1	101,1	106,9
3/15	0,0	6,2	11,4	16,1	21,7	32,4	44,4	51,8	55,7	56,8	68,4	77,8	88,4	97,3	103,6
3/20	0,0	5,8	10,9	16,0	21,8	32,7	44,6	52,5	55,3	55,6	66,2	75,5	87,3	96,1	102,8
3/25	0,0	5,6	10,7	16,0	21,5	29,2	41,4	49,7	52,5	53,4	64,9	76,3	89,3	98,8	105,7

Tab. A2.12: Leerzeiten, Rf/Ende, HET

Literaturverzeichnis

Anderson D.R., Moodie C.L.: Optimal Buffer Storage Capacity in Production Line Systems, in: Int.J.Prod.Res. 7, 1969, S.233-240

Axsäter S.: Economic Lot Sizes and Vehicle Scheduling, in: EJOR 4, 1980, S.395-398

Bard J.F., Dar-El E., Shtub A.: An Analytic Framework for Sequencing Mixed Model Assembly Lines, in: Int.J.Prod.Res. 30, 1992, S.35-48

Basu R.N.: The Interstage Buffer Storage Capacity of Non-Powered Assembly Lines, in: Int.J.Prod.Res. 15, 1977, S.365-382

Baybars I.: A Survey of Exact Algorithms for the Simple Assembly Line Balancing Problem, in: MS 32, 1986, S.909-932

Berr U., Schmidt V.: Rechnergestütztes Planungssystem für Mehrmodell-Linienmontage, in: wt 80, 1990, S.221-224

Blazewicz J., Dror M., Weglarz J.: Mathematical Programming Formulations for Machine Scheduling: A Survey, in: EJOR 51, 1991, S.283-300

Boehncke R.-J.: Ein Beitrag zur Fertigungssteuerung einer variantenreichen Fließfertigung in der Automobilindustrie, Diss., Braunschweig, 1987

Browne J., Dubois D., Rathmill K., Sethi S.P., Stecke K.E.: Cassification of Flexible Manufacturing Systems, in: The FMS Magazine, April 1984, S.114-117

Brucker P.: Scheduling, Wiesbaden, 1981

Burbidge J.L.: The Introduction of Group Technology, London, 1975

Burbidge J.L.: Production Flow Analysis for Planning Group Technology, Oxford, 1989

Buxey G.M., Sadjadi D.: Simulation Studies of Conveyor-Paced Assembly Lines with Buffer Capacity, in: Int.J.Prod.Res. 14, 1976, S.607-624

Buxey G.M., Slack N.D., Wild R.: Production Flow Line System Design – A Review, in: AIIE Transactions 5, 1973, S.37-48

Buzacott J.A.: Automatic Transfer Lines with Buffer Stocks, in: Int.J.Prod.Res. 5, 1967, S.183-200

Buzacott J.A.: Prediction of the Efficiency of Production Systems without Internal Storage, in: Int.J.Prod.Res. 6, 1968, S.173-188

Buzacott J.A.: The Role of Inventory Banks in Flow-Line Production Systems, in: Int.J.Prod.Res. 9, 1971, S.425-436

Buzacott J.A., Hanifin L.E.: Models of Automatic Transfer Lines with Inventory Banks – A Review and Comparison, in: AIIE Transactions 10, 1978, S.197-207

Buzacott J.A., Yao D.D.: Flexible Manufacturing Systems: A Review of Analytical Models, in: MS 32, 1986, S.890-905

Carraway R.L.: A Dynamic Programming Approach to Stochastic Assembly Line Balancing, in: MS 35, 1989, S.459-471

Carter J.C., Silverman F.N.: A Cost-Effective Approach to Stochastic Line Balancing with Off-Line Repairs, in: Journal of Operations Management 4, 1984, S.145-157

Clarke G., Wright J.W.: Scheduling of Vehicles from a Central Depot to a Number of Delivery Points, in: OR 12, 1964, S.568-581

Conway R.W., Maxwell W.L., McClain J.O., Thomas L.J.: The Role of Work-in-Process Inventory in Serial Production Lines, in: OR 36, 1988, S.229-241

Conway R.W., Maxwell W.L., Miller L.W.: Theory of Scheduling, Reading, Massachusetts, 1967

Dallery Y., Yao D.D.: Modelling a System of Flexible Manufacturing Cells, in: Kusiak A. (Hrg.): Modelling and Design of Flexible Manufacturing Systems, Amsterdam et al., 1986b, S.289-300

Dar-El E.M., Cother R.F.: Assembly Line Sequencing for Model Mix, in: Int.J.-Prod.Res. 13, 1975, S.463-477

Dar-El E.M., Cucuy S.: Optimal Mixed-Model Sequencing for Balanced Assembly Lines, in: OMEGA 5, 1977, S.333-342

Dar-El E.M., Nadivi A.: A Mixed-Model Sequencing Application, in: Int.J.-Prod.Res. 19, 1981, S.69-84

Decker M.: Integrierte Reihenfolge- und Personaleinsatzplanung bei Fließfertigung, Mannheim, 1989, Diplomarbeit

Decker M.: Integrierte Reihenfolgeplanung bei Fließfertigung, Diskussionsarbeit Nr.34, Universität Mannheim, 1989b

Deckro R.F.: Balancing Cycle Time and Workstations, in: IIE Transactions, June 1989, S.106-111

Dempster M.A.H. et al.: Analytical Evaluation of Hierarchical Planning Systems, in: OR 29, 1981, S.707-716

Dempster M.A.H., Lenstra J.K., Rinnooy Kan A.H.: Deterministic and Stochastic Scheduling, Dordrecht, 1982

Dixon P.S., Silver E.A.: A Heuristic Solution Procedure for the Multi-Item, Single-Level, Limited Capacity, Lot-Sizing Problem, in: Journal of Operations Management 2, 1981, S.23-39

Domschke W.: Logistik: Rundreisen und Touren, München 1982 *Downey B.S., Leonard M.S.:* Assembly Line with Flexible Work-Force, in: Int.J.-Prod.Res. 30, 1992, S.469-483

Freeman M.C.: The Effects of Breakdowns and Interstage Storage on Production Line Capacity, in: The Journal of Industrial Engineering 15, 1964, S.194-200

French S.: Sequencing and Scheduling, Chichester, 1982

Fuchs K.: Bandabgleich bei Mehrprodukt-Fließfertigung, Mannheim, 1989, Diplomarbeit

Funk P.: Throughput Planning instead of Capacity Planning is Next Logical Step after MRP II, in: IE (Industrial Engineering), Jan. 1989, S.40-44

Garey M., Johnson D.: Computers and Intractability – A Guide to the Theory of NP-Completeness, San Francisco, 1979

Gershwin S.B.: An Efficient Decomposition Method for the Approximate Evaluation of Tandem Queues with Finite Storage Space and Blocking, in: OR 35, 1987, S.291-305

Gershwin S.B., Schick I.C.: Modeling and Analysis of Three-Stage Transfer Lines with Unreliable Machines and Finite Buffers, in: OR 31, 1983, S.354-380

Görke M., Lentes H.-P.: Modellfolgebestimmung bei gemischter Produktfertigung, in: wt 71, 1981, S.153-160

Graves S.: A Review of Production Scheduling, in: OR 29, 1981, S.646-675

Groff G.K.: A Lot Sizing Rule for Time-Phased Component Demand, in: Production and Inventory Management – First Quarter, 1979, S.47-53

Günther H.-O.: Planning Lot Sizes and Capacity Requirements in a Single Stage Production System, in: EJOR 31, 1987, S.223-231

Günther H.-O.: Produktionsplanung bei flexibler Personalkapazität, Stuttgart, 1989

Häfner H.: Ein Warteschlangenansatz zur integrierten Produktionsplanung, Heidelberg, 1992

Hatcher J.M.: The Effect of Internal Storage on the Production Rate of a Series of Stages having Exponential Service Times, in: AIIE Transactions 1, 1969, S.150-156

Hillier F.S., Boling R.W.: The Effect of Some Design Factors on the Efficiency of Production Lines with Variable Operation Times, in: The Journal of Industrial Engineering 17, 1966, S.651-658

Hillier F.S., Boling R.W.: Finite Queues in Series with Exponential or Erlang Service Times – A Numerical Approach, in: OR 15, 1967, S.286-303

Hillier F.S., So K.C.: The Effect of Machine Breakdowns and Interstage Storage on the Performance of Production Line Systems, in: Int.J.Prod.Res. 29, 1991, S.2043-2055

Hillier F.S., So K.C.: The Effect of the Coefficient of Variation of Operation Times on the Allocation of Storage Space in Production Line Systems, in: IIE Transactions 23, 1991, S.198-205

Ignall E., Silver A.P.E.: The Output of a Two-Stage System with Unreliable Machines and Limited Storage, in: AIIE Transactions 9, 1977, S.183-188

Iskander W.H., Chou J.: Unbalanced Production Line Scheduling with Partial Job Specialization, in Nav.Res.Log. 37, 1990, S.789-805

Jacobson R.E., Sadowski R.P.: A Scheduling Algorithm for the Unbalanced Production Line, in: AIIE Transactions 9, 1977, S.36-43

Jafari M.A., Shanthikumar J.G.: Determination of Optimal Buffer Storage Capacities and Optimal Allocation in Multistage Automatic Transfer Lines, in: IIE Transactions 21, 1989, S.130-135

Jensen P.A., Pakath R., Wilson J.R.: Optimal Buffer Inventories for Multistage Production Systems with Failures, in: EJOR 51, 1991, S.313-326

Johnson S.M.: Optimal Two- and Three-Stage Production Schedules with Setup Times Included, in: Nav.Res.Log.Quart. 1, 1954, S.61-68

Kijima M., Makimoto N., Shirakawa H.: Stochastic Minimization of the Makespan in Flow Shops with Identical Machines and Buffers of Arbitrary Size, in: OR 38, 1990, S.924-928

Koenigsberg E.: Production Lines and Internal Storage – A Review, in: MS 5, 1959, S.410-433

Koether R.: Improving Productivity in Model-Mix Assembly, in: Bullinger H.J., Warnecke H.J. (Hrg.): Toward the Factory of the Future: Proceedings of the Eight International Conference on Procuction Research, New York, 1985, S.642-649

Koster de M.B.M.: Capacity Oriented Analysis and Design of Production Systems, Berlin et al., 1989

Kottas J.F., Lau H.: A Stochastic Line Balancing Procedure, in: Int.J.Prod.Res. 19, 1981, S.177-193

Kusiak A.: Application of Operational Research Models and Techniques in Flexible Manufacturing Systems, in: EJOR 24, 1986, S.336-345

Lawler E.L., Lenstra J.K., Rinnoy Kan A.H.G., Shmoys D.B.: The Traveling Salesman Problem, Chichester et al., 1985

Lev B., Toof D.I.: The Role of Internal Storage Capacity in Fixed Cycle Production Systems, in: Nav.Res.Log.Quart. 27, 1980, S.477-487

Lin S., Kernighan B.W.: An Effective Heuristic Algorithm for the Traveling-Salesman Problem, in: OR 21, 1973, S.498-516

Link C.: Bandabgleich bei variantenreicher Fließfertigung, Mannheim, 1992, Diplomarbeit

Macaskill J.L.C.: Production-Line Balances for Mixed-Model Lines, in: MS 19, 1972, S.423-434

Macaskill J.L.C.: Computer Simulation for Mixed-Model Production Lines, in: MS 20, 1973, S.341-348

MacGregorSmith J., Daskalaki S.: Buffer Space Allocation in Automated Assembly Lines, in: OR 36, 1988, S.343-358

McClain J.O., Ostolaza, Thomas L.J.: The Use of Dynamic (State-Dependent)

Assembly-Line Balancing to Improve Throughput, Working Paper, 1989, (presented at ORSA-TIMS, Denver, 1988)

McCormick S.T., Pinedo M.L., Shenker S., Wolf B.: Sequencing in an Assembly Line with Blocking to minimize Cycle Time, in: OR 37, 1989, S.925-935

Melloy B.J., Soyster A.L., Chandra M.J.: An Observation on Storage Allocation in a Flow Line with a Common Buffer, in: EJOR 46, 1990, S.388-392

Miltenburg J.: Level Schedules for Mixed-Model Assembly Lines in Just-in-Time Production Systems, in: MS 15, 1989, p.192-207

Miltenburg J., Goldstein T.: Developing Production Schedules which Balance Part Usage and Smooth Production Loads for Just-in-Time Production Systems, in: Nav.Res.Log.Quart. 38, 1991, S.893-910

Moodie C.L., Young H.H.: A Heuristic Method of Assembly Line Balancing for Assumptions of Constant or Variable Work Element Times, in: The Journal of Industrial Engineering 16, 1965, S.23-29

Müller A.: Produktionsplanung und Pufferbildung bei Werkstattfertigung, Wiesbaden, 1987

Müller-Merbach H.: Optimale Reihenfolgen, Berlin et al., 1970

Okamura K., Yamashina H.: Analysis of the Effect of Buffer Storage Capacity in Transfer Line Systems, in: AIIE Transactions 9, 1977, S.127-135

Okamura K., Yamashina H.: A Heuristic Algorithm for the Assembly Line Model-Mix Sequencing Problem to minimize the Risk of Stopping the Conveyor, in: Int.J.Prod.Res. 17, 1979, S.233-247

Okamura K., Yamashina H.: Justification for Installing Buffer Stocks in Unbalanced Two Stage Automatic Transfer Lines, in: AIIE Transactions 11, 1979b, S.308-312

Park T., Steudel H.J.: Analysis of Heuristics for Job Sequencing in Manufacturing Flow Line Work-Cells, in: Computers ind. Engng. 20, 1991, S.129-140

Park T., Steudel H.J.: A Model for Determining Job Throughput Times for Manufacturing Flow Line Workcells with Finite Buffers, in: Int.J.-Prod.Res. 29, 1991b, S.2025-2041

Park Y. B., Pegden C.D., Enscore E.E.: A Survey and Evaluation of Static Flowshop Scheduling Heuristics, in: Int.J.Prod.Res. 22, 1984, S.127-141

Rachamadugu R., Shantikumar J.G.: Layout Considerations in Assembly Line Design, in: Int.J.Prod.Res. 29, 1991, S.755-768

Rachamadugu R., Talbot F.B.: Improving the Equality of Workload Assignments in Assembly Lines, in: Int.J.Prod.Res. 29, 1991, S.619-633

Robinson L.W., McClain J.O., Thomas L.J.: The Good, the Bad and the Ugly: Quality on an Assembly Line, Working Paper #87-02, 1989

Sadowski R.P., Jacobson R.E.: Scheduling Algorithms for the Unbalanced Production Line: An Analysis and Comparison, in: AIIE Transactions 10, No.1, 1978, S.31-39

Sägesser R.: Analytische und heuristische Methoden zur Lösung des Reihenfolgeproblems mit besonderer Berücksichtigung der Werkstattfertigung, Zumikon, 1976

Sarker B.R.: Some Comparative and Design Aspects of Series Production Systems, in: IIE Transactions 16, 1984, S.229-239

Sawik T.: Hierarchical Scheduling Flowshops with Parallel Machines and Finite In-Process Buffers, in: Archiwum Automatyki i Telemechaniki, TOM XXXIII, ZESZYT 3, 1988, S.403-414

Scheer A.-W.: CIM – Der computergesteuerte Industriebetrieb, Berlin et al., 1987

Schneeweiß Ch.: Modellierung industrieller Lagerhaltungssysteme, Berlin et al., 1981

Schneeweiß Ch.: Lagerhaltung, in: Gal T. (Hrg): Grundlagen des Operations Research 3, Berlin et al., 1987, S.232-237

Schneeweiß Ch.: Hierarchische Planung, in: wisu 10, 1989, S.564-570

Schneeweiß Ch.: Planung 2, Berlin et al., 1992

Schneeweiß Ch.: Einführung in die Produktionswirtschaft, Berlin et al., [4]1992b (1987)

Schneeweiß Ch., Kühn M.: Zur Definition und gegenseitigen Abgrenzung der Begriffe Flexibilität, Elastizität und Robustheit, in: ZfbF 42, 1990, S.378-395

Schneeweiß Ch., Söhner V.: Kapazitätsplanung bei moderner Fließfertigung, Heidelberg, 1991

Schragenheim E., Ronen B.: Drum-Buffer-Rope Shop Floor Control, in: Production and Inventory Management Journal, Third Quarter, 1990, S.18-23

Seelbach H.: Ablaufplanung, Würzburg et al., 1975

Shanthikumar J.G.: On the Production Capacity of Automatic Transfer Lines with Unlimited Buffer Space, in: AIIE Transactions 12, 1980, S.273-274

Sheskin T.J.: Allocation of Interstage Storage along an Automatic Production Line, in: AIIE Transactions 8, 1976, S.146-152

Silverman F.N., Carter J.C.: A Cost-Based Methodology for Stochastic Line Balancing with Intermittent Line Stoppages, in: MS 32, 1986, S.455-463

Sridharan V., LaForge R.L.: On using Buffer Stock to Combat Schedule Instability, in: International Journal of Operations & Production Management 10, 1990, S.37-46

Stadtler H.: Hierarchische Produktionsplanung bei losweiser Fertigung, Heidelberg, 1988

Stecke K.E., Morin T.L.: The Optimality of Balancing Workloads in Certain Types of Flexible Manufacturing Systems, in: EJOR 20, 1985, S.68-82

Stöppler S., Bierwirth C.: The Application of a Parallel Genetic Algorithm to the $n/m/P/C_{max}$ Flowshop Problem, Arbeitspapier, Universität Bremen, 1992

Sumichrast R.T., Russell R.S., Taylor B.W.: A Comparative Analysis of Sequencing Procedures for Mixed-Model Assembly Lines in a Just-in-Time Production System, in: Int.J.Prod.Res. 30, 1992, S.199-214

Suri R., Diehl G.: A Variable Buffer-Size Model and Its Use in Analyzing Closed Queueing Networks with Blocking, in: MS 32, 1986, S.206-224

Talbot F.B., Patterson J.H., Gehrlein W.: A Comparative Evaluation of Heuristic Line Balancing Techniques, in: MS 32, 1986, S.430-454

Tempelmeier H.: Materiallogistik, Berlin et al., 1988

Thomopoulos N.T.: Mixed Model Lines Balancing with Smoothed Station Assignments, in: MS 16, 1970, S.593-603

Wagner H.M., Whitin T.M.: Dynamic Version of the Economic Lot Size Model, in: MS 5, 1958, S.89-96

Wester L., Kilbridge M.: The Assembly Line Model-Mix Sequencing Problem, in: Proc. of the Third International Conference on Operations Research, Paris, 1963, S.247-260

Wild B., Schneeweiß Ch.: Manpower Capacity Planning - A Hierarchical Approach, Seventh International Working Seminar on Production Economics, Igls, 1992, S.515-532

Wild R.: Mass-Production Management, London et al., 1971

Wilhelm B.: Beitrag zur optimalen Steuerung von Montagelinien mit Modell-Mix in der Automobilindustrie, Braunschweig, 1979, Diss.

Wittrock R.: An Adaptable Scheduling Algorithm for Flexible Flow Lines, in: OR 36, 1988, S.445-453

Yamashina H., Okamura K.: Analysis of In-Process Buffers for Multi-Stage Transfer Line Systems, in: Int.J.Prod.Res. 21, 1983, S.183-195

Yano C.A., Rachamadugu R.: Sequencing to Minimize Work Overload in Assembly Lines with Product Options, in: MS 37, 1991, S.572-586

Yao D.D., Buzacott J.A.: Models of Flexible Manufacturing Systems with Limited Local Buffers, in: Int.J.Prod.Res. 24, 1986, S.107-118

Zäpfel G.: Strategisches Produktions-Management, Berlin et al., 1989

Zäpfel G.: Taktisches Produktions-Management, Berlin et al., 1989b

Zimmermann G.: Produktionsplanung variantenreicher Erzeugnisse mit EDV, Berlin et al., 1988

GPSR Compliance

The European Union's (EU) General Product Safety Regulation (GPSR) is a set of rules that requires consumer products to be safe and our obligations to ensure this.

If you have any concerns about our products, you can contact us on ProductSafety@springernature.com

In case Publisher is established outside the EU, the EU authorized representative is:

Springer Nature Customer Service Center GmbH
Europaplatz 3
69115 Heidelberg, Germany

Batch number: 10815974

Printed by Printforce, the Netherlands